U0918015

漳卫南运河年鉴

（2020）

《漳卫南运河年鉴》编纂委员会　编

中国水利水电出版社
www.waterpub.com.cn
·北京·

内 容 提 要

《漳卫南运河年鉴》由水利部海河水利委员会漳卫南运河管理局主办，是反映漳卫南运河水利事业发展、全面记录漳卫南局年度工作发展轨迹、为领导决策提供查考依据、为各部门工作提供信息咨询的工具书。《漳卫南运河年鉴》每年编印一册，2020 年卷主要收录 2019 年的资料。

图书在版编目（CIP）数据

漳卫南运河年鉴. 2020 / 《漳卫南运河年鉴》编纂委员会编. -- 北京 : 中国水利水电出版社, 2021.5
ISBN 978-7-5170-9584-2

Ⅰ. ①漳… Ⅱ. ①漳… Ⅲ. ①运河－天津－2020－年鉴 Ⅳ. ①TV882.821-54

中国版本图书馆CIP数据核字(2021)第086758号

书 名	**漳卫南运河年鉴（2020）** ZHANG - WEI - NAN YUNHE NIANJIAN (2020)
作 者	《漳卫南运河年鉴》编纂委员会 编
出版发行	中国水利水电出版社 （北京市海淀区玉渊潭南路 1 号 D 座 100038） 网址：www. waterpub. com. cn E - mail：sales@waterpub. com. cn 电话：（010）68367658（营销中心）
经 售	北京科水图书销售中心（零售） 电话：（010）88383994、63202643、68545874 全国各地新华书店和相关出版物销售网点
排 版	中国水利水电出版社微机排版中心
印 刷	北京印匠彩色印刷有限公司
规 格	184mm×260mm 16 开本 15.75 印张 383 千字
版 次	2021 年 5 月第 1 版 2021 年 5 月第 1 次印刷
印 数	0001—1000 册
定 价	**120.00** 元

凡购买我社图书，如有缺页、倒页、脱页的，本社营销中心负责调换

编 辑 说 明

一、《漳卫南运河年鉴》由水利部海河水利委员会漳卫南运河管理局（以下简称“漳卫南局”）主办，是反映漳卫南运河水利事业发展、全面记录漳卫南局年度工作发展轨迹、为领导决策提供查考依据、为各部门工作提供信息咨询的工具书。《漳卫南运河年鉴》每年编印一册，2020年卷主要收录2019年的资料。

二、本年鉴包括河系概况、要载·专论、年度综述、大事记、机构改革与职级并行、工程建设、工程管理、水政工作、水旱灾害防御、水资源管理与保护、水文工作、监督检查、河湖管理、综合管理、局属各单位、附录等栏目。

三、栏目内容包含条目、文章和图表。标有方头括号（【】）者为条目名称。

四、本年鉴采用中华人民共和国法定计量单位，技术术语、专业名词、数字、符号力求符合规范要求或约定俗成。

五、本年鉴中机构名称首次出现时用全称，并加括号注明简称，再次出现时即用简称。

六、“大事记”中，同月同日发生的事件在同一年月日下分段记述；无法确定具体日期的事件记录在事件发生月的最后，并在段前加“□”。

七、限于编辑水平，本年鉴难免存在错误和疏漏之处，敬请广大读者批评指正。

《漳卫南运河年鉴》编辑部

2020年5月

编辑说明

《漳卫南运河年鉴》编纂委员会

《漳卫南运河年鉴》编辑部

主　　编：刘晓光

副 主 编：刘　峥

编　　辑：张洪泉　王丹丹　李海峰　朱宝君

《漳卫南运河年鉴》特约编辑

吕笑婧　漳卫南运河管理局规划计划处
马国宾　漳卫南运河管理局水政处（水政监察总队）
田　伟　漳卫南运河管理局财务处
贺小强　漳卫南运河管理局人事处（离退休职工管理处）
张明月　漳卫南运河管理局水资源管理与保护处
赵　彤　漳卫南运河管理局建设与运行管理处
刘凌志　漳卫南运河管理局河湖管理处
阮荣乾　漳卫南运河管理局监督处（审计处）
尹　璞　漳卫南运河管理局水旱灾害防御处
杨照龙　漳卫南运河管理局监察处
张俊美　漳卫南运河管理局直属机关党委（工会）
安艳艳　漳卫南运河管理局水文处
杨晶晶　漳卫南运河管理局信息中心
张伟华　漳卫南运河管理局综合事业处
荆荣斌　漳卫南运河管理局后勤服务中心
夏宇航　漳卫南运河卫河河务局
刘龙龙　漳卫南运河邯郸河务局
李　飞　漳卫南运河聊城河务局
许　琳　漳卫南运河邢台衡水河务局
鲁晓莹　漳卫南运河德州河务局
柴广慧　漳卫南运河沧州河务局
徐永彬　漳卫南运河岳城水库管理局
王丽苹　漳卫南运河四女寺枢纽工程管理局
王　静　漳卫南运河水闸管理局
田　晶　漳卫南运河管理局防汛机动抢险队
王海英　漳卫南局德州水电集团公司

目　　录

河 系 概 况

【河流水系】

漳卫南运河是海河流域南系骨干行洪排涝河道，由漳河、卫河、卫运河、南运河及漳卫新河组成，位于东经112°～118°、北纬35°～39°之间。西以太岳山为界，南临黄河、徒骇河、马颊河，北界滏阳河，东达渤海。以浊漳河南源为源，流经山西、河南、河北、山东、天津四省一市，至天津市三岔河口，全长1050km，流域面积37584km^2。

漳河上游有清漳河、浊漳河两条支流，于河北省涉县合漳村汇合为漳河干流，自观台入岳城水库。岳城水库以上漳河流域面积18100km^2。漳河出岳城水库后进入平原，向东北至馆陶县徐万仓与卫河共同汇入卫运河。按照现行的流域规划，漳河为海河水系源头，漳河自浊漳河南源源头至漳、卫河汇流处徐万仓村全长460km，流域面积19537km^2，占漳卫南运河流域总面积的51%。

卫河源于太行山南麓山西省陵川县夺火乡南岭，于河北省馆陶县徐万仓与漳河汇流。卫河支流繁多，主要有大沙河、淇河、汤河、安阳河等。由于历史原因，黄河北徙使卫河两岸形成多处洼地，成为蓄滞洪区，如良相坡、柳围坡、长虹渠、白寺坡、小滩坡、任固坡等。从河南省新乡市合河镇始至漳卫河汇合口徐万仓为卫河干流，全长329km。流域面积15229km^2，占漳卫南运河流域总面积的41%。

1958年四女寺枢纽修建后，将漳河、卫河于馆陶县徐万仓村汇合后至四女寺枢纽河段称卫运河。卫运河上承漳河、卫河，下启南运河、漳卫新河，是漳卫南运河水系中游河段，冀、鲁两省的省界河道，河道全长157km。卫运河为复式断面，半地上河，河槽之深，在海河流域各河道中居于首位，滩地与河底的高差一般为7～10m，河槽宽70～200m。

历史上的南运河南起山东临清。1958年，扩挖四女寺减河后，南运河上端改由四女寺南运河节制闸起，经山东省德州市德城区，河北省故城、景县、阜城、吴桥、东光、南皮、泊头市、沧县、沧州市区、青县，天津市静海县进入天津市市区，至三岔河口与北运河交汇入海河干流。南运河自四女寺枢纽至天津市静海县独流镇十一堡上改道闸段，为一级行洪河道，长309km，左堤长271.36km，右堤长273.1km；自十一里堡下改道闸至三岔河口段只作为排沥河道，不再承担防洪任务。

漳卫新河是在四女寺减河基础上人工开挖的一条分洪河道，起自德州市武城县四女寺枢纽，流经山东省德州市、宁津县、乐陵市、庆云县和河北省沧州市吴桥县、东光县、南皮县、盐山县、海兴县，于山东省滨州市无棣县大口河（古称大沽河）入海，全长257km（其中含岔河河道43.5km），流域面积3144km^2。1972—1973年对四女寺减河进行扩大治理期间，从四女寺至吴桥县大王铺（大致依循钩盘河故道）新辟一条岔河，于河北省吴桥县大王铺汇入四女寺减河。治理工程结束后，将四女寺减河、岔河及其汇流后的河段统称为漳卫新河。

【地形地貌】

漳卫南运河流域西部（上游）地处太岳山东麓和太行山区，地面高程一般在海拔1000m以上，为土质丘陵区和石质山区；中间点缀着长治盆地；东部及东北部（中下游）为广阔山前洪积、坡积、冲积平原。山区、丘陵区面积25436km^2，占流域总面积的

68％，平原面积 12148km^2，占流域总面积的 32％。西部山区与东部平原直接相接，山前丘陵过渡区很短。地形总趋势西高东低，地面坡度山区丘陵区为 0.5‰～10‰，平原为 0.1‰～0.3‰。平原内微地形复杂，中游分布着大小不等的几个洼地，成为河道的蓄滞洪区，下游沿海岸带为滨海冲积三角洲平原。

【气象水文】

漳卫南运河流域地处温带半干旱、半湿润季风气候区，降水地带性差异明显，且年内、年际分配极不均匀。雨季大多从 6 月中、下旬开始至 8 月下旬结束，并集中于 7 月下旬、8 月上旬。根据《海河流域水资源公报》，1996—2005 年漳卫南运河流域年均地表水资源总量为 42.32 亿 m^3，平均地下水资源量为 67.50 亿 m^3，平均水资源量为 94.04 亿 m^3。

【水旱灾害】

历史上，漳卫南运河洪涝灾害频发，据文献资料记载，1607—1911 年的 305 年中，漳河发生洪水约 55 次，平均 5～6 年一次；卫河发生大洪水约 106 次，平均 3 年一次；卫运河发生大洪水约 60 次，平均 5 年一次。新中国成立后，1956 年、1963 年、1996 年漳卫南运河发生大洪水。1961 年、1964 年、1977 年流域内出现大范围涝灾。

商汤时期，即有“汤有七年大旱”之说，其后，由商、周至春秋、战国和秦，史料中时有“大饥”“大旱”的记载，旱灾屡有发生，但所记情况均极简略。汉代至元代（公元前 206 至公元 1368 年），史料对旱灾的记载较多，但由于漳卫南运河历史变迁等原因，难以对流域旱灾做出统计。明清时期（1368—1911 年）旱灾史料记载较连续，且记述详略程度大致具备可比性。明代平均每 100 年 2.9 次，清代平均每 100 年 2.6 次。民国时期（1912—1949 年）发生大旱灾 2 次，分别是 1920 年和 1942 年。

新中国成立后至 1995 年前，漳卫南运河流域几乎年年有旱灾，有些河道甚至出现断流。典型干旱年有 1965 年、1978—1982 年等。1996 年洪水之后至 2019 年，未出现较大旱灾。

【水利建设】

新中国成立后，国家对漳卫南运河先后多次进行治理。1949—1956 年期间，对南运河、漳河堤防进行整修、加高、培厚，兴建了升斗铺、甲马营分洪口门工程，开辟了长虹渠、白寺坡、小滩坡、大名泛区和恩县洼滞洪区，对卫运河、四女寺减河进行复堤和河道疏浚。1957 年，水利部批准《海河流域规划（草案）》，确定“上蓄、中疏、下排、适当地滞”的治水方针。1957—1963 年在漳卫河上游先后兴建了漳泽、后湾、关河、岳城等大型水库以及 25 座中型水库和 300 余座小型水库，并对卫运河、四女寺减河进行了扩大治理，兴建了四女寺枢纽。1963 年海河流域大水后，1964—1984 年先后兴建了恩县洼滞洪区西郑庄分洪闸和牛角峪退洪闸；再次扩大治理卫运河、四女寺减河；改扩建了四女寺枢纽；新建了卫运河祝官屯枢纽和漳卫新河七里庄、袁桥、吴桥、王营盘、前罗寨、庆云、辛集等拦河蓄水闸；对卫河干流下段（浚内沟口至徐万仓）进行扩大治理，对卫河干流上段（西孟姜女河入卫口至老观嘴）进行清淤。1987—1995 年，对岳城水库主坝、大副坝、1 号小副坝、2 号小副坝进行加高，并增建 3 号小副坝。先后实施了岳城水库大坝加高。1991—1995 年对岳城水库以下漳河进行了整治。经过治理，初步形成了由水库、河道和非工程措施组成的防洪体系，形成了“分流入海、分区防守”的格局。

1996 年 8 月漳卫南运河发生特大洪水。“96·8”洪水之后，漳卫南运河迎来了新的治理高潮。截至 2019 年年底，先后分四批完成了“96·8”洪水水毁修复。主要包括：西郑庄分洪闸加固工程；漳河岳城水库以下（京广铁路—徐万仓）全长 103.3km 河道整治工程；漳河穿漳涵洞水毁工程和漳河西冀庄险工修复、整治工程；岳城水库除险加固大副坝涌砂处理工程；漳卫新河（四女寺—辛集）治理工程；岳城水库除险加固工程；漳河重点险工整治工程；牛角峪、祝官屯除险加固工程、卫运河治理工程等多项治理工程。

【社会经济】

漳卫南运河流域是我国粮棉主要产区之一，煤炭、石油资源丰富，交通便捷。流域内粮食作物以小麦、玉米为主，经济作物以棉花、花生、芝麻、绿豆为主，工业有煤炭、石油、钢铁、发电、纺织、造纸以及各类加工企业等，京沪高铁与京广、京九、京沪、石德等铁路和京福、京开、濮鹤、大广、青银等高速公路以及 104、105、106、107、205、207、208 等国道、省道及县乡公路构成了四通八达的交通体系。据 2012 年统计资料，漳卫南运河流域内涉及的行政区共有 15 个地级市、67 个县（市、区），全流域总人口 3395.37 万人，地区生产总值 9369.4 亿元。

【历史文化】

漳卫南运河具有悠久的历史。漳河古称衡漳、衡水。战国时期成书的《禹贡》中即有关于漳河的记载。卫河原为黄河故道，因春秋属卫地而得名，汉代称白沟。历史上，卫河、卫运河、南运河是一条河，唐代称永济渠，宋代称御河，曾是京杭大运河的一部分。北魏郦道元所著《水经注》中对漳水、卫水及其支流也做了详细的记述。历史上大禹治水、西门豹治邺、曹操“遏淇水入白沟，以通粮道”、史起修建引漳十二渠、陈尧佐筑陈公堤等都发生在这里。历代水利著述中对漳卫南运河也多有记述，如《畿辅通志》中《九河故道考》、清崔述的《御河水道记》《漳河水道记》、明李柳西的《九河辩》、清崔乃翚的《直隶五大河说》、清吴邦庆的《畿辅水道管见》等阐述了河流的来历和变迁过程，明王大本的《沧州导水记》，清吕游的《开渠说》三篇、《漳滨筑堤论》，清李泽兰的《西门渠说略》等名家著述和官吏奏疏，记述了大量有关水利的法律、规章、水害状况及兴修河道堤防的详细情况。

漳卫南运河流域是中华民族发祥地之一。历史上，靠近漳卫南运河边的许多城镇，如魏晋南北朝时期的邺城、北宋时期的大名、明清时期的德州、临清、天津等，凭借运河水路的便利条件，逐渐发展成为重要的区域中心。流域内名胜古迹众多，旅游资源丰富。安阳市殷墟出土的甲骨文在我国古文化研究中颇有价值；汤阴县羑河畔的土城，据传是囚禁周文王的地方，是已知的我国最早的国家监狱所在地之一；淇县的战国军庠是我国第一所军事院校，相传孙膑、庞涓等曾就读于此；德州市的菲律宾苏禄王墓是中菲友谊的象征；沧州市的铁狮子享誉全国；“人造天河”——红旗渠坐落于河南省林县（现林州市），是水利建设史上的奇迹。

2014 年 6 月 22 日，第 38 届世界遗产委员会会议同意将中国大运河列入世界遗产名录。

要载·专论

适应新形势　落实新要求
开创漳卫南运河水利改革发展新局面

——在漳卫南局2019年工作会议上的讲话（摘要）

张永明

（2019年2月19日）

同志们：

这次会议的主要任务是：深入贯彻落实党的十九大精神，坚持以习近平新时代中国特色社会主义思想为指导，围绕“水利工程补短板、水利行业强监管”的治水总基调，全面落实2019年全国水利工作会议和海委工作会议部署，总结我局2018年工作，研究今后一个时期水利改革发展任务，部署2019年重点工作，以崭新的姿态，适应新形势，落实新要求，开创漳卫南运河水利改革发展新局面。

下面，我讲三点意见。

一、2018年漳卫南运河水利工作卓有成效（略）

二、水利工作的新形势和我们的努力方向

2014年3月14日，习近平总书记在正确分析我国治水实践的基础上，科学地提出“节水优先、空间均衡、系统治理、两手发力”的治水思路，为我国水利工作指明了方向。鄂竟平部长在全国水利工作会议上强调，把握新矛盾，解决新矛盾的答案是调整人的行为、纠正人的错误行为，就是要“水利工程补短板、水利行业强监管”。王文生主任在海委工作会议上明确要求，补齐工程短板，强化行业监管，全面提升海河流域水安全保障能力。

我们要在深入学习习近平总书记治水重要论述的基础上，适应新形势需要，领会水利部、海委党组部署要求，立足治水主要矛盾变化，不断提升水利工程能力和行业监管能力，赢得解决流域新老水问题的主动，为漳卫南运河流域经济社会发展提供更加坚实的水安全保障。

（一）清醒认识和准确把握水利改革发展总基调

鄂竟平部长在2019年全国水利工作会议上，对“水利工程补短板、水利行业强监管”的总基调进行了系统阐述。这一总基调意义重大、内涵深刻、要求明确，需要我们持续、反复、深入学习领会。

一是深刻领会重大意义。鄂竟平部长深刻阐述了补短板、强监管的必要性和紧迫性。他指出，第一，破解我国新老水问题，必须通过补短板提升水旱灾害防御能力，依靠强监管来调整人的行为、纠正人的错误行为；第二，适应治水主要矛盾变化，解决好水利事业

发展不平衡、不充分问题，需要继续完善水利工程体系，全面加强水利行业监管；第三，践行“节水优先、空间均衡、系统治理、两手发力”的治水思路，落实节水优先、空间均衡、系统治理都需要依靠工程措施和监管，落实两手发力必须强化监管；第四，推动行业健康发展，立足“水利工程体系基本形成，还有短板要补；水利行业监管整体薄弱，必须全面加强”的水利工作现状，只有补短板、强监管，行业才有出路、事业才有希望。

二是全面掌握核心内涵。鄂竟平部长全面阐述了落实补短板、强监管的任务内容。他强调，要坚持问题导向，因地制宜补齐当前水利工程体系的突出短板，重点补好防洪工程、供水工程、生态修复工程、信息化工程 4 个方面的短板。他提出，推动行业监管是一项系统工程，当前要重点搞清楚“监管什么”，下功夫抓好对江河湖泊、水资源、水利工程、水土保持、水利资金、行政事务工作 6 个方面的监管，从法制、体制、机制入手，解决好“如何监管”的问题。

三是准确把握关键要求。鄂竟平部长强调，要准确把握水利改革发展总基调，正确处理好四方面关系。处理好“补”与“强”的关系，这是解决新老水问题的“两翼”，相互联系、相互支撑、相互补充，“强监管”是总基调里的主旋律和首要任务，必须尽快扭转行业监管薄弱的被动局面。处理好“上”与“下”的关系，全行业要上下一心、共同努力，水利部、流域机构的监管，既是对涉水涉河涉湖行为的监管，也是对基层水利部门监管工作的再监管。处理好“总”与“分”的关系，总基调要牵头管总，各部门各领域都要聚焦聚力，按照总基调调整思路、安排工作。处理好“标”与“本”的关系，强监管既要打攻坚战，对水事违法行为全面宣战，发现一起处理一起；又要打持久战，通过严格的制度体系、有力的监管手段达到调整人的行为的治本效果。鄂竟平部长强调，2019 年要狠抓重点领域提档升级，明确提出“向河湖管理顽疾宣战”，标志着水利改革发展进入了新的攻坚阶段。

（二）深刻认识漳卫南运河流域补短板、强监管的必要性和紧迫性

海河流域早就有河皆干、有水皆污，水生态功能基本丧失。新老水问题在漳卫南运河流域尤为典型、十分突出，如果不改变发展方式和治水方式，问题会继续恶化，解决难度会不断增大，通过补短板和强监管来扭转漳卫南运河水问题，十分重要和紧迫。

第一，补短板、强监管是缓解漳卫南运河流域水资源供需矛盾的当务之急。漳卫南运河流域水资源天然禀赋差，供需矛盾突出。解决水资源问题，一方面，必须加强节水管理；另一方面，必须补齐调水、供水工程短板，加强水资源的配置和调度，提高工程供水能力，满足经济社会发展的合理需求。

第二，补短板、强监管是解决漳卫南运河流域水生态环境问题的治本之策。解决水生态环境问题，一方面，必须实施生态修复工程，强化流域综合整治，提升生态系统修复能力；另一方面，必须严格河湖管理，纠正在水资源开发利用配置调度过程中损害水生态环境的错误行为，维护河湖健康生命，推进人与自然和谐共生。

第三，补短板、强监管是提升漳卫南运河流域防洪保障能力的重要手段。目前流域防洪除涝体系已基本形成，但仍存在薄弱环节。解决水旱灾害问题，一方面，必须不断完善以河道堤防为基础、大型水库为骨干、蓄滞洪区为依托的防洪工程体系，全面提升防洪工程能力；另一方面，必须严格监督流域各地落实防汛抗旱责任，突出抓好工程安全运行监管，纠正侵占河道、河口等不给洪水出路的错误行为，保障行洪河道、河口畅通，充分发挥水利工程效益。

第四，补短板、强监管是履行流域管理职能的核心要求。履行好流域机构职能，一方面，必须充分发挥统筹规划协调作用，抓紧补齐短板、强化弱项，加快完善流域水利工程体系，全面提升水安全保障能力；另一方面，必须以强监管为首要任务，全面强化水利社会管理职能，提升流域管理地位和权威，保障流域水利事业健康发展，推进流域水治理体系和治理能力现代化。

（三）准确把握漳卫南运河流域补短板、强监管的主要任务

贯彻落实“节水优先、空间均衡、系统治理、两手发力”的治水思路和水利改革发展总基调，要积极转变流域水利工作思路和方式，以强监管为首要任务，坚持补齐短板、强化弱项、全面提升，做到监管有力、指导有方、协调有效。

在水利工程补短板方面，要围绕4个方面下功夫。

第一，补齐防洪工程短板。大力推进防洪工程建设，加快对工程设施进行系统治理和除险加固的步伐，积极开展卫河、漳河、漳卫新河河口治理工程及三类闸除险加固立项和实施，开展水库（闸）安全鉴定工作，做好除险加固准备。全面保障河系防洪安全、工程安全、供水安全和生态安全。健全水利工程维修养护运行机制，不断提高管理水平，充分发挥工程的防洪减灾效益、水资源调配效益和生态效益。提高水文预警能力，加强岳城水库和河道枢纽水闸的联合调度，全面提升水旱灾害综合防治能力。

第二，补齐供水工程短板。实施最严格的水资源管理制度，依托岳城水库，统筹调配漳河水资源，同时立足于本河系产生的雨洪资源，兼顾黄河水、南水北调水等外调水的资源配置，开辟新的输水线路和输水目标，搭建起以岳城水库为龙头的水资源立体调配格局，形成蓄泄得当、多源互补、保障应急、生态修复的河湖库渠水网体系。建立水文监测网，在各关键节点设站，及时准确掌握水资源信息。

第三，补齐生态修复短板。坚持“绿水青山就是金山银山”的理念，积极推进河系生态保护与修复。注重机制体制建设，强化制度保障。合理配置水资源，保障水生态保护与修复对水资源的需求，保护和改善水生态环境。强化节约用水意识，减少水资源过度开发利用。科学制订水资源生态调度方案，充分发挥水资源的经济效益和生态效益。

第四，补齐信息化工程短板。按照海委信息化发展“七个一”总目标的要求，结合我局单位实际，积极开展防汛抗旱、水利工程建设与管理、水资源管理、河湖保护以及行业监管等应用系统建设，利用大数据技术结合水利信息监测系统，为汛情旱情预报、水资源优化配置、水环境和水生态预测等提供强有力的信息化支撑。

在水利行业强监管方面，要围绕5个方面下功夫。

第一，提升河湖监管能力。针对河湖管理中的突出问题，以河长制、湖长制工作为契机，以“清四乱”为重点，加强河湖管理，加大河湖执法巡察和执法力度，全力解决乱占、乱采、乱堆、乱建等问题，不断提升监督管理的职能地位，实现对河湖的有效监督管理，保障管辖范围内水质和水量。

第二，提升水资源监管能力。落实最严格的水资源管理制度，全面监管水资源的节约、开发、利用、保护、配置、调度等各环节工作，严格取水许可，强化取水口和排污口监管，加强对违法取水、超量取水等行为监督管理力度。严格落实水资源监管标准，充分发挥水文水资源监测能力，依法整治水资源过度开发利用。

第三，提升水利工程监管能力。加强对工程安全规范运行的监管，加大对在建水利工程监管力度，严格落实各方面、各环节责任，全面提升工程建设质量。深化水管体制改革，强化工程运行监管，有序开展水利工程管理和保护范围划定、工程安全鉴定工作。按照水利部、海委部署，开展重大水利工程督导检查。

第四，提升水利资金监管能力。全面加强投资计划监管，严格设计变更程序，严格预备费和招标结余资金用途管制，加强财务监管，强化预算管理，完善内控制度，重点监管资金流向的各环节，实行对水利资金分配、拨付、使用的全过程监管。常态化监督全局预算单位的资金支付工作，防范资金风险，确保资金使用安全。持续开展往来款项清理工作，指导各单位根据往来款性质分类进行处理，提高资金使用效益。

第五，提升行政事务监管能力。全面加强对党中央、国务院、水利部党组、海委党组重大决策部署的宣传贯彻，加大对水利改革发展重点任务、部委党组重大工作安排的监管督办力度，建立健全各类奖惩办法，引导干部职工勇于担当、敢于作为，保证水利中心工作落地生效。

（四）加快完善落实补短板、强监管的保障措施

一是强化制度支撑。系统梳理法规制度和标准规范，划出监管“红线”和涉水涉河行为“底线”，保证行业监管有法可依。完善流域水利规划体系，强化规划的刚性约束和引领作用。完善规范性文件体系，建立健全解决流域水问题的新机制。

二是强化体制机制支撑。理顺监管体制，建立健全监管工作机制，确保监管队伍认真履职尽责，有效开展工作。加强关于强监管的正面宣传、舆论引导和负面警示。实行问题清单管理，实现发现问题、认证问题、整改督办、责任追究的有效衔接和闭环运行。

三是强化队伍支撑。统筹抓好领导班子和人才队伍建设，全面加强水行政执法、督查等专业队伍和技术队伍建设。建立统一领导、全面覆盖、分级负责、协调联动的监管队伍，提高监管队伍专业履职能力，树立监管队伍的良好形象，全面提升行业监管能力。

四是强化科技支撑。整合内部资源，借助外部力量，针对解决流域突出水问题，强化协同创新和联合攻关，大力提升流域水利发展的科技含量和支撑能力。充分运用高新技术和信息化手段，全面提升监测、监视、监控的覆盖率和精准度，着力提升监管效能，保障强监管有效落实。

三、扎实做好 2019 年各项工作

2019 年是新中国成立 70 周年，是贯彻落实水利改革发展总基调的起步之年，也是水利改革发展的关键之年。我们要深入贯彻落实“节水优先、空间均衡、系统治理、两手发力”的治水思路，积极践行“水利工程补短板、水利行业强监管”的水利改革发展总基调和海委的工作部署，紧紧围绕“一个中心，四个保障”基本工作思路，科学筹划今年的重点工作，推进漳卫南运河水利改革发展取得新成效。

（一）稳妥推进机构改革

要加强机构改革的思想引领，明确机构改革的方向，按照上级批复的“三定”方案，

抓好我局机构改革的组织实施工作。要尽量优化机构设置，积极稳妥完成职责划转和人员调配，做到人岗相适、人尽其才。注重加强机构改革的纪律监督，做好改革期间干部职工的思想政治工作。各级领导干部特别是主要负责同志要凝心聚力、带好队伍，确保机构改革工作平稳推进，高质量完成改革各项任务。

（二）突出重点补短板

加快四女寺北进洪闸除险加固工程建设进度，确保卫运河治理工程尽快完成竣工验收，持续推进卫河干流（淇门—徐万仓）治理工程前期工作。落实各项防汛责任制，健全防汛应急管理和物资储备机制。优化调整防汛组织结构，加强与地方政府、防指的沟通协调。完善防洪预案及洪水调度方案，提高水文预警能力，加强岳城水库和河道枢纽水闸的联合调度。动态掌握沿河抗旱及生态用水需求，做好供水相关工作。继续加强岳城水库水源地保护，推进河系水生态系统保护和修复。加快推进水利信息化建设，提高治水管水信息化水平。

（三）多措并举强监管

强化水行政执法信息化建设，做好漳卫新河河北岸、岳城水库、漳河水行政执法视频监控系统建设，积极推进卫河、卫运河视频监控系统建设，抓好单兵、遥感遥测、水行政执法办案系统等信息化执法手段应用。全面监管水资源的节约、开发、利用、保护、配置、调度等各环节，加强对违法取水、超量取水等行为的监督管理。持续加强财务监管工作，对水利资金分配、拨付、使用进行监管，严防重点领域财务风险。

（四）大力提升工程管理水平

健全水利工程维修养护体制，完善运行机制，持续推进维修养护市场化工作。跟踪掌握新建涉河项目动态，加强对在建项目的监督管理，督导落实防护工程。加强工程管理示范单位创建，加大对工程管理工作的督导检查力度。有序开展工程确权划界工作。适时召开全局工程管理工作会议。继续完成学术交流平台建设，提升全局科技创新能力。

（五）抓好经济管理工作

全局上下要统一思想，千方百计增加创收，弥补事业经费不足。做好预算管理工作，提高预算编制质量，确保财政预算稳中有升；做好项目管理工作，扩大项目储备，增强经济发展后劲；继续推进企业改革工作，配合完成华水集团公司管理体制改革工作，完成德州水电集团公司及各养护公司体制调整工作。统筹谋划事企发展，激发经济活力。积极争取水价调整，不断壮大经济实力。

认真落实经济考核工作，适时出台《漳卫南局经济责任考核暂行办法》，充分调动各单位经营创收的积极性，增强我局整体经济实力和持续发展能力；严格遵守财经法规，合法、合规使用资金，不得突破预算和规定支出范围、支出标准；坚持自力更生、量入为出的原则，职工个人收入要与本单位的经济发展水平相适应；建立健全厉行节约长效机制，持续控制和降低行政运行成本。

（六）提升综合管理水平

紧紧围绕“一个中心，四个保障”的工作思路，细化调整目标管理体系，强化与中心工作的契合度，建立健全奖惩机制。加强政务督查督办力度，推进局党委重大决策、全局性工作部署和各项重点工作的有效落实，提高执行力。结合新中国成立 70 周年组织好宣传工作。大力弘扬“忠诚、干净、担当，科学、求实、创新”新时代水利精神，广泛宣传解读，深化认知认同。推进安全生产标准化建设，切实做好安全生产工作。继续推进文明单位创建活动，力争年内具备全国文明单位条件。充分发挥工会、共青团联系广大群众的桥梁纽带作用，围绕中心、服务大局。开展“五一”文体活动，举办第二届职工艺术节。提升信息化办公水平，完成政务内网建设。继续完成医务室、理发室、洗衣房等设施建设，改造海河宾馆等服务设施。树立全方位服务理念，做好后勤服务工作。

（七）强化对外协调能力

继续发挥流域机构在河长制工作中协调、指导、监督作用，推进局内各级河长与地方各级河长联动平台，推动建立上下游、左右岸河长制办公室联席会议制度、区域联防联控等长效协调机制。借助各地“清河行动”和河长力量，全力解决河道管理和保护范围违章建筑、违法活动等老大难问题，建立健全违法行为责任追究制度。加大沟通协调力度，持续推进与地方联合执法，切实维护良好的河湖水事秩序和河湖健康生命。根据机构改革后的职能定位，加强与部委对口部门的沟通联系，及时掌握各项工作部署要求，吃透吃准文件精神，为我局又好又快发展营造良好的外部环境。

（八）推进全面从严治党向纵深发展

2018 年，水利部党组第二巡视组对我局党委进行了巡视，发现了一些问题，部分干部也受到了党纪政纪处分，教训十分深刻。全局各级党组织要提高政治站位，突出问题导向，压实压细“两个责任”，不断推动我局全面从严治党向基层延伸，向纵深发展，营造风清气正的政治生态。

一要在政治上求“强”。进一步强化“四个意识”、增强“四个自信”、坚决做到“两个维护”。始终把政治建设摆在班子建设的首位，自觉同党中央的基准看齐定向。不断提高从政治上观察问题、分析问题、处置问题的能力，充分发挥班子的政治功能和政治作用。加强思想理论武装，深入开展“不忘初心、牢记使命”主题教育，持之以恒学习习近平新时代中国特色社会主义思想，在学懂弄通做实上下功夫、见实效。

二要在作风上求“实”。严格落实中央八项规定精神，加强对重要时间节点的教育提醒，加大明察暗访力度，持续反对“四风”。从政治高度集中整治形式主义、官僚主义，按照海委党组要求，对照问题清单，主动认领，努力把问题找准找实找全。深入开展不作为不担当问题专项治理三年行动，引导党员干部争当忠诚、干净、担当好干部，打造海晏河清的政治环境。

三要在监督执纪上求“严”。强化日常监督和长期监督，贯通运用监督执纪“四种形态”，注重抓早抓小，防微杜渐，将监督责任落实好。持续抓好巡视整改任务，不断完善巡察工作机制，推进巡察全覆盖。加强纪律建设，科学精准执纪问责，严肃查处违规违纪行为。全力推进纪检监察机构“三转”，尽快配齐配强纪检监察工作人员，加大对纪检监察干部的培训力度。

四要在基层组织建设上求“效”。坚持面向基层，重心下移，加大基层调研力度，从今年开始，每位局领导每年选择一个三级单位作为调研点，蹲点指导工作，切实解决实际问题。合理调整人员编制和干部配备结构，充实基层单位人员力量，建立健全人才流动机制和政策保障机制，确保振兴基层的任务圆满完成。强化干部培训，充分发挥漳卫南局党校培训平台作用，年内举办一期科级干部培训班。基层党组织要做好对外协调工作，既要做好与沿河地方党组织的横向沟通，又要做好与上级党组织的纵向沟通，以党建促业务、以业务强党建。统筹抓好领导班子和人才队伍建设，修订完善干部任期制等制度，加快推进年轻干部培养选拔任用。

同志们，新时代水利改革发展的号角已经吹响。让我们更加紧密地团结在以习近平同志为核心的党中央周围，深入贯彻落实“节水优先、空间均衡、系统治理、两手发力”的治水思路和“水利工程补短板、水利行业强监管”的水利改革发展总基调，在水利部、海委党组的坚强领导下，积极践行新时代水利行业精神，以信心百倍、充满活力的状态，扎实做好各项业务工作；坚持问题导向，强化整改落实，狠抓关键环节和重点领域，营造风清气正的政治生态；及时转变工作作风，锐意进取，担当作为，努力开创漳卫南运河水利改革发展新局面，以更加优异的成绩向祖国70华诞献礼！

坚持节水优先，补短板，强监管
努力开创漳卫南运河水资源管理新局面

张永明

（2019 年 3 月 22 日）

今年，我国纪念第二十七届“世界水日”第三十二届“中国水周”活动的宣传主题为“坚持节水优先，强化水资源管理”。我们要借助这一关键节点，以习近平新时代中国特色社会主义思想和党的十九大精神为指导，积极践行“节水优先、空间均衡、系统治理、两手发力”治水思路，全面把握“水利工程补短板、水利行业强监管”治水总基调，抓住突出问题和薄弱环节，进一步落实节水工作要求，着力强化水资源监督管理，努力开创漳卫南运河水资源管理新局面。

一、坚持节水优先，强化水资源管理是漳卫南运河流域发展的必然要求

一是漳卫南运河水资源匮乏、开发程度高。漳卫南水系人均水资源量不足全国人均水量的1/9，为典型贫水区。水资源的匮乏引发了水资源利用工程的盲目建设，据统计，漳卫南运河流域建设各类水库300多座，各类扬水站、引水闸600余座，流域水资源开发利用率高达88%，消耗利用率为70%，开发利用程度远远超出了河系水资源正常的承载能力。

二是用水效率低、节水措施不力。漳卫南运河两岸是我国重要的粮食产区，流域内有跃进渠、红旗渠、民有渠、漳南渠等10个大型引水灌区，多以传统农业灌溉方式漫灌为主，灌溉定额为231.5～251m^3/亩，灌溉效率低，高效灌溉设施和技术仍未普及，水资源费、水价等经济杠杆对节水的调控作用也不明显。沿河地区仍存在高耗水企业、产业结构不合理、水资源浪费等现象。

三是“三大水问题”日益严重。经过40年改革开放，漳卫南运河流域社会经济得到了长足的发展，但水资源供需矛盾更加突出，资源环境约束更加趋紧，水资源短缺、水生态损害、水环境污染三大水问题日益严重。岳城水库下泄水量减少、漳河长期断流、下游河道径流量锐减，中下游地区开始依靠外流域调水补充，经济发展面临巨大的挑战。促进流域节水，强化水资源管理，解决供需矛盾，提高供水保障率，已成为漳卫南运河流域水利事业发展的重点任务。

四是新时代治水矛盾的要求。目前，水利改革事业发展进入了新时代，治水工作主要矛盾已经发生了深刻改变，新时代治水矛盾已经从人民群众对除水害兴水利的需求与水利工程能力不足的矛盾，转变为人民群众对水资源水生态水环境的需求与水行业监管能力不足的矛盾，因此要转变治水思路，把握“补短板、强监管”总基调，深入分析面临的新形势新要求新任务，强化行业监管，提高治水能力。

二、多措并举，推动漳卫南运河流域节水工作

一要加大节水宣传，提高公众节水意识。开展节水教育，包括开展节水讲座、参观水源地、举办节水知识竞赛等，让沿河群众认识到水资源的重要性和稀缺性；开展节水宣传活动，张贴宣传海报、派发宣传资料，做好节水技术指导，引导取水户掌握用水效率评估内容、了解节水方法等。通过节水宣传，从根本上影响广大群众的节水观念和节水行为，从而形成全社会爱水惜水，自发节约用水的新局面。

二要严格规划管理和水资源论证。严格执行水资源论证制度，限制高耗水产业，优先保障低消耗、高收益产业发展，防止不合理新增取水，切实做到以水定需、量水而行、因水制宜；严格落实取水许可制度，规范取水许可证有效期技术审查。通过规划、审批等手段，合理配置水资源，抓好“节水”和“分水”，满足社会生产、生活、生态的用水需求，支持沿河社会可持续发展。

三要继续强化计划用水管理。计划用水工作是落实“节水优先”方针的重要抓手，要深入贯彻中央节水优先方针，按照《漳卫南运河取用水总量控制和计划用水管理办法（试行）》（漳政资〔2018〕1号）文件要求，以水定需，规范沿河取用水行为，强化计划用水过程管理，遏制超计划取水，提高用水效率，通过计划用水管理强化水资源消耗总量和强度双控。

四要创新用水管理机制，推动水价改革。推进岳城水库和下游拦河闸供水水价改革；加强水资源用途管制，根据取水用途分类计收水费；开展河道水价形成机制研究，实施水资源有偿使用；积极推行阶梯水价及超计划、超定额累进加价制度，发挥水价杠杆调剂作用，强化供水成本约束，用水价、用市场促进节水。

五要不断加强节水基础工作。及时了解沿河工农业及生产生活用水需求，加强与地方沟通，研究、确定用水定额，努力构建漳卫南运河水资源总量控制与定额管理相结合的管理模式，加强用水效率的指导作用，提高河系水资源利用水平。

六要借力地方政府，推动流域节水工作。流域节水工作，主要在地方，我们要积极呼吁地方政府发挥主导作用，大力开展各项节水工作，并把节约用水理念落实到各行各业中。我局则要继续开展节水示范项目建设，指导、推进各项节水技术及措施在沿河的应

用，充分发挥我局作为部属单位的带头和示范作用。

三、紧抓薄弱环节，强化水资源监督管理

一要建立健全监管体制机制。积极配合海委做好流域监管制度设计，推进流域节水工作、水资源调度、地下水管理、河湖生态用水保障等方面法规建设，根据新“三定”方案，建立健全我局内部监管体制，同时理清流域机构和地方政府的监管职责，聚焦“盆”和“水”，确保行业监管有法可依，有章可循。

二要加强水资源监督检查。制定取水口监督检查制度，严格落实，加强巡查，择机开展专项检查，加强取水计划事前、事中、事后监管，推动水资源管理由粗放到精细转化，进一步促进节约用水，提高用水效率，并利用已建设完成的取水口在线监测及视频监控系统，发挥水资源监控平台作用，强化监管。

三要加强水资源调度监督管理。一方面加强我局直管工程水资源调度监督管理，做到事前有请示、事中有监督、事后有总结，程序规范，管理得当；另一方面加强探索与研究，争取与其他水源能联合调度，优化配置，加强监管，提高本流域供水保障率。

四要继续推进水资源监控能力建设。借助水利信息化建设，争取在已建水资源监控基础上，继续推进水资源监控能力建设，以实现水资源管理重要指标可监测、可监控、可考核的目标，全面提高水资源监控和管理能力。

五要落实最严格水资源管理制度考核制度。主要是参与海委组织的最严格水资源管理制度考核，以考核为抓手，落实国家节水行动方案，严控“三条红线”，促进节水。同时将漳卫南局管辖内取水口取水情况纳入地方最严格水资源管理制度考核，引起地方行政首长重视，自上而下控制取水总量，遏制超计划取水。

六要借力“河长制”，落实水资源管理责任。借助“河长制”督查，充分发挥好流域机构“协调、指导、监督、监测”作用，强化地方各级政府责任，严格考核评估和监督，促进节水，遏制浪费。

“坚持节水优先，强化水资源管理”是漳卫南运河流域发展的必然要求，是今后一段时期的重点工作，我们要进一步凝心聚力、真抓实干，深入践行局党委“一个中心，四个保障”工作思路，补短板，强监管，深入开展水资源管理各项工作，努力开创漳卫南运河水资源管理新局面。

年度综述

2019 年漳卫南局水利发展综述

2019 年，漳卫南局党委充分发挥领导班子核心作用，深入落实党中央、水利部、海委工作部署，按照“一个中心，四个保障”基本工作思路，不忘初心，牢记使命，真抓实干，攻坚克难，多项工作取得新成效。

一、深入开展“不忘初心、牢记使命”主题教育活动

印发《漳卫南局党委“不忘初心、牢记使命”主题教育实施方案》，召开主题教育动员部署会议，深入学习贯彻习近平总书记关于“不忘初心、牢记使命”主题教育的重要讲话精神。局党委共进行 13 次集中学习研讨，班子成员带头深入开展调查研究，给分管部门和单位党员干部讲授党课。认真召开主题教育专题民主生活会，深入检视问题并提出整改措施。

二、积极推进机构改革工作，不断加强干部队伍建设

按照《海委关于调整漳卫南局内设机构的通知》（海人事〔2019〕27 号）要求，对局机关内设机构进行调整，增设了河湖处、监督处（审计处），对水资源管理与保护处进行了整合，印发《漳卫南局机关内设机构主要职责（暂行）》，合理划定业务工作范围，厘清内设机构主要职责。重新调整局领导责任分工，开展“三定”方案修订工作，进一步明确机构职能。印发《漳卫南局职务与职级并行实施方案》，完成职级套改及两次职级晋升工作。优化干部队伍结构，打通多渠道交流通道，跨部门（单位）调整交流处级领导干部 16 人。完善人事规章制度，规范干部日常管理程序，出台《漳卫南局工作人员借调管理办法（试行）》《漳卫南局机关工作人员报考公务员公开遴选审批管理规定（试行）》等制度，不断提高组织人事工作的制度化和规范化水平。

三、扎实开展水旱灾害防御工作

局党委坚决贯彻习近平总书记关于防灾减灾救灾重要指示精神，全面落实水利部及海委各项工作部署，积极妥善应对各类险情。对漳卫南运河洪水预报系统进行升级改造，保障信息畅通。认真开展汛前检查，及时排除安全隐患，强化会商研判，做好值班值守，汛期启动一次Ⅲ级应急响应，派出 9 个工作组赴降雨强度较大的三级局开展强降雨防御工作，有效应对“利奇马”台风。

四、加快推进水利建设前期工作

卫河干流治理工程前期工作基本完成；漳河干流治理工程前期工作有序推进；编制上报了庆云闸和辛集闸除险加固工程前期工作任务书、《漳卫南局基础设施建设“十四五”规划》《漳卫南局基层单位水电等配套设施改造可行性研究报告》等；协助海委做好水利

工程建设规划同意书制度相关工作。

五、扎实推进水利工程建设与运行管理工作

四女寺北闸除险加固工程开工建设，工程质量和进度得到有效控制。卫运河治理工程顺利通过竣工验收，充分发挥工程效益。基层单位供暖设施改造工程全部完成。清河河务局顺利通过国家级水管单位专家组复核验收，夏津河务局、东光河务局顺利通过海委水利工程管理示范单位复核验收。指导全局 18 个水管单位完成了 2019 年度维修养护项目的招投标工作。加强河道岸线管理，工程管理范围 1302km 堤防、1159km 护堤地已完成划界。

六、执法监管工作有力有效

不断提升执法能力，规范执法工作，持续深化与地方河长体系的对接合作，全面排查统计“四乱”问题，强化问题整改，确保“清四乱”专项行动取得实效。严格落实执法巡查制度，通过执法巡查及时发现和处置各类水事案件。开展遗留案件梳理工作，制定《漳卫南局河湖违法陈年积案“清零”查处整改方案》。认真抓好浮桥管理工作。

七、持续推进水利督查工作

按照水利部和海委的部署，完成河北省和内蒙古自治区 42 座小型水库安全运行专项督查，完成河北省灵寿县 24 处农村饮水工程的饮水安全暗访调研工作，完成河北省境内 4 座大型水库的安全度汛督查工作，完成北京市、天津市共 10 座水闸的督查暗访工作，完成河北省邯郸市和山西省长治市的水利工程建设安全监督专项巡查。组织开展水利部 2019 年水资源管理和节约用水监督检查工作，开展华北地下水超采区补水河道暗访督查、河北省部分城市黑臭水体治理情况调研。

八、加强水资源管理工作

出台《漳卫南局取水监督管理办法（试行）》，开展取水口专项检查等工作；编制完成岳城水库水量调度方案、管辖范围取水总量控制方案、应对突发水污染事件应急预案等；完成南水北调东线一期北延应急试通水工作，四女寺倒虹吸累计过水量 6433 万 m^3；完成引黄输水相关工作，穿卫枢纽累计过水量约 1.7 亿 m^3，四女寺倒虹吸累计过水量 7265 万 m^3。

九、稳步推进经济管理工作

印发《漳卫南局经济责任考核暂行办法》，不断强化内控管理。扎实做好预算管理工作，提高财政保障能力。加强项目管理，提高项目管理水平。积极推动浮桥建设，培育新的经济增长点。推进国有企业改革工作，积极配合完成华水集团股权划转工作。不断加强闸桥运行管理，认真做好水费收缴工作。面对历史上少有的枯水年，全局上下共同努力，开源节流，保障了全局各项工作正常运转。

十、全面从严治党不断向纵深发展

修订印发《漳卫南局党委贯彻落实中央八项规定精神实施办法》《漳卫南局全面从严

治党实施意见》等，认真制定全面从严治党主体责任清单，领导班子严格落实“一岗双责”。局党委班子成员分组带队，对局直属单位党委和机关部门党支部进行了党风廉政建设责任制“一岗双责”履行情况及整治形式主义、官僚主义情况集中督导调研。积极配合海委党组形式主义、官僚主义问题专项巡察第一巡察组进驻巡察工作，根据巡察反馈意见，主动认领问题清单，认真制订整改方案，做好整改落实工作。全年共启动三轮巡察工作，共发现被巡察单位问题108个，逐项提出整改建议，督促制订整改方案、建立问题台账、狠抓整改落实。开展不作为、不担当问题专项治理行动，进一步转变工作作风，深化专项治理成果。通报违反中央八项规定精神典型问题和水利部、海委及局党委查处的违规违纪问题，组织处级以上干部集中观看廉政警示教育片，发挥警示教育作用，增强党员干部遵纪守法、廉洁从政的自觉性。

十一、精神文明建设成效显著

全面启动局机关创建全国文明单位工作，召开动员大会，安排部署各项筹备工作。举办第二届职工艺术节。单位职工在“我心中的新时代水利精神”征文活动中获一等奖，在全国水利系统演讲比赛中获三等奖。先后三次组织100余名志愿者到帮扶社区志愿服务，组织单位职工参与文明交通执勤和社会公益活动，精神文明建设硕果累累。

创建医务室，机关食堂餐饮服务水平不断提高，稳步推进全方位后勤服务。安全生产、信访保密、档案宣传、信息通信、后勤保障、工青妇等工作顺利开展，保持了全局和谐稳定的良好局面。

（贾健　刘峥）

大　事　记

2019年漳卫南局大事记

1月

3日　鹤壁市副市长、卫河市级河长孙栋到浚县检查卫河河长制工作落实情况。

10日　中共中央政治局委员、国务院副总理胡春华视察四女寺水利枢纽和引黄济津潘庄线路倒虹吸工程。

11日、16日　受漳卫南局党委书记、局长张永明的委托，漳卫南局党委委员、副局长张永顺带队赴穿卫闸管理所、无棣河务局，走访慰问基层单位职工，并向他们致以节日的问候。

14日　漳卫南局党委理论学习中心组召开专题学习会，集体学习十九届中央纪委三次全会精神。局党委书记、局长张永明主持会议并讲话，中心组全体成员参加学习。

15日　副局长李瑞江赴穿卫枢纽管理所、夏津河务局，检查岁末年初安全生产工作。

17日　漳卫南局印发《关于表彰2018年度先进单位、先进集体的通报》（漳办〔2019〕2号），授予邢台衡水河务局、岳城水库管理局、卫河河务局、水闸管理局、水文处“漳卫南局2018年度先进单位”荣誉称号；授予计划处、财务处、水保处“漳卫南局2018年度先进集体”荣誉称号。

18日　漳卫南局党委委员、副局长张永顺走访慰问部分离退休老同志，并向他们致以节日的问候。

21日　海委副主任田友到临西河务局和穿卫枢纽管理所走访慰问基层职工，并向他们致以节日的问候。漳卫南局局长张永明、副局长张永顺陪同慰问。

22日　漳卫南局召开安全生产领导小组会议，传达落实李克强总理对全国安全生产电视电话会议作出的重要批示和水利部安全生产视频会议精神，部署近期安全生产工作。副局长、局安全生产领导小组副组长李瑞江主持会议并讲话。

漳卫南局印发《关于表彰2018年度工程管理先进单位的通报》（漳建管〔2019〕1号），授予岳城水库管理局、邢衡河务局“2018年度工程管理先进单位”荣誉称号；授予汤阴河务局、南乐河务局、馆陶河务局、冠县河务局、清河河务局、夏津河务局、宁津河务局、东光河务局、祝官屯枢纽管理所、吴桥闸管理所“2018年度工程管理先进水管单位”荣誉称号。

24日　四女寺枢纽北进洪闸除险加固工程建设管理局成立会议在局机关召开，漳卫南局局长张永明出席会议并讲话，副局长、建管局局长付贵增作表态发言。

海委副主任徐士忠率队赴漳卫南局检查岁末年初安全生产工作，漳卫南局副局长李瑞江参加检查。

28日　漳卫南局党委印发《集中整治形式主义、官僚主义查找问题阶段工作流程》（漳党〔2019〕4号）。

30 日　漳卫南局召开离退休老干部座谈会。局党委书记、局长张永明出席会议并讲话，副巡视员姜行俭出席会议。

漳卫南局党委书记、局长张永明，局党委委员、副局长张永顺看望慰问漳卫南局困难职工。

31 日　漳卫南局办公室印发《漳卫南局机关公务租车管理办法（试行）》（办财务〔2019〕2 号）和《漳卫南局机关差旅费管理办法》（办财务〔2019〕3 号）。

2 月

18 日　漳卫南局党委印发《集中整治形式主义、官僚主义重点任务的实施方案》（漳党〔2019〕7 号）。

漳卫南局召开集中整治形式主义、官僚主义工作推进会议。局党委书记、局长张永明出席会议并讲话，局党委委员、副局长李瑞江主持会议并作总结讲话，局党委委员、副局长张永顺传达海委集中整治形式主义、官僚主义工作推进会精神，并对《中共漳卫南局党委关于集中整治形式主义、官僚主义重点任务的实施方案》进行解读。局领导徐林波、付贵增、王鹏，副巡视员姜行俭出席会议。

19 日　漳卫南局召开 2019 年工作会议，深入学习贯彻习近平新时代中国特色社会主义思想和习近平总书记关于治水工作的重要论述，全面落实全国水利工作会议、海委工作会议部署，总结 2018 年工作，研究今后一个时期水利改革发展任务，部署 2019 年重点工作。局党委书记、局长张永明作工作报告，局党委委员、副局长李瑞江，局党委委员、纪委书记王鹏分别主持会议，局党委委员、总工徐林波传达 2019 年海委工作会议精神，局党委委员、副局长张永顺、付贵增分别宣读表彰决定，副巡视员姜行俭出席会议。

20 日　漳卫南局召开 2019 年党风廉政建设工作会议。局党委书记、局长张永明出席会议并讲话，局党委委员、副局长李瑞江主持会议并传达了十九届中央纪委三次全会精神和 2019 年水利部、海委党风廉政建设工作会议精神，局党委委员、纪委书记王鹏作了题为《深入学习贯彻中央纪委三次全会精神，推动漳卫南局纪检监察工作高质量发展》的工作报告。局领导徐林波、张永顺、付贵增，副巡视员姜行俭出席会议。

漳卫南局召开 2019 年第一次纪检监察工作座谈会，传达贯彻 2019 年水利部流域机构纪检组长座谈会精神和海委系统纪检监察工作座谈会精神，交流探讨当前存在的廉政风险、纪检监察工作中的难点和热点问题以及贯彻落实漳卫南局党风廉政建设工作会议精神的具体举措。局党委委员、纪委书记王鹏出席会议并讲话。

28 日　漳卫南局召开 2019 年安全生产工作会议，学习贯彻水利部、海委安全生产工作会议精神，总结漳卫南局 2018 年安全生产工作，研究部署 2019 年安全生产重点工作任务。副局长、局安全生产领导小组副组长李瑞江主持会议并讲话。

漳卫南局机关各部门、局属各单位认真贯彻落实集中整治形式主义、官僚主义部署要求，结合部门（单位）工作实际，对照问题清单，主动认领问题，严格按照查找问题流程形成了单位（部门）和个人问题清单。

3月

1日　漳卫南局党委印发《关于建立局领导班子成员联系点制度的通知》（漳党〔2019〕10号）。

漳卫南局印发《关于加快推进河湖长制工作的通知》（漳水保〔2019〕1号）。

7日　德州河务局荣获“2018年度德州市安全生产工作先进单位”荣誉称号。

11—13日　漳卫南局副局长张永顺带队赴基层单位调研水政水资源管理工作。

11日　漳卫南局党委印发《关于调整巡察工作领导小组成员的通知》（漳党〔2019〕14号）。

14日　漳卫南局党委启动第二轮巡察工作，并对全年巡察工作进行总体动员和安排部署。局党委书记、局长、巡察工作领导小组组长张永明作动员讲话，局党委委员、副局长、巡察工作领导小组副组长张永顺主持会议并作总结讲话，局党委委员、纪委书记、巡察工作领导小组副组长王鹏宣读《漳卫南局党委关于开展第二轮巡察工作的通知》，局领导李瑞江、付贵增，副巡视员姜行俭出席会议。

16日　漳卫南局党委印发《关于进一步加强“三重一大”事项决策的通知》（漳党〔2019〕18号）。

漳卫南局印发《关于开展水利安全风险分级管控工作实施方案的通知》（漳建管〔2019〕15号）。

18日　漳卫南局党委委派的两个巡察组分别入驻卫河河务局和德州河务局，漳卫南局第二轮巡察工作全面展开。

19日　沧州市政协副主席、盐山县总河长薛泽通调研督导漳卫新河盐山段河长制工作。

22日　漳卫南局党委召开专题会议，研究部署加强党的建设工作，讨论并通过了《漳卫南局党委关于加强党的建设的意见》。局党委书记、局长张永明主持会议，局领导李瑞江、张永顺、付贵增、王鹏出席会议。

局长张永明发表署名文章，纪念第二十七届“世界水日”、第三十二届“中国水周”。局机关及直属各单位围绕“坚持节水优先，强化水资源管理”宣传主题开展了形式多样的纪念宣传活动。

漳卫南局举办“践行新思路，落实新要求”青年论坛活动。副局长张永顺出席论坛活动。

27日　水利部南水北调工程管理司副司长袁其田到四女寺枢纽工程管理局调研南水北调东线一期北延应急供水线路工作，局长张永明、副局长李瑞江参加调研。

28日　漳卫南局党委印发《漳卫南局党委关于加强党的建设的意见》（漳党〔2019〕21号）和《漳卫南局党委关于严格请示报告工作的意见》（漳党〔2019〕22号）。

29日　漳卫南局党委印发《漳卫南局党委理论学习中心组2019年理论学习计划》（漳党〔2019〕23号）。

聊城市委副书记李春田带领有关部门负责人，赴漳卫河冠县段、临清段开展巡河检查。

4月

1日　漳卫南局副局长李瑞江赴无棣河务局检查安全生产工作。

四女寺枢纽北进洪闸除险加固工程招标工作圆满完成。

2日　德州市委常委、常务副市长刘长民到减河白桥、袁桥、齐桥等堤段进行实地巡查，督导河道清违清障工作。

4日　漳卫南局召开2019年第一次局务会议，总结第一季度工作，安排部署第二季度工作任务。局党委书记、局长张永明主持会议并讲话；局领导徐林波、张永顺、付贵增、王鹏分别就分管工作提出具体要求；副巡视员姜行俭出席会议。

8日　漳卫南局党委召开专题会议，研究部署党风廉政建设工作。局党委书记、局长张永明主持会议并讲话；局党委委员、纪委书记王鹏就抓好党风廉政建设和纪检监察工作提出要求；局党委委员、总工徐林波，局党委委员、副局长张永顺、付贵增出席会议。

10日　四女寺枢纽北进洪闸除险加固工程建设第一次工地会议在德州召开。漳卫南局副局长、四女寺北闸建管局局长付贵增出席会议并讲话，海委监督处负责人莅会指导。

10—12日　水利部水文水资源情报预报中心主任孙春鹏来漳卫南局对近年来发生洪水的河流进行踏勘，并调研水文情报预报工作。

11日　水利部南水北调工程管理司司长李鹏程到四女寺枢纽工程管理局调研南水北调东线一期北延应急试通水线路工作。漳卫南局副局长李瑞江，山东省水利厅南水北调局局长马承新参加调研。

漳卫南局党委印发《漳卫南局诫勉谈话实施细则（试行）》（漳党〔2019〕26号）。

11—13日　受国家发改委委托，中国国际工程咨询有限公司在濮阳组织召开卫河干流（淇门—徐万仓）治理工程可行性研究报告评估会。海委党组成员、巡视员户作亮，漳卫南局局长张永明、副局长付贵增出席会议。

15日　漳卫南局副局长付贵增到邱屯闸以下南水北调东线一期北延应急通水线路实地检查。

16日　漳卫南局总工徐林波赴岳城水库检查防汛准备工作。

17日　邢台市市委书记朱政学到卫运河清河段调研大运河文化带建设。漳卫南局副局长李瑞江参加调研。

18日　海委组织对漳卫南局2018年防汛工程设施应急修复项目进行了竣工验收。漳卫南局总工徐林波参加验收。

19日　漳卫南局在南水北调东线工程大屯水库举办了以“增进水利情，绿色健康行”为主题的春季健步走活动。漳卫南局领导李瑞江、张永顺、付贵增、王鹏参加活动。

21日　南水北调东线一期北延应急试通水正式启动，南水北调东线一期工程首次实施向河北、天津应急调水。24日跨越江苏、山东两省十余市的长江水通过四女寺倒虹吸工程进入南运河流向天津。

磁县境内发生3.6级地震，岳城水库有明显震感。地震发生后，岳城水库管理局负责人紧急召开会议，部署对震后工程运行状况的全面检查。

22—28日　漳卫南局开展漳卫南运河汛前检查和防洪雨毁修复工程检查。

23 日　山东省应急管理厅副厅级领导邵光东带领省防总第五综合检查组到牛角峪退水闸检查防汛工作。

海委南水北调东线一期北延应急试通水工作组到南水北调东线一期北延应急试通水线路检查工作。漳卫南局副局长付贵增参加检查。

24 日　漳卫南局在邯郸市组织召开打击漳河非法采砂工作座谈会，研究和部署 2019 年汛前打击漳河非法采砂专项行动。

25 日　水利部南水北调工程管理司副司长袁其田到四女寺枢纽检查指导南水北调东线一期北延应急试通水工作。漳卫南局局长张永明参加检查。

海委副主任徐士忠率检查组到漳卫南局开展安全生产专项检查。漳卫南局副局长李瑞江参加检查。

漳卫南局局长张永明到四女寺枢纽检查南水北调东线一期北延应急试通水工作。

漳卫南局副局长付贵增到中水北方勘测设计研究有限责任公司，就卫河干流（淇门—徐万仓）治理工程可行性研究报告的修改工作同中水北方勘测设计研究有限责任公司有关负责人及设计人员深入交换了意见。

岳城水库附近发生 3.6 级地震后，按照海委及漳卫南局领导有关指示精神，相关工作组赶赴岳城水库，对涉及库区采煤企业（包括冀中能源峰峰集团辛安矿、梧桐庄矿、天成矿，安阳主焦煤业有限公司）进行了监督检查。

26 日　卫运河治理工程通过竣工验收。

29 日　漳卫南局召开纪念“五四”运动 100 周年座谈会。局党委书记、局长张永明出席会议并讲话，局领导李瑞江、张永顺、付贵增、王鹏出席会议。

漳卫南局召开南水北调东线一期北延应急试通水第一次调度会议。副局长付贵增主持会议并讲话。

5 月

6 日　漳卫南局副局长付贵增率办公室、计划处、水保处有关人员到南水北调东线一期北延应急试通水现场（四女寺至第三店）检查指导工作。

6—7 日　漳卫南局举办 2019 年局系统羽毛球比赛。四女寺枢纽工程管理局、德州河务局、岳城水库管理局、水闸管理局、防汛机动抢险队、局机关代表队分别获得团体前六名；卫河、邯郸、聊城、邢衡、沧州河务局，德州水电集团公司代表队获得优秀组织奖。局党委书记、局长张永明现场观看比赛并为获奖运动员、代表队颁奖，副局长张永顺宣布比赛开幕，局领导李瑞江、张永顺、王鹏，副巡视员姜行俭现场观看比赛。

8 日　漳卫南局召开机构改革动员会，对局机关及各单位的机构改革有关工作进行了安排部署。局党委书记、局长张永明主持会议并讲话；局党委委员、副局长李瑞江宣读《漳卫南局机构改革人事安排工作方案》；局党委委员、总工徐林波，局党委委员、副局长张永顺、付贵增，局党委委员、纪委书记王鹏，副巡视员姜行俭出席会议。

13 日　海委党组成员、副主任田友带队对漳卫南局党风廉政责任制“一岗双责”履行情况进行督导调研。漳卫南局党委书记、局长张永明参加督导，并就漳卫南局党风廉政建设主体责任和“一岗双责”履行情况进行了专题汇报；局党委委员李瑞江、徐林波、张永顺、付贵增，党委委员、纪委书记王鹏参加座谈。

21—23 日　漳卫南局举办 2019 年防洪调度及水文防汛知识培训班。

22 日　海委举办余元君同志先进事迹报告会，漳卫南局设视频分会场参加学习。局党委书记、局长张永明，局领导徐林波、张永顺、付贵增、王鹏，副巡视员姜行俭参加报告会。

22—23 日　海委水文局局长韩瑞光率海委防御处、水文局等部门组成的防汛联合检查组检查漳卫南局防汛工作。漳卫南局副局长李瑞江参加检查。

24—26 日　水利部水利水电规划设计总院（以下简称“水规总院”）在北京召开漳河干流岳城水库至徐万仓治理规划报告审查会。海委党组成员、巡视员户作亮，漳卫南局总工徐林波、副局长付贵增出席会议。

29 日　漳卫南局配合海委积极开展 2019 年漳卫河系防洪调度演练。局长张永明、局总工徐林波在漳卫南局分会场参加了演练。

30 日　漳卫南局在聊城举办 2019 年水利基建及统计培训班。副局长付贵增出席培训班并讲话。

6 月

1 日　由海委监督处、水资源节约与保护处有关人员组成的检查组到南水北调东线一期北延应急试通水现场检查指导工作。

5 日　漳卫南局召开 2019 年第二次纪检监察工作座谈会。局党委委员、纪委书记王鹏出席会议并讲话。

10 日　漳卫南局召开 2019 年水旱灾害防御工作会议。局党委书记、局长张永明出席会议并讲话，局领导李瑞江、徐林波、张永顺、付贵增、王鹏，副巡视员姜行俭出席会议。

12 日　德州市政府副市长、公安局长部浩浩带领检查组赴德州河务局检查指导防汛工作。

13 日　漳卫南局党委印发《漳卫南局党委关于开展第三轮巡察工作的通知》（漳党〔2019〕38 号）。

沧州市常务副市长、漳卫新河河长袁志刚巡查漳卫新河河长制及防汛抗旱工作落实情况。

15 日　水利部直属机关党委副书记、纪委书记罗湘成率队来漳卫南局调研水利行业监管和行风建设工作。漳卫南局党委委员、纪委书记王鹏参加调研。

漳卫南局举办巡察工作培训班，水利部直属机关党委副书记、纪委书记罗湘成作专题讲座。局党委书记、局长、巡察工作领导小组组长张永明参加讲座，局党委委员、纪委书记、巡察工作领导小组副组长王鹏主持讲座。

河北省防汛抗旱安全督导组组长王明才一行赴漳卫新河盐山段、庆云闸管理所检查督导防汛工作。

17 日　中国农林水利气象工会副主席原成刚率调研组赴四女寺枢纽工程管理局，就“人水和谐·美丽津京冀”河道修防工技能竞赛筹备情况进行调研。漳卫南局副局长张永顺参加调研。

漳卫南局印发《漳卫南局机关工作人员报考公务员公开遴选审批管理规定（试行）》（漳人事〔2019〕19号）。

漳卫南局印发《漳卫南局工作人员借调管理办法（试行）》（漳人事〔2019〕20号）。

17—18日　国家发展改革委价格认证中心副主任成钢、中国水利水电科学研究院总会计师黄秋洪一行来漳卫南局进行供水价格政策评估调研。漳卫南局副局长李瑞江参加调研座谈会。

18日　岳城水库防汛指挥部工作会议在岳城水库管理局防汛会商室召开。邯郸市委副书记、岳城水库防汛指挥部指挥长张维亮出席会议并讲话；邯郸市政府常务副市长、岳城水库防汛指挥部副指挥长武金良出席会议，并宣读防汛指挥部成员名单。安阳市副市长、岳城水库防汛指挥部副指挥长欧阳报军主持会议，漳卫南局总工徐林波出席会议并讲话。

19日　局党委第一、第二巡察组分别进驻聊城河务局和邢衡河务局并召开启动大会，第三轮巡察工作全面展开。

26日　漳卫南局召开干部大会，宣布部管干部任职决定：杨士坤同志任漳卫南局党委委员、副局长；李学东同志任漳卫南局副巡视员。

27日　鹤壁市市委常委、组织部部长田开胜赴刘庄闸检查防汛工作。

28日　漳卫南局召开2019年财务工作会议。副局长李瑞江出席会议并讲话。

7月

1日　漳卫南局举办以“不忘初心、牢记使命”为主题的党日教育活动。局党委委员、副局长张永顺为大家讲授专题党课。局党委书记、局长张永明，局党委委员、副局长李瑞江，副巡视员姜行俭出席活动。

德州市委常委、常务副市长刘长民到漳卫南运河开展巡河工作。

3日　漳卫南局印发《漳卫南局关于调整局机关内设机构的通知》（漳人事〔2019〕24号）。

3—4日　漳卫南局总工徐林波率防御处、岳城水库组有关负责人检查岳城水库及其以下漳河水旱灾害防御工作。

海委督查组对四女寺枢纽北进洪闸除险加固工程安全度汛工作进行督查。

4—5日　漳卫南局副局长李瑞江率卫河河系组检查卫河水旱灾害防御工作。

5日　鹤壁市副市长、卫河市级河长孙栋带领市水利局、水文局等相关负责人到浚县巡河并检查指导防汛工作。

5日、8—9日　漳卫南局副局长张永顺率南运河、漳卫新河河系组赴漳卫新河检查指导水旱灾害防御工作。

8—9日　漳卫南局副局长杨士坤率卫运河河系组检查卫运河水旱灾害防御工作。

9日　海委巡视员户作亮到漳卫南局调研指导基础设施建设工作。漳卫南局党委书记、局长张永明参加调研。

9—10日　山东省防汛抗旱指挥部秘书长、山东省水利厅副厅长刘鲁生带队检查漳卫河防洪工程。漳卫南局总工徐林波参加检查。

11 日　漳卫南局党委书记、局长张永明，局党委委员、副局长张永顺走访慰问漳卫南局建国前入党的老党员和部分困难党员。

12 日　漳卫南局印发《漳卫南局职务与职级并行制度实施方案》（漳人事〔2019〕26 号）。

15—16 日　海委党组书记、主任王文生按照“不忘初心、牢记使命”主题教育关于开展调查研究工作的有关要求，带队到漳卫南局调研全面从严治党“两个责任”落实工作。漳卫南局领导张永明、李瑞江、徐林波、杨士坤、张永顺、付贵增、王鹏，副巡视员李学东参加调研。

17 日　漳卫南局总工徐林波率防御处，南运河、漳卫新河河系组负责人检查四女寺枢纽水旱灾害防御工作。

漳卫南局选送的作品《追随》代表海委在水利部举办的“我心中的新时代水利精神”演讲比赛“华北赛区”初赛中荣获二等奖，成功晋级全国总决赛。

18 日　漳卫南局副局长张永顺赴无棣河务局慰问高温下坚守一线的基层单位职工。

22 日　四女寺枢纽北进洪闸除险加固工程建设第二次工地会议在四女寺召开。漳卫南局副局长、四女寺北闸建管局局长付贵增出席会议并讲话。

23 日　水利部人事司副司长郭海华带队到漳卫南局调研职务与职级并行制度实施情况。海委党组成员、副主任翟学军，漳卫南局党委书记、局长张永明参加调研。

23—24 日　漳卫南局副局长付贵增率漳河河系组检查漳河水旱灾害防御工作。

邢台市人大副主任杨爱国检查卫运河防汛工作。

25 日　漳卫南局举办“机关大讲堂”活动，局领导杨士坤、张永顺出席活动。

鹤壁市副市长、共产主义渠市级河长王永青带领鹤壁市有关部门负责人开展巡河并检查防汛工作。

25—26 日　水利部预算执行中心主任赫崇成带队到漳卫南局调研预算执行工作。海委副主任徐士忠，漳卫南局局长张永明、副局长李瑞江参加座谈。

漳卫南局防汛物资仓库建设通过竣工验收。

29 日　漳卫南局印发《漳卫南局经济责任考核暂行办法》（漳财务〔2019〕23 号）。

8 月

4 日　海委副主任翟学军率漳卫徒马河河系组来漳卫南局检查指导水旱灾害防御工作。漳卫南局局长张永明、局总工徐林波参加检查。

7—8 日　漳卫南局副局长张永顺到卫河、邯郸、聊城河务局调研“清四乱”专项治理工作。

8 日　中水北方勘测设计研究有限责任公司副总经理、总工程师杜雷功率队对四女寺枢纽北进洪闸除险加固工程进行设计回访。漳卫南局副局长、四女寺北闸建管局局长付贵增接待来访。

漳卫南局印发《漳卫南局机关差旅伙食费和市内交通费收交管理暂行办法》（漳财务〔2019〕25 号）。

9 日　漳卫南局召开安全生产领导小组（扩大）视频会议。副局长、局安全生产领导小组副组长李瑞江出席会议并讲话。

10 日　漳卫南局召开防汛会商会议，研究部署台风“利奇马”防范应对工作，并于13 时启动防汛Ⅲ级应急响应。局领导张永明、徐林波、张永顺、付贵增出席会议。

11—12 日　受海河防总委派，漳卫南局副局长张永顺带队水利部山东省徒马河系工作组，前往徒骇河、德惠新河、马颊河及漳卫新河河口查看雨情、水情、工情，检查指导台风“利奇马”防御工作。

12 日　17 时漳卫南局终止防汛Ⅲ级应急响应。

海委副主任翟学军率工作组检查指导卫河水旱灾害防御工作。

12—13 日　海委副主任田友率队到漳卫南局调研取水管理工作。漳卫南局副局长杨士坤参加调研。

14 日　海委纪检组组长、监察局局长靳怀堎一行检查四女寺枢纽北进洪闸除险加固工程建设情况。漳卫南局副局长、四女寺北闸建管局局长付贵增，局纪委书记王鹏参加检查。

14—15 日　海委纪检组组长、监察局局长靳怀堎率队对漳卫南局管党治党工作开展专题调研，并与纪检监察干部就如何履行好监督职责进行深入座谈。漳卫南局纪委书记王鹏参加座谈。

15 日　水利部人事司副巡视员王健到邢衡河务局调研干部人事工作。漳卫南局党委书记、局长张永明参加调研。

18 日　漳卫南局党委印发《在漳卫南局系统集中开展廉政警示教育活动的方案》（漳党〔2019〕50 号）。

19 日　漳卫南局召开 2019 年廉政警示教育大会。局党委书记、局长张永明出席会议，就进一步抓好廉政警示教育、推进全面从严治党做出部署，并对全体参会人员进行集体廉政约谈；局党委委员、副局长李瑞江主持会议；局党委委员、副局长张永顺传达《漳卫南局党委关于在漳卫南局系统集中开展廉政警示教育活动的方案》；局党委委员、纪委书记王鹏就落实落细管党治党责任、强化监督执纪问责提出具体要求；局党委委员、总工徐林波，局党委委员、副局长杨士坤、付贵增，二级巡视员姜行俭、李学东出席会议。

海委纪检组组长、监察局局长靳怀堎为漳卫南局职工讲授题为“修身律己，立德守正，不断改造自己的主观世界”的专题党课。漳卫南局领导张永明、李瑞江、徐林波、杨士坤、张永顺、付贵增、王鹏，二级巡视员姜行俭、李学东参加学习。

21—24 日　漳卫南局在聊城举办 2019 年水行政执法培训班。副局长张永顺出席开班仪式。

23 日　漳卫南局副局长张永顺到邯郸河务局、岳城水库管理局检查指导漳河采砂管理工作。

26 日　漳卫南运河四女寺枢纽北进洪闸除险加固主体工程正式开工。副局长、四女寺北闸建管局局长付贵增与各参建单位、运行管理单位出席开工仪式。

26—27 日　漳卫南局在沧州市举办水资源管理培训班。副局长付贵增出席培训班并参加座谈。

28 日　漳卫南局副局长杨士坤检查四女寺枢纽北进洪闸除险加固工程建设情况。副局长、四女寺北闸建管局局长付贵增参加检查。

29 日　漳卫南局副局长杨士坤检查清河河务局国家级水管单位复核验收准备情况。

31 日　漳卫南局印发《漳卫南局机关内设机构主要职责（暂行）》（漳人事〔2019〕34 号）。

9 月

2 日　漳卫南局副局长杨士坤检查东光河务局海委水管示范单位情况。

3 日　由波兰格但斯克理工大学、波兰科学院地理研究所、华沙生命科学大学组成的波兰水利专家代表团一行到漳卫南局进行考察访问。局总工徐林波参加考察。

3—18 日　漳卫南局水资源处、水文处、综合事业处组成联合检查组对管辖范围内 35 个重要取水口进行了专项监督检查。

5 日　海委党组形式主义、官僚主义问题专项巡察第一巡察组进驻漳卫南局召开动员会议，海委纪检组组长、巡察工作领导小组副组长靳怀堔出席会议并讲话，巡察组组长郭胜利对巡察工作进行了动员部署，漳卫南局党委书记、局长张永明主持会议并作表态发言。漳卫南局领导徐林波、张永顺、付贵增，二级巡视员姜行俭、李学东参加会议。

漳卫南局印发《漳卫南局机关创建全国文明单位实施方案（2019—2020 年）》（漳文明〔2019〕1 号）。

9 日　漳卫南局召开创建全国文明单位动员大会，全面启动局机关创建全国文明单位工作。

16 日　海委副主任徐士忠率队检查四女寺枢纽北进洪闸除险加固工程安全生产工作。漳卫南局副局长李瑞江参加检查。

17 日　聊城市市委副书记、冠县县委书记李春田带领有关部门负责人对卫运河冠县段、临清段开展巡河。

18 日　漳卫南局党委印发《漳卫南局党委“不忘初心、牢记使命”主题教育实施方案》（漳党〔2019〕60 号）。

全国水利系统“我心中的新时代水利精神”演讲比赛决赛在华北水利水电大学举行，漳卫南局选送的参赛作品《追随》代表海委在比赛中荣获三等奖。

19 日　漳卫南局召开“不忘初心、牢记使命”主题教育动员部署会。

19—20 日　水利部运行管理司司长阮利民一行调研水利工程运行管理情况。海委副主任翟学军，漳卫南局局长张永明、副局长杨士坤参加调研。

22 日　海委党组形式主义、官僚主义问题专项巡察第一巡察组检查四女寺枢纽北进洪闸除险加固工程。漳卫南局副局长、四女寺北闸建管局局长付贵增参加检查。

二级巡视员姜行俭走访慰问漳卫南局机关部分离退休老同志，并代表漳卫南局党委向他们致以节日的问候。

24 日　漳卫南局邀请原漳卫南局党委书记王金玉为大家作“讲述局史局情，牢记初心使命”专题讲座。漳卫南局党委委员、副局长张永顺主持讲座，局领导李瑞江、徐林波、杨士坤、付贵增，二级巡视员李学东聆听讲座。

29日 漳卫南局举办第二届职工艺术节“不忘初心、牢记使命，庆祝新中国成立70周年演唱会”。

30日 漳卫南局机关举行升旗仪式，庆祝新中国成立70周年。局领导张永明、李瑞江、徐林波、杨士坤、张永顺、付贵增、王鹏，二级巡视员姜行俭、李学东出席升旗仪式。

10月

11日 水利部财务司副司长张爱辉一行来漳卫南局开展企业负债督导工作。海委副主任徐世忠、漳卫南局副局长李瑞江参加督导。

12日 漳卫南局编制完成《漳卫南局基础设施建设“十四五”规划》并报海委。

12—13日 清河局以932分的成绩通过国家级水管单位复核验收。

14日 漳卫南局党委书记、局长张永明到故城、武城河务局就加强基层党建工作进行调研。

14—15日 漳卫南局党委委员、副局长张永顺到故城、德城河务局调研河长制及“清四乱”专项治理工作。

15日 漳卫南局与中水北方勘测设计研究有限责任公司进行卫河干流（淇门—徐万仓）治理工程勘察和设计合同谈判，并签署勘察设计合同，标志着卫河干流（淇门—徐万仓）治理工程初步设计正式启动。漳卫南局局长张永明会见了中水北方勘测设计研究有限责任公司副总经理杜雷功一行，副局长付贵增主持合同谈判会议。

16日 漳卫南局机关组织广大党员干部到冀鲁边区革命纪念馆接受红色革命传统教育。局领导李瑞江、张永顺、付贵增参加活动。

20—22日 漳卫南局副局长李瑞江带队到河北省石家庄市鹿泉区、灵寿县、行唐县开展水资源管理与节约用水监督检查工作。

23日 漳卫南局党委书记、局长张永明以“不忘初心、牢记使命，为全局各项事业行稳致远而不懈努力”为题讲授专题党课。局党委委员、副局长张永顺主持专题党课，局党委委员李瑞江、徐林波、杨士坤、付贵增，二级巡视员姜行俭参加党课学习，海委“不忘初心、牢记使命”主题教育第二指导组有关负责同志列席本次党课活动。

23—24日 “人水和谐·美丽京津冀”河道修防工技能竞赛在漳卫南局四女寺枢纽举办。中国农林水利气象工会副主席原成刚出席开、闭幕式并讲话，水利部运行管理司堤防水闸管理处负责人出席开、闭幕式，海委总工梁凤刚致词，漳卫南局局长张永明主持开、闭幕式。水利部、北京市总工会等单位相关领导在闭幕式上为获奖选手颁奖。

25日 山东省海河淮河小清河流域水利管理服务中心领导来漳卫南局就“对标进位”工作进行调研。漳卫南局局长张永明、二级巡视员姜行俭参加调研。

28—29日 漳卫南局在衡水市举办工程管理培训班。漳卫南局副局长杨士坤出席开班仪式并讲话。

30—31日 海委规计处与科技咨询中心组成调研组来漳卫南局调研“十四五”基础设施建设规划，并检查2019年基础设施建设项目投资计划执行情况。漳卫南局副局长付贵增参加调研。

11 月

1 日　漳卫南局医务室正式向职工开放。

6 日　海委党组书记、主任王文生到漳卫南局督导“不忘初心、牢记使命”主题教育工作，对相关工作提出指导性意见。以“筑牢初心、践行使命——为流域水安全保障工作贡献中坚力量”为题讲授“不忘初心、牢记使命”主题教育专题党课。漳卫南局党委书记、局长张永明主持党课，局党委委员李瑞江、徐林波、杨士坤、张永顺、付贵增，二级巡视员姜行俭、李学东参加党课学习。

漳卫南局召开“不忘初心、牢记使命”主题教育督导会，迅速传达《中共水利部党组“不忘初心、牢记使命”主题教育领导小组关于进一步压实领导责任、强化督促指导、深入开展第二批主题教育的通知》文件精神和海委“不忘初心、牢记使命”主题教育推进暨约谈会议精神，深入学习海委党组书记、主任王文生主题党课内容和督导漳卫南局党委主题教育讲话精神。漳卫南局党委书记、局长、主题教育领导小组组长张永明出席会议并对主题教育工作提出指导性意见，局党委委员、副局长、主题教育领导小组副组长张永顺主持会议。

漳卫南局第四轮巡察工作正式启动。漳卫南局党委派出两个巡察组，分别对岳城水库管理局党委、防汛机动抢险队党委、德州水电集团公司党委和综合事业处党支部开展巡察。

12—13 日　水利部“不忘初心、牢记使命”主题教育第四巡回指导组组长李铭、副组长丁峰一行到漳卫南局指导主题教育开展工作，漳卫南局领导张永明、李瑞江、徐林波、杨士坤、张永顺、付贵增、王鹏，二级巡视员姜行俭、李学东出席指导会。

13 日　水利部监督司安全监督处处长马建新带队检查调研漳卫南局水利安全生产标准化建设工作。海委副主任徐士忠、漳卫南局副局长李瑞江参加调研。

14 日　海委党组形式主义、官僚主义问题专项巡察第一巡察组向漳卫南局党委反馈巡察意见。漳卫南局党委书记、局长张永明主持会议并代表局党委作表态发言，局领导李瑞江、徐林波、杨士坤、付贵增，二级巡视员姜行俭出席会议。

漳卫南局副局长李瑞江带队检查辛集闸交通桥安全生产工作，研究部署闸桥运行安全保障措施。

18 日　漳卫南局启动引黄济冀位山线路输水，截至 12 月 31 日，穿卫枢纽累计过水量 10129 万 m^3。

19 日　漳卫南局召开“不忘初心、牢记使命”主题教育调研成果交流会。局党委书记、局长、主题教育领导小组组长张永明主持会议，并与领导班子成员李瑞江、徐林波、杨士坤、张永顺、付贵增、王鹏，二级巡视员姜行俭逐一交流调研结果。海委“不忘初心、牢记使命”主题教育第二指导组组长黄诚及成员列席指导。

漳卫南局召开“不忘初心、牢记使命”主题教育检视问题分析会。局党委书记、局长、主题教育领导小组组长张永明主持会议，并与领导班子成员李瑞江、徐林波、杨士坤、张永顺、付贵增、王鹏，二级巡视员姜行俭逐一检视分析问题。海委“不忘初心、牢记使命”主题教育第二指导组组长黄诚及成员列席指导。

20 日　水利部“不忘初心、牢记使命”主题教育第四巡回指导组检查督导卫河河务局主题教育工作。

漳卫南局党委委员、总工徐林波对岳城水库管理局“不忘初心、牢记使命”主题教育开展工作进行督导，并讲授专题党课。

21 日　漳卫南局党委召开专题会议，研究成立专项巡察整改工作领导小组及其办公室，对专项巡察整改重点工作进行了周密安排部署。局党委书记、局长张永明任专项巡察整改工作领导小组组长。

22 日　水利部运行管理司副司长李远华一行到清河河务局进行基层调研。漳卫南局副局长杨士坤参加调研。

25 日　漳卫南局党委中心组专题学习贯彻“水利改革发展总基调”及水利部部长鄂竟平在江河流域水资源管理现场会上的讲话精神。漳卫南局党委书记、局长、主题教育领导小组组长张永明主持学习并作总结讲话，局党委委员付贵增、二级巡视员李学东作重点发言，局党委委员李瑞江、徐林波、杨士坤、张永顺、王鹏逐一交流学习体会，二级巡视员姜行俭参加学习研讨。

按照德州市政府“慈心一日捐”活动安排，漳卫南局机关组织党员干部职工开展“积极参与扶贫开发、坚决打赢脱贫攻坚战”主题捐款活动。

漳卫南局召开 2019 年第 3 次纪检监察工作座谈会，传达学习 2019 年第 5 次流域机构纪检组组长座谈会、海委系统第 3 次纪检监察工作座谈会精神，研究分析纪检监察工作面临的形势和任务，安排部署下一阶段重点工作。局党委委员、纪委书记王鹏出席会议并讲话。

26 日　漳卫南局党委委员、副局长杨士坤赴邢衡河务局督导“不忘初心、牢记使命”主题教育工作。

26—27 日　漳卫南局举办 2019 年纪律审查业务培训班。局党委委员、纪委书记王鹏出席开班仪式并作动员讲话。

28 日　漳卫南局印发《漳卫南局督办工作管理办法（试行）》（漳办〔2019〕11 号）。

28—29 日　漳卫南局举办 2019 年新录（聘）人员培训班。局党委书记、局长张永明出席开班仪式并讲话。

29 日　漳卫南局召开党委扩大会议，传达水利部警示教育视频会议精神，安排部署漳卫南局警示教育工作。局党委书记、局长张永明主持会议，局领导李瑞江、徐林波、杨士坤、张永顺、付贵增、王鹏参加会议。

漳卫南局举办文明单位创建工作培训班，邀请水利部文明办廉政办副主任王卫国作专题授课。漳卫南局领导张永明、李瑞江、徐林波、杨士坤、付贵增、王鹏，二级巡视员姜行俭、李学东参加学习，副局长张永顺主持培训。

漳卫南局在沧州举办工程招投标培训班，副局长杨士坤出席开班仪式并讲话。

由沧州局主办，局水政处、河湖处、综合事业处、水闸管理局以及两岸县级（乡）人民政府参加的第四次河口联席会议在海兴县召开。

12 月

2—3 日　漳卫南局在濮阳举办工会工作座谈会暨工会干部培训班。副局长、局工会主席张永顺出席会议并讲话。

3日　漳卫南局启动引黄济冀潘庄线路输水，截至12月31日，潘庄线路穿漳卫新河倒虹吸工程累计过水量7265万m^3。

4日　漳卫南局召开2019年水政监察及河湖管理工作座谈会。副局长张永顺出席会议并讲话，二级巡视员姜行俭、李学东出席会议，海委政策法规处、河湖管理处负责人到会指导。

5日　漳卫南局在沧州举办2019年安全生产培训班。副局长李瑞江出席开班仪式并讲话。

5—28日　漳卫南局组织举办2019年漳卫南局党校科级干部培训班（第2期）。局党委书记、局长、局党校校长张永明在岳城水库培训基地参加开班仪式并讲话；党委委员、副局长张永顺在西柏坡红色教育基地参加结业式并讲话。

6日　漳卫南局召开安全生产领导小组会议。副局长、局安全生产领导小组副组长李瑞江出席会议并讲话。

6—14日　漳卫南局对各局属河务局、管理局开展了工程管理年终考核。

9—13日、19日　按照漳卫南局目标管理办法、领导干部年度考核及党风廉政建设考核有关规定，漳卫南局成立考核组对局直属各单位和机关各部门进行年终考核。

11日　国家最高检察院有关负责人到祝官屯枢纽管理所调研大运河保护工作。

17日　漳卫南局副局长李瑞江带队检查辛集闸交通桥安全生产工作，研究部署闸桥运行安全保障措施。

漳卫南局印发《漳卫南局预算管理暂行办法》（漳财务〔2019〕39号）。

18日　漳卫南局召开警示教育大会。局党委书记、局长张永明出席会议并讲话，局党委委员、副局长杨士坤主持会议，局党委委员、副局长张永顺传达水利部党组书记、部长鄂竟平同志在部直属系统警示教育大会上的讲话精神，局党委委员、纪委书记王鹏通报2019年水利部查处的典型违纪违法案例和巡视发现的共性问题。局领导徐林波、付贵增，二级巡视员姜行俭、李学东出席会议。

21—23日　夏津河务局、东光河务局分别以879.2分、906.8分的成绩通过海委水利工程管理示范单位复核验收。

23日　漳卫南局召开德州水电集团公司管理体制调整会议，部署德州水电集团公司管理体制调整工作。

23—24日　海委副主任徐士忠带队检查漳卫南局安全生产集中整治和岁末年初安全生产工作。漳卫南局副局长李瑞江、付贵增参加检查。

31日　漳卫南局机关组织单身职工开展“庆元旦·迎新年”活动，局领导付贵增、王鹏参加活动。

（王丹丹）

机构改革与职级并行

【内设机构调整】

2019 年 7 月，根据《海委关于调整漳卫南局机关内设机构的通知》（海人事〔2019〕27 号），漳卫南局印发《漳卫南局关于调整局机关内设机构的通知》（漳人事〔2019〕24 号），对漳卫南局机关内设机构予以调整。调整后的机关内设机构设置包括办公室（党委办公室）、规划计划处、水政处（水政监察总队）、财务处、人事处（离退休职工管理处）、水资源管理与保护处、建设与运行管理处、河湖管理处、监督处（审计处）、水旱灾害防御处、监察处、直属机关党委、工会（中国农林水利气象工会海委漳卫南运河管理局委员会，与直属机关党委合署办公）。机构调整后，局机关内设机构处级领导职数在现状基础上增加 4 名（2 正 2 副），待正式印发新“三定”规定时再统筹核定。

（贺小强）

【职级并行】

2019 年 7 月 12 日，漳卫南局印发《漳卫南局职务与职级并行制度实施方案》。7 月 15 日，召开漳卫南局职务与职级并行制度实施工作动员会，明确了职级并行工作的指导思想和目标要求，并对套转、晋升等相关工作进行了政策解读和具体安排。会后随即开始着手职级套转工作，职级套转 218 人，其中，二级调研员 4 人，四级调研员 33 人，二级主任科员 33 人，四级主任科员 62 人，一级科员 86 人；8 月，实施并完成了首次晋升工作，晋升 345 人，其中，一级调研员 24 人，三级调研员 56 人，一级主任科员 104 人，三级主任科员 84 人，四级主任科员 77 人。截至 12 月 31 日，在职数使用范围内全部完成职级二次晋升工作，晋升 95 人，其中，一级调研员 1 人，二级调研员 27 人，四级调研员 40 人，一级主任科员 2 人，二级主任科员 24 人，三级主任科员 1 人。2019 年共晋升职级 440 人次。

（贺小强）

工程建设

【前期工作】

1. 卫河干流（淇门—徐万仓）治理工程

卫河干流治理范围为卫河自淇共汇合口（含淇共汇合口以下淇河 1.19km）至徐万仓处，河道长约 183km，以及淇共汇合口以下的共产主义渠 44.2km。治理内容包括河道清淤、加高加固堤防、险工险段整治、穿堤建筑物加固、河道和坡洼控制工程。

2019 年 2 月，立项资料报送至国家发展改革委后，联系河南省、山东省住建厅和自然资源厅等职能部门，对即将到期的建设项目选址意见书进行延期和重新办理。

2019 年 4—7 月，规计处两次组织相关人员参加工程可行性研究报告评估工作。根据中国国际工程咨询有限公司的评估修改意见，组织相关部门和单位，结合河系实际情况和工作需要，积极进行沟通，争取保留尽可能多的项目内容，解决漳卫南局工程管理存在的短板问题。

在工程可行性研究报告评估修改时，针对工程建设征地和移民安置规划内容变化，多次组织人员前往河南省移民办进行了沟通协调，召开专家审查会，并重新办理了《河南省移民办公室关于卫河干流（淇门—徐万仓）治理工程建设征地和移民安置规划（河南省部分）审核的意见》（豫移办〔2019〕44 号），满足了国家发展改革委立项审批要求。

2019 年 8 月 23 日，国家发展改革委批复《卫河干流（淇门—徐万仓）治理工程可行性研究报告》（发改农经〔2019〕1398 号），标志着卫河干流治理工程项目正式立项。2019 年 12 月，《卫河干流（淇门—徐万仓）治理工程初步设计报告》报送水利部审查。该项目投资概算约 12.58 亿元。

2. 漳河干流岳城水库至徐万仓治理规划

2019 年 5 月，完成《漳河干流岳城水库至徐万仓治理规划报告》修改并上报水利部。同时，组织相关部门、单位参加了水规总院召开的审查会议。9 月，漳卫南局两次组织人员参加水规总院召开的“漳河干流大名段滩区治理方案专题报告”审查会。

3. 庆云闸和辛集闸除险加固工程可行性研究工作

2019 年 7 月，编制完成《庆云闸和辛集闸除险加固工程项目可行性研究任务书》，8 月，上报水利部。11 月，水利部水规总院完成项目可行性研究任务书审查。12 月，水利部批复《庆云闸和辛集闸除险加固工程可行性研究任务书》。

（吕笑婧）

【在建项目】

1. 卫运河治理工程通过竣工验收

卫运河治理工程总投资 41399 万元，施工总工期 36 个月，是海委系统承担的最大一项民生水利工程，是国家 172 项节水供水重大水利工程之一。工程治理范围为徐万仓—四女寺，河道全长 157km。治理标准为 50 年一遇防洪标准，设计行洪流量为 4000m^3/s；3 年一遇排涝标准，排涝流量 900m^3/s。卫运河治理工程自 2014 年 10 月开工，2018 年 5 月工程主体全部完成。

2019 年 4 月 24—26 日，海委在德州主持召开卫运河治理工程竣工验收会。会上，成立了由海委特邀专家、海委有关部门、河北省水利厅、山东省水利厅及漳卫南局有关部门代表组成竣工验收委员会。按照有关规定，此次验收分为竣工技术预验收和竣工验收两个阶段进行。验收委员会成员先后实地查看了卫运河治理工程现场，观看了工程建设声像资料，听取了工程建设管理、设计、监理、施工、质量检测、质量与安全监督、运行管理等单位报告以及工程竣工决算审计意见，查阅了工程档案资料。经充分讨论，竣工验收委员会认为，卫运河治理工程已按照批复的设计内容全部完成，工程质量合格，财务管理基本规范，投资控制基本合理，竣工决算已通过审计，水土保持、环境保护和档案专项已通过相关验收，工程初期运行正常，初步发挥了效益，同意卫运河治理工程通过竣工验收。海委副主任翟学军出席并主持竣工验收会；海委总工梁凤刚，漳卫南局局长张永明、副局长李瑞江、总工徐林波出席会议；卫运河治理工程建管局、各参建单位、运行管理单位代表参加验收会。

2. 防汛物资仓库建设通过竣工验收

2017 年 1 月，海委批复《漳卫南局防汛物资仓库建设初步设计报告》，批复总投资 651 万元，总工期两年。防汛物资仓库建设工程于 2017 年 8 月 26 日开工，2018 月 6 月 20 日全部完成。2019 年 7 月 25 日，海委在河南省濮阳市主持召开漳卫南局防汛物资仓库建设竣工验收会。会上成立了验收委员会，验收委员会成员查看了现场，听取了建设、设计、监理、施工、运行管理等单位的汇报，查验了工程资料，并对有关问题进行了质询。经充分讨论认为，该工程按照批准的建设内容全部完成，工程质量合格，投资控制合理，符合基本建设财务管理规定，档案资料符合要求，同意通过竣工验收。

3. 基层单位供暖设施改造工程

2017 年 12 月 27 日，海委批复《漳卫南局基层单位供暖设施改造初步设计报告》，批复总工期为两年，总投资 825 万元。本次改造按照国家对环境保护的相关要求，采用符合国家要求的清洁能源，对邢衡河务局等 17 个基层单位的供暖系统进行改造升级，面积共 21674m^2，解决 307 名职工的供暖问题。2018 年 3 月 20 日开工建设；2018 年 11 月项目全部完成；2019 年 1 月完成项目单位工程验收。

4. 四女寺枢纽北进洪闸除险加固工程

2019 年 1 月，水利部下达《〈四女寺枢纽北进洪闸除险加固工程初步设计报告〉准予行政许可决定书》，核定工程总投资 9940 万元、工期 14 个月，至此四女寺枢纽北进洪闸除险加固工程前期工作全部完成。8 月 26 日，漳卫南运河四女寺枢纽北进洪闸除险加固主体工程正式开工。至 2019 年年底，该工程建设进展顺利，是海委系统唯一在建的大型水利基建项目。

（吕笑婧）

工 程 管 理

【建设管理】

2019 年，漳卫南局积极协调推进卫运河治理竣工验收准备的有关工作，配合海委召开卫运河治理工程竣工验收会，4 月 26 日卫运河治理工程顺利通过验收。督促配合四女寺北闸建管局严格按照程序高效地完成四女寺北闸除险加固工程监理、施工标的招标工作，指导其做好开工、施工工作。

（赵彤）

【水管单位复核】

组织开展清河局国家级水管单位复核，夏津局、东光局海委工程管理示范单位复核的准备工作。3 月，上报《漳卫南局关于报送国家级水管单位年度考核和海委示范单位年度自检的报告》。8 月，向海委提交《漳卫南局关于清河河务局国家级水利工程管理单位复核验收的请示》。10 月，组织有关单位专家开展了清河局国家级水管单位复核工作，10 月 21 日清河局通过国家级水管单位复核验收；12 月 21—23 日海委组织验收组分别对夏津、东光河务局进行了海委水利工程管理示范单位复核验收，东光局、夏津局通过海委级水管单位复核验收。

（赵彤）

【科技管理】

8 月，印发《漳卫南局关于召开第十六届水利经济暨工程管理学术交流会的通知》。10 月，完成论文征集工作。经专家评审，确定 15 篇优秀科技论文，结果于 2020 年 1 月公示，获奖名单详见表 1。

8 月，参加海委优秀科技论文评选。《关于构建漳卫南运河供水水量水质模型的思考与分析》（李志林、高翔）、《基于系统动力学的漳卫南运河水资源优化配置模型构建》（李志林、杜慧滨）被评为优秀论文。

11 月，根据《漳卫南运河管理局业务成果奖励办法（修订）》规定，对 2018 年漳卫南局所属单位（部门）和职工取得的业务成果 37 项（其中，发表论文 34 篇，出版专著 2 部，荣获科技进步奖 1 项）进行奖励（详见表 2）。根据《漳卫南运河管理局技术创新及推广应用优秀成果评审办法》规定，组织开展 2019 年度技术创新及推广应用优秀成果评审统计工作，评选出 2019 年度技术创新及推广应用优秀成果 18 项（详见表 3）。

表 1　漳卫南局第十六届水利经济暨工程管理学术交流会优秀论文获奖名单

序号	姓名	工作单位	论文题目
1	彭德泰、戴永翔	水政处	漳卫南局水行政执法现状分析和对策
2	高园园、杨苗苗	水文处	岳城水库饮用水水源地安全保障达标对策研究
3	于杨卓艺	岳城局	岳城水库近年来供水情况分析及未来供水工作探讨
4	王玲	四女寺局	漳卫南运河防洪调度关键点和难点分析
5	高迪、高圆圆、杨苗苗	水文处	岳城水库浮游植物多样性研究
6	纪情情	盐山局	利用 Excel 表格实现档案管理信息化
7	刘邑婷、朱志强	四女寺局水文处	厄尔尼诺事件与漳卫河流域汛期降水的相关关系研究

续表

序号	姓名	工作单位	论 文 题 目
8	徐宁、朱志强	水文处	基于水文序列分析的漳河地区枯季径流量研究
9	李志林	水文处	现状延续下的卫运河区域水资源结构模拟与优化配置
10	杨苗苗、高迪、高圆圆	水文处	原子荧光光度法测定水中硒的精密度偏性试验分析
11	李肖洁	沧州局	基层单位财政预算支付进度的难点与对策分析
12	范福林	东光局	基层水政执法现状的思考
13	于江怀、蔡秀峰	岳城局	岳城水库进水塔伸缩缝监测数据分析评价
14	杨云霄、于江怀	岳城局	岳城水库垂直位移监测资料分析
15	蔡秀峰、杨云霄、侯亚男	岳城局	岳城水库除险加固后坝基渗流监测资料分析

表 2　　2018 年漳卫南局业务成果获奖名单

序号	成果获得人	所在单位	成 果 名 称	获得时间	成果类别
1	于伟东	漳卫南局	漳卫南运河水功能区限制纳污红线和排污总量控制	2018 年	论文
2	于伟东	漳卫南局	漳卫南运河取用水总量控制指标研究	2018 年	论文
3	李增强	水政处	漳卫南运河生态流量和生态调度保障措施浅议	2018 年	论文
4	刘晓光	水保处	漳卫南运河河长制实施现状、问题及建议	2018 年	论文
5	刘晓光	水保处	漳卫南运河推进河长制工作的若干思考	2018 年	论文
6	徐　宁	水文处	涉县降水预报成果可利用性分析	2018 年	论文
7	杨云霄	岳城局	谐波分析法在漳河上游流域来水预测中的应用研究	2018 年	论文
8	秦何聪	岳城局	岳城水库微波通信塔基础换填技术要点分析	2018 年	论文
9	秦何聪	岳城局	卫运河历次弯道治理启示	2018 年	论文
10	蔡秀峰	岳城局	岳城水库大坝水平位移观测恢复和数据初步对比分析	2018 年	论文
11	于江怀	岳城局	多重止水措施在岳城水库进水塔廊道透水处理中的应用	2018 年	论文
12	郭恒茂	岳城局	清代和民国时期漳卫南运河水事纠纷解决途径及其启示	2018 年	论文
13	郭恒茂	岳城局	哨马营减河挑挖年代及相关问题的探讨	2018 年	论文
14	郭恒茂	岳城局	战国至东魏时期漳水十二渠的发展演变	2018 年	论文
15	徐泽勇	四女寺局	四女寺南进洪闸过闸流量复合分析	2018 年	论文
16	王　玲	四女寺局	防洪工程治理与河道现状行洪能力	2018 年	论文
17	刘晓燕	水闸局	精细化财务管理在水利事业单位中的运用	2018 年	论文
18	刘志军	集团公司	冲击回波法在箱涵混凝土损伤检测评价中的应用	2018 年	论文
19	徐明明	集团公司	水利施工管理中的安全风险与改进建议探索	2018 年	论文
20	邵红燕	集团公司	工程项目成本控制存在问题及方法分析	2018 年	论文
21	邵红燕	集团公司	施工企业工程索赔原则及方法策略分析	2018 年	论文
22	伊清岭	集团公司	BIM 技术在工程中的应用研究	2018 年	论文
23	许春艳	集团公司	水利工程造价存在问题及控制措施分析	2018 年	论文

续表

序号	成果获得人	所在单位	成果名称	获得时间	成果类别
24	许春艳	集团公司	水利工程定额的分类及管理考核分析	2018年	论文
25	许春艳	集团公司	施工企业投标报价策略影响因素及措施分析	2018年	论文
26	刘　敏	集团公司	水利工程施工中导流施工技术的应用	2018年	论文
27	任士陶	集团公司	水利工程高边坡加固治理技术讨论	2018年	论文
28	任士陶	集团公司	泵送混凝土施工裂缝成因和防治措施分析	2018年	论文
29	张红霞	集团公司	堤防工程绿化推广节水灌溉技术介绍	2018年	论文
30	张　鹏	集团公司	堤防破坏形式成因及除险措施分析	2018年	论文
31	张　鹏	集团公司	水利工程施工质量控制措施的分析和研究	2018年	论文
32	王婷婷	集团公司	水库闸门及启闭机安全检测与分析	2018年	论文
33	王婷婷	集团公司	试析水库大坝渗漏原因及除险加固设计方法	2018年	论文
34	王婷婷	集团公司	浅析水利工程养护管理中存在的问题及对策	2018年	论文
35	李增强	水政处	河流生态调度与洪水资源利用理论与实践——以漳卫南运河为例	2018年	专著
36	李孟东	水文处	漳卫南运河水情工作手册	2018年	专著
37	李孟东	水文处	漳卫南运河洪水预报系统	2018年	科技进步奖

表3　漳卫南运河管理局技术创新及推广应用优秀成果

序号	单位	申报人	成果名称	成果完成人
1	岳城局	秦何聪	无人机低空航摄技术应用	王小川、张义鑫、李修勤、秦何聪、杨云霄、于江怀、蔡秀峰、陈宇灿、金辉、王立峰
2	水闸局	朱卫亮	可调节闸门大轮专用维修工具	朱卫亮、霍子龙、李娜、董炜、郭艳立
3	水闸局	马连祯	闸门侧止水堵漏新工艺、新技术	马连祯、刘超、李昊、王冲、李娜、董炜
4	水闸局	马连祯	闸门大轮拆卸新技术	马连祯、刘超、李昊、王冲、李娜、郭艳立
5	水文处	高　翔	底装多波束在线测流系统在引黄输水计量控制站的推广应用	任重琳、吴晓楷、高翔、张淼、段信斌、迟世庆、邓伟、万青
6	水文处	段信斌	遥控型微型ADCP在漳卫河系水资源监测中的推广应用	任重琳、吴晓楷、段信斌、张淼、高翔
7	水文处	高　翔	漳卫南运河供水水量水质模型构建推广应用	任重琳、李志林、高翔
8	水文处	徐　宁	降水数值预报在洪水预报中的应用	孙雅菊、朱志强、徐宁、刘邑婷、高迪
9	水文处	徐　宁	水库纳雨能力分析技术	孙雅菊、徐宁、朱志强、刘邑婷、高迪、刘阳
10	水文处	李志林	漳卫南运河水环境移动端APP应用	李志林、高园园、杨苗苗、高迪

续表

序号	单位	申报人	成果名称	成果完成人
11	水文处	杨苗苗	自动电位滴定仪在水环境监测中的应用	杨苗苗、高迪、李志林、高园园
12	水文处	高　迪	220B型BOD快速测定仪在水环境检测中的应用	高迪、杨苗苗、李志林、高园园、徐宁、朱志强、刘邑婷
13	综合事业处	张伟华	辛集挡潮蓄水闸公路桥荷载试验	刘继红、张伟华、许秀娟、蔡学军
14	后勤中心	荆荣斌	漳卫南局机关智能安防系统	荆荣斌、张海宁、宋庆宇、倪锡镇
15	集团公司	徐明明	全站仪与水准仪同步工作在漳卫南局大江大河水文监测系统建设工程（一期）建筑工程中的推广应用	徐明明、刘桂英、王峰、李永超、于成洲、张涤卉、董炜、王世帅、潘增翼、张鹏、关宇飞、廖贵凯、师庆汉、黄永刚、黄婷、汪洲、李燕
16	集团公司	关宇飞	简易钢管安全防护栏杆在漳卫南运河四女寺枢纽北进洪闸除险加固工程（第2标段）中的推广应用	关宇飞、潘增翼、靳德营、徐明明、张涤卉、董炜、黄永刚、张鹏、于成洲、刘桂英、魏玉涛、姜娟娟、廖贵凯、刘帅、师庆汉、李永超、汪洲
17	集团公司	廖贵凯	直接判定法、作业条件危险性评价法（LEC）在漳卫南运河四女寺枢纽北进洪闸除险加固工程中的推广应用	廖贵凯、靳德营、潘增翼、关宇飞、黄永刚、师庆汉、汪洲、张涤卉、魏玉涛、王振锋、于成洲、王世帅、黄婷、姜娟娟、董炜、刘桂英、张鹏、刘帅、李永超
18	集团公司	王小虎	雷诺护垫护坡技术在德州实华化工有限公司蒸汽管道跨越岔河补救工程中的推广应用	邵红燕、王小虎、聂法林、满炳涛、刘帅、邱真、高萌、赵珂福、秦伟

（赵彤）

水 政 工 作

【水法规宣传与普法】

根据水利部和海委“七五”普法规划，制订2019年度普法及依法治理工作计划。为推进漳卫南局全面依法治水管水，推动落实普法责任于8月制定印发《漳卫南运河管理局实行“谁执法谁普法”普法责任制工作方案》。

第二十七届“世界水日”、第三十二届“中国水周”期间，全局围绕“坚持节水优先，强化水资源管理”宣传主题，开展了形式多样的宣传纪念活动。3月22日，组织开展“践行新思路 落实新要求”青年论坛，就依法治水管水、基层水行政执法存在的主要问题、全面推进河长制工作、新时代水文事业发展，以及对“节水优先、空间均衡、系统治理、两手发力”的治水思路、水利发展改革总基调进行解读。“中国水周”活动期间，全局共设立宣传站、咨询站21个，出动宣传车辆25次，悬挂宣传横幅标语101条，发放宣传材料35700余份，张贴标语、宣传画527条（张），设置宣传专栏29个。4月15日，组织开展全民国家安全教育日宣传纪念活动，共发放宣传材料5100余份。

6—7月，组织拍摄漳卫南局宪法宣传微视频——《水与法》。12月1—7日，第二个“宪法宣传周”期间，召开漳卫南局2019年水政监察工作座谈会，就宪法宣传和法治教育工作进行安排部署；组织全局干部职工参加了水利部“宪法宣传周”法律知识竞赛活动，宣传期间，全局共出动宣传车辆4次，悬挂宣传横幅标语38条，发放宣传材料12200余份，张贴标语、宣传画255条（张），设置宣传专栏14个。

（马国宾）

【水政监察队伍建设】

1. 完成水政监察基础设施建设

2019年，建设完成漳卫新河河北岸、漳河、岳城水库水行政执法视频监控系统，主要建设内容包括1个区域中心（邯郸局）、4个用户端（临漳、大名、魏县、岳城局）、60个前端固定信息采集点以及漳河采砂视频监控系统升级改造，确保漳卫南局直管工程水事热点地区和重要河段的执法装备适当增强、执法手段更为先进，强化了执法监管能力和手段。

2. 水政监察人员培训

8月21—24日，举办2019年水行政执法培训班，邀请有关专家对水行政执法依据与执法方式、行政执法案例、河湖长制与涉河事务管理、水行政巡查监控及遥感遥测系统应用等业务知识进行了讲解，各级水政监察队伍60余人参加培训。培训结束后，参训人员进行了集体宪法宣誓和宪法知识考试。局属各单位结合年度工作重点，以举办培训班、工作座谈、案例讲解、模拟办案等形式开展水行政执法人员培训工作，共组织10期。11月，完成全局水行政执法人员水政监察证件清理、申请及换证工作。

3. 水政监察队伍考核

12月，开展年度水政监察工作考核，对局属各水政监察支队本年度水法规宣传、水行政执法、队伍管理和执法保障工作开展情况进行考核，并对各支队推荐的优秀水政监察大队进行复核。根据考核结果，经漳卫南局水政监察总队（以下简称“局总队”）推荐，海委水政监察总队复核，确定邢衡支队、德州支队为2019年优秀水政监察支队，内黄、魏县、临清和无棣大队等 4 支水政监察大队为 2019 年度优秀水政监察大队。

（马国宾）

【水行政执法与监督管理】

1. 召开 2019 年水政监察工作会议

12 月 4 日，召开 2019 年水政监察工作座谈会。会上传达了海委水行政执法座谈会精神，通报了 2019 年度水行政执法工作和下一步重点工作安排，局属各单位做了交流发言。

2. 推进河湖违法陈年积案“清零”行动

按照海委河湖违法陈年积案“清零”行动方案要求，及时组织对漳卫南局遗留水事违法案件进行梳理，汇总填报了河湖违法陈年积案“清零”行动台账。共有遗留案件 8 起，均为河湖案。其中，卫河河务局 5 起，水闸管理局 3 起。截至 2019 年年底，结案 5 起，剩余 3 起尚未结案。

3. 开展基层水行政执法调研

3 月，局总队先后到内黄、岳城、冠县等水管单位就水行政执法和水资源管理工作进行调研，实地查看了 S502 安阳至内黄公路跨卫河大桥工程，漳南渠、民有渠取水口，小跃峰渠首工程，班庄、乜村扬水站，并分别与调研单位就如何推进河长制和“清四乱”专项行动、践行“补短板、强监管”水利工作总基调、加强涉河建设项目监管、规范河道占压补偿费用使用及推动水资源有偿使用等方面进行座谈。

4. 坚持做好执法巡查

各级水政监察队伍严格落实执法巡查制度，按照规定频次开展水政执法巡查，并结合实际组织各类专项执法检查，通过执法巡查及时发现和处置各类水事案件，强化了巡查制度的落实。9 月 3—17 日，局总队开展了 2019 年年中执法检查，共出动执法人员 7 人，巡查河道 1340km，检查水政监察支队 9 支，水政监察大队 29 支。12 月，局总队开展了年终执法检查，重点围绕漳卫南局部分直管河道、堤防、重点取水工程进行执法检查，并与各水政监察支队进行座谈。本次检查共出动水政监察人员 7 人，巡查河道 450km。

据统计，2019 年全年，漳卫南局各级队伍累计出动执法人员 6308 人次，车辆 1575 车次，巡查河道 58006.96km，出动船只 25 次，巡查水域 362km^2，现场制止水事违法行为 75 起。

5. 配合开展河湖“清四乱”工作

2019 年，漳卫南局各级水政监察队伍在协调、配合各级河长“清四乱”工作中发挥了巨大作用。全局下达责令停止水事违法行为通知书 62 份、责令改正水事违法行为通知书 214 份。

（马国宾）

【浮桥管理】

按照《漳卫南运河浮桥管理暂行办法》，进一步落实管理责任，规范监督与管理工作，组织各单位对管辖范围内现有浮桥进行全面统计，并督促建设方按照规定，办理审批手续，对不符合要求的一律拆除。2019 年对全局管辖范围的浮桥进行了检查和梳理，两座浮桥办理了审批手续。

（马国宾）

【岳城水库库区下采煤监管】

2019年4月，邯郸市临漳县发生3.6级地震，震源深度11km，岳城水库有震感。为保证岳城水库安全运行，4月25日对涉及库区采煤企业进行了监督检查。通过检查，未发现水库安全问题，各项监测数据无异常，各煤矿企业均密切关注有关情况，组织制定了应急预案，预防余震可能引发的安全隐患。

（马国宾）

【规范浮桥管理】

11月，制定印发了《漳卫南运河浮桥管理暂行办法》，实现了对浮桥的制度化管理。下一步将组织各单位对管辖范围内现有浮桥进行全面统计，并督促建设方按照规定办理审批手续，对不符合要求的一律拆除。

（马国宾）

【漳卫新河河口管理】

2019年，继续加强河口管理，组织协调开展河口管理和执法，积极推进两岸联合执法，并利用河口视频监控系统对重点区域进行监视，发现问题及时处理。2019年组织开展联合执法3次，解决了河口区域长期存在的难点和热点问题。11月29日，在河北省海兴县组织召开了漳卫新河河口第四次联席会议，就加强沟通协调、推进联合执法进一步达成共识。

（马国宾）

【预防和调处省际水事纠纷】

认真落实预防和调处水事纠纷预案，通过水法规宣传、水行政执法、与地方政府及有关部门的沟通协调，掌握河系水事动态，预防水事纠纷，加强山东省、河南省、河北省省界水利工程管理，积极做好水资源开发工程前期工作。

（马国宾）

水旱灾害防御

【汛前准备】

1. 落实防汛抗旱责任制

2019 年 6 月 4 日，漳卫南局根据人员变动情况调整了水旱灾害防御组织机构，对领导小组、河系（水库）组、职能组、专家组、顾问组进行了相关调整，明确了局领导工作职责、包河包库分工和各单位（部门）的职责。6 月 28 日，根据机构改革情况再次调整水旱灾害防御组织机构，局属各单位也落实了领导包河、职工包堤段、包险工等各项责任制，层层压实了责任。

按照海河防总有关落实直管工程防汛责任人的要求，对直管水库、河道、堤防、水闸等防洪工程，水文、通信网络、设备物资防汛三个责任人（行政责任人、技术责任人、巡查责任人），防汛行政责任人进行了统计、汇总；督促局属各单位落实地方防汛行政首长责任制，特别是县乡两级防汛包工程责任制；梳理细化了水文预测预报、工程运行调度、预案完善等措施，并及时将相关情况上报海委。

2. 汛前检查

3 月 4 日，对照漳卫南局承担的防汛职责和工作任务，结合所辖工程现状情况，漳卫南局向局属各单位发出了《关于做好防汛抗旱准备工作的通知》，就汛前检查、防汛责任制落实、防汛培训演练、涉河工程监管、河道清障、防洪预案编报等工作提出了具体要求，指导各二级局开展各项防汛抗旱准备工作。

3 月下旬至 5 月上旬，漳卫南局系统县级局、市级局及局防御处分别开展了局系统汛前检查，重点检查了堤防隐患、险工险段、穿堤建筑物、阻水障碍、常备物料、通信设备、防洪预案编制情况等。针对检查中发现的问题明确整改责任人、整改措施和整改时限，跟踪抓好整改落实，消除防汛隐患。3 月底，向海委上报自查报告，各二级局及时向有关县、市防指报送了汛前检查报告。张永明、李瑞江、徐林波、杨士坤、张永顺、付贵增、王鹏等局领导先后多次率河系组、水库组、专家组、督察组赶赴一线进行水旱灾害防御检查。

3. 水旱灾害防御工作会

6 月 10 日，漳卫南局召开 2019 年水旱灾害防御工作会议，深入贯彻落实习近平总书记“两个坚持，三个转变”防灾减灾理念，积极践行“水利工程补短板、水利行业强监管”的水利改革发展总基调，传达海委系统水旱灾害防御工作会议精神，安排部署漳卫南局 2019 年水旱灾害防御工作各项任务。会后，局属各单位分别召开会议进行传达和部署，对各自防汛任务进行了重点安排。6 月 18 日，徐林波总工率局综合调度组、水库组人员参加岳城水库防汛指挥部工作会议。

4. 梳理完善防洪预案

漳卫南局根据“海河防总防汛抗旱应急响应预案”及防汛工作实际，对“漳卫南局防汛应急响应工作规程”的部分内容进行了补充修订。5 月 20 日，防御处对漳卫河洪水调度方案进行了研讨，梳理了历史洪水及防洪调度相关资料；5 月下旬，就卫河坡洼运用问题专程赴卫河局及其基层局进行实地查勘调研。汛前及时审核并批复了《岳城水库 2019 年汛期调度运用计划》，局属各单位根据汛前检查内容修订完成了所辖工程的防洪预案、抢险预案，并报地方防指批准施行。局系统各单位采取预案培训班等多种形式强化对预案的学习，切实加强了防汛制度体系建设。

5. 漳卫河系防洪调度演练

为切实提升预测预报、洪水调度和抢险技术支撑能力，为2019年安全度汛筑牢防御基础，按照水利部、海委工作部署，汛前应进行漳卫河系防洪调度演练。5月初，防御处完成漳卫河系防洪调度演练脚本初稿。5月23—27日，防御处派出两人赴海委完成演练脚本终稿。5月29日，漳卫南局配合海委开展2019年漳卫河系防洪调度演练。海委主任王文生、副主任翟学军在海委指挥中心指挥调度。水利部防御司副司长王章立、信息中心副主任刘志雨观摩演练并进行工作指导。河北省、河南省、山东省水利厅在各分指挥中心参加演练，漳卫南局防御处、水文处、信息中心，卫河、邯郸、德州河务局，四女寺枢纽工程管理局负责人在漳卫南局分指挥中心参加演习，岳城水库管理局、四女寺枢纽工程管理局、防汛机动抢险队有关负责人和工作人员参加了现场演练。本次演练以“63·8”洪水为基础，对其雨型进行适当调整，模拟不同量级的降雨洪水过程，并逐步放大到超50年一遇洪水。演练以预测预报、洪水调度和抢险技术支撑为重点，设置天气形势预测分析、洪水预报、水库与水闸枢纽调度、蓄滞洪区运用、抢险技术分析、应急响应启动、现场视频传输等演练科目；利用现代化手段模拟了漳卫河防御大洪水的全过程，构建了岳城水库与四女寺枢纽调度，三十里铺抢险，卫河坡洼、大名泛区、恩县洼蓄滞洪区运用等场景；检验了漳卫河洪水调度方案的可操作性，直属工程的防洪保障能力，各参演单位的防汛实战水平和抢险技术支撑能力，对确保漳卫河系防洪安全具有重要意义。

漳卫南局系统汛前组织防汛抢险人员进行抢险技能培训，部分单位进行了实战演练，以提高职工应对大洪水的实战经验和水平。汛前，全局共派出10名青年职工参加海委抢险队举办的抢险技能操作培训班，听取了抢险案例讲解，学习了抢险现场急救知识，实际操作了冲锋舟；派员参加海委防洪调度知识培训班。5月21—23日，举办漳卫南局防汛业务知识培训班，邀请河海大学教授、湖南水文局专家讲解了防汛、调度相关知识。局系统各单位分别开展了水旱灾害知识培训及抢险演练。岳城局联合部队开展了二号小副坝抢险演练；有关单位联合地方防指开展了巡堤查险、脱坡抢险、管涌抢险、子堤抢险、水上救生、封堵决口、临时安置等防洪演练，发挥技术支撑作用，进行技术指导，并在专用器材、设备供应方面给予了支持和配合。2019年度，局系统各单位共开展15次培训演练，累计培训425人次。

6. 度汛应急工程

2019年，漳卫南局的度汛应急项目为四女寺枢纽南闸下浆砌石海漫翻修加固项目，工程总投资95万元。主要建设内容包括围堰填筑与拆除、原海漫拆除、碎石土回填夯实、削坡、碎石垫层及浆砌石海漫砌筑等。3月，漳卫南局筛选上报项目，海委于4月30日批复项目实施方案，批复后督促四女寺局及时开工建设，工程于4月16日开工，6月4日竣工，7月2日漳卫南局组织并通过了单位工程投入使用验收。截至12月底，该工程运行良好，等待海委验收。

通过项目的实施，完成了南闸下海漫工程的翻修和加固，消除了安全隐患，改善了工程面貌，提高了工程抗洪能力，有效保护堤外人民群众生命安全，为经济社会发展提供有效保障。

7. 物资准备

汛前，漳卫南局盘查了各单位的防汛物资储备情况，局机关委托德州水电集团公司管护机关防汛物资仓库。局系统各单位均严格执行防汛物资使用规程，做好防汛物资使用前的调试准备工作。通过整修防汛仓库，完善仓库的防火、防尘、防潮、防盗措施，清点防汛物资，做到账物相符，明确防汛物料运输路线等手段，使物料存放情况更加清晰、物料调取更加方便快捷，为抗洪抢险工作做好了充足的准备。

8. 基础技术工作

根据新资料印制大比例防汛用图 192 幅，包括漳卫南运河流域图、漳卫南运河洪水调度图、流域内分河系水利工程位置图、调度示意图、卫河坡洼示意图等。印制完成《漳卫南运河防汛图集》300 册。包括：河道、堤防、防洪工程位置及技术指标图，水库、枢纽水闸等重点工程平面图，防洪调度信息图及堤防抢险技术等。将相关资料分发局各单位、部门，为河系防洪提供依据。

委托中水北方勘测设计研究有限责任公司完成“漳卫河干流水位流量关系分析”最终成果。

升级漳卫河卫星云图接收处理系统。

督促要求局属各单位与地方水利局、应急局积极对接，汛前及时整理汇总各地水利局、应急局值班电话，做好各项度汛准备。

（尹璞）

【汛期工作】

1. 雨情

2019 年汛期（6 月 1 日至 9 月 15 日）漳卫河系发生四次强降雨过程，有一个台风影响漳卫河流域。漳卫南运河流域面雨量 279.7mm，较多年平均水平偏少 1～2 成，其中漳河地区面降雨量 238.2mm，卫河地区面降雨量 276.5mm。

2. 水情

汛期，元村站最大流量 40.8m^3/s，出现在 8 月 11 日 20 时。观台站自 2018 年 9 月 22 日以来持续断流。岳城水库 6 月 1 日 8 时坝上水位 127.90m，蓄水量 0.765 亿 m^3；7 月 23 日 8 时后坝上水位降至 125m 以下；9 月 15 日 8 时坝上水位 124.72m，蓄水量 0.354 亿 m^3，汛期蓄水量 0.411 亿 m^3。

各段河道水势平稳，未发生汛情险情。岳城水库汛期水位持续走低，一直未超过汛限水位。

3. 汛期应对

2019 年汛期漳卫南局全面贯彻落实水利部、海委水旱灾害防御工作部署，加强汛期值守，强化会商研判，及时启动响应，保障信息畅通，密切关注天气变化和水雨情，及时做出防范强降雨工作部署，有效应对“利奇马”超强台风。其间共转发明传电报 17 份，编发明传电报 11 份。

7 月 19 日，参加海委召开的防汛视频会商会，汇报水旱灾害防御工作开展情况及下一步工作重点。为应对第9号台风“利奇马”，8月10日，漳卫南局召开防汛会商，10日13时，启动防汛Ⅲ级应急响应。相关河系组、职能组人员到岗到位，局属各单位密切关注台风动向，做好防范工作，加强工程隐患排查，做好雨毁灾情的统计上报。根据水利部、海委要求，副局长张永顺率水利部工作组赴山东省徒骇马颊河系检查指导防台防降雨工作。德州河务局、沧州河务局等单位共派出9个工作组赴降雨强度较大的三级局开展强降雨防御工作。根据降雨形势，于8月12日17时解除防汛Ⅲ级应急响应。

（尹璞）

【汛后管理】

1. 雨毁修复工程

10月，漳卫南局防御处联合财务处完成了2019年度雨毁工程修复项目申报工作。2019年，漳卫南局水毁修复项目经费320.94万元，涉及卫河河务局、邯郸河务局、邢衡河务局、德州河务局、沧州河务局和水闸管理局等6个单位。截至2019年12月底，所有工程均已完工并完成自验。12月，完成漳卫南局2020年度汛应急项目的申报工作，计划投资56.67万元。项目包括四女寺枢纽节制闸交通桥修复项目，计划投资41.63万元；岳城水库120kW备用发电机组更新项目，计划投资15.04万元。

2. 防汛业务费管理工作

根据海委和局财务处相关通知，防御处完成2020—2022年局机关防汛业务费项目申报书、实施方案等文本的编制，指导局属单位完成项目的编报工作，并汇总上报。

（尹璞）

水资源管理与保护

【水资源管理基础】

1. 水量调度工作

印发《漳卫南局关于编制水量调度方案和年度水量调度计划的通知》(漳资源〔2019〕9号),开展岳城水库、水闸枢纽和重要取水口水量调度方案和年度水量调度计划编制工作,编制完成《岳城水库水量调度规程(征求意见稿)》,切实加强水资源统一调度和管理,做好岳城水库水量调度管理。

2. 取水口核查

开展取水许可清理工作,核查120处海委发证取水口的延续换证情况,排查整理局辖范围内未办证取水口,对已废弃取水口进行现场核查确认,摸清取水口"家底",为下一步全面开展取水许可清理和整改工作、建立和维护漳卫南运河取用水秩序奠定基础。

3. 建立水资源信息通报制度

建立了漳卫南局水资源信息通报制度,按月编制发布,全面、客观、及时地反映漳卫南运河水资源信息和漳卫南局水资源管理与保护工作动态,为漳卫南局水资源管理和保护工作提供基础支撑,为水资源开发、利用和保护提供准确信息。截至2019年年底,已编制发布6期《漳卫南运河水资源信息通报》。

4. 水资源监控体系建设

完成国家水资源监控能力建设(二期)项目竣工资料整理汇编,做好验收准备工作。组织开展局属34处重要取水口水资源监控系统检查和维修,及时掌握漳卫南局水资源监控系统运行情况,排查系统运行中出现的问题,保证系统正常运行。充分发挥取水口视频监控系统和水资源监控管理平台的作用,强化取水口实时监管,加大水资源监督管理力度。

5. 开展工作调研

3月,漳卫南局副局长张永顺带队调研漳卫南局水资源管理工作,研究水资源有偿使用问题,开拓供水市场,推动水资源有偿使用,为漳卫南局"一个中心,四个保障"中心工作提供水资源经济保障。

11月,开展"不忘初心、牢记使命"专题调研,针对取水监管和取水许可管理的重点和难点主题进行深入调查研究,找准问题症结,有的放矢地提出强化取水监管和取水许可管理的对策,并拟定《漳卫南局取用水监督管理办法》,明确监督重点、监督方式、问题处置措施、责任分工等,切实提高对水资源监管的制度化、规范化水平。

6. 进行年度调水总结

对2018年度水资源调度工作进行总结,编制并上报了《漳卫南局关于报送2018年度取用水管理和水资源调度工作总结的报告》(漳政资〔2019〕2号),主要内容包括常规调度情况、非常规调度情况、存在问题与建议等。

7. 培训学习

加强队伍建设,举办水资源管理培训班,邀请专家就强化取水许可监管、节约用水管理实践与探索、水利行业节水机关建设等内容进行授课,提升了从事水资源管理与保护工作人员的工作能力和水平。

（张明月）

【取水监督管理】

1. 开展取水口专项检查

制定《2019 年度漳卫南局取用水监督检查工作方案》，重点对管辖范围内 35 个取水户近 3 年取水情况、计划用水指标落实情况、计量设施运行情况等内容进行了监督检查。对检查发现的六大类 47 个问题提出具体整改要求，向海委上报了《漳卫南局关于 2019 年度取用水监督检查工作的报告》和“一户一单”等材料，并组织 8 家典型问题取水户参加了海委组织召开的警示约谈会议，督促整改，进一步规范取水户取用水行为。

2. 确定取水重点监管对象

综合考虑取水口取水规模、影响水资源管理秩序程度、对沿岸地区经济社会发展的影响程度各因素，将民有渠、漳南渠、军留扬水站等 10 个取水口列为漳卫南局重点监管取水口（第一批），作为取水管理重点监管对象，重点做好严格控制超量取水、落实水资源有偿使用、保障重点取水口设施正常运行、加强监督检查等工作。

3. 及时纠正非法取水行为

严格取水监管，对卫河浚县未批先建取水口等非法取水工程进行督办。针对馆陶县路庄扬水站拒不办理取水许可审批手续持续从卫运河大规模非法取水的问题，多次派员到现场进行制止；向海委提交了《漳卫南局关于河北省邯郸市馆陶县路庄扬水站无证非法取水情况的报告》，并配合海委开展馆陶县路庄扬水站无证非法取水问题专项调查；向馆陶县人民政府发送了《漳卫南局关于禁止馆陶县路庄扬水站无证非法取水行为的函》，坚决制止其非法取水行为。

4. 取水许可延续技术审查工作

根据海委委托，组织开展责任范围内海委发证取水户取水许可证有效期延续技术审查工作。组织完成王庄扬水站取水许可延续技术审查。

5. 加强枯水期取水监督管理和调度

针对今年河系气候持续干旱、上游河道长期断流的情况，加强取水监督管理，严禁非法取水、严格计划用水管理。针对 9 月中下旬卫河来水情况开展取水调度，要求邯郸局、聊城局管辖范围内各取水口停止取水，保障河道基本生态下泄流量。

6. 完成 2018 年度取用水户取用水工作总结

组织局属各河务局、管理局、取用水户完成 2018 年度取水户取用水工作总结并上报，主要内容包括 2018 年取用水管理工作、取水计划申请与审核情况、实际用水情况及分析、取用水监管工作情况、存在问题与建议以及年度取水量情况等。

7. 2019 年取水计划核定与下达

根据《取水许可和水资源费征收管理条例》和《取水许可管理办法》，按照取用水户申请用水计划，结合 2019 年来水预测和取用水户用水需求变化，初步核定取用水计划，报海委批准后下达，严格控制取用水户总量。

8. 参与最严格水资源管理制度考核工作

10 月下旬，根据水利部、海委部署安排，组成水资源管理和节约用水监督检查工作组，对河北省石家庄市鹿泉区、灵寿县和行唐县等3个县级行政区进行监督检查，发现并上报各类问题46项。11月初，向海委提交《河北省石家庄市2019年度水资源管理和节约用水检查报告》。

（张明月）

【水资源保护】

1. 加强饮用水水源地保护工作

针对岳城水库蓄水持续偏少、死库容的现状，印发《漳卫南局关于加强岳城水库饮用水水源地管理保护工作的通知》，坚持高标准、严要求、强保护，对饮用水水源地管理和保护工作提出了具体要求。针对水源地管理与保护方面存在的主要问题，多次组织开展实地调研和座谈，并安排无人机对库区进行全方位“体检”；开展岳城水库蓄水供水情况整体分析，向海委提交了情况报告，及时反映了漳卫南局供水紧张的情况；针对岳城水库低水位情况，安排增加水质监测和水位观测频次，及时掌握水质水量变化情况；完成岳城水库饮用水源地2018年自评估，并配合海委完成了岳城水库饮用水水源地的抽查评估。

2. 强化突发水污染事件应急防范

严格落实预防突发水污染事件各方面要求，密切关注直管河道、饮用水水源地突发水污染事件情况，严格执行突发水污染事件月报及重大活动、节假日期间值班及零报告制度。2019年春节、全国两会和国庆期间，漳卫南局直管河道和水库无突发水污染事件发生。

3. 保障直管河道水质安全

8月，针对海兴县反映小泊头桥监测断面附近有3处入河直排口严重影响漳卫新河水质的问题，迅速派出工作组到现场核查并对水质进行了化验分析，并组织有关单位开展漳卫新河右岸排水（污）情况排查工作，对水污染隐患、非法排污等情况进行了全面摸查，重点加强了水污染防治工作。12月中旬，派专家参加生态环境部北海局组织的海兴县污水处理厂入河排污口设置专家评审会，根据漳卫南局工作实际提出了具体评审意见。

（张明月）

【供水安全保障】

按照漳卫南局对防汛工作的统一部署，加大防汛安全隐患排查力度，指导开展了河系水质监测和保护工作。8月中旬，派员组成水利部山东省徒马河系工作组，前往徒骇河、德惠新河、马颊河及漳卫新河河口查看雨情、水情、工情，对台风“利奇马”防御工作进行了检查指导。在南水北调东线一期北延应急试调水和引黄济冀输水工作期间，加强河道巡查和沿途排污口监督管理，为正常输水秩序和良好水质提供了有力保障。

（张明月）

【跨流域调水】

为提升漳卫南局的水资源调度能力，有效缓解河道旱情，多次派员针对引黄入卫调水方案开展调研，并到济南山东黄河河务局、南水北调东线山东干线总公司调研引黄、引江工作，为跨流域调水进一步打下了良好基础。

根据河北省引黄申请和黄委计划安排，制定《漳卫南局2019年位山线路引黄入冀调水工作方案》和《漳卫南局2019年潘庄线路引黄入冀调水工作方案》，组织开展引黄入冀调水工作。截至12月31日8时，引黄穿卫枢纽累计过水量达10129万m^3，潘庄线路穿漳卫新河倒虹吸工程累计过水量达7265万m^3。

（张明月）

【推进节约用水】

联合局工会、文明办向全局职工发布《漳卫南局节约用水倡议书》，鼓励大家响应建设节水型社会的号召，节约用水、保护水资源，做文明用水的倡导者、科学用水的践行者、节约用水的宣传者。组织开展了“2019年全国节约用水知识大赛”活动。多渠道广泛发布大赛相关信息，动员全局干部职工积极参与，截至10月10日比赛结束，全局共计770余人参与答题，并被全国节约用水办公室列为基层单位优秀组织案例进行了宣传。

（张明月）

水文工作

【雨情水情】

1. 雨情

汛期（2019 年 6 月 1 日至 9 月 30 日），漳卫南运河流域面平均降雨量为 278.5mm，其中，6 月 35.1mm，7 月 81.3mm，8 月 111.9mm，9 月 50.2mm。

2. 水情

汛期，漳河观台水文站持续断流；卫河元村水文站最大流量出现在 8 月 11 日 20 时，为 40.8m^3/s；卫运河临清水文站最大流量出现在 8 月 14 日 8 时，为 11.5m^3/s。

汛期，岳城水库最高水位出现在 6 月 1 日 8 时，为 127.90m，最低水位出现在 9 月 21 日 8 时，为 124.66m。

2019 年 1 月 1 日至 12 月 31 日，岳城水库年最高水位出现于 2 月 28 日 8 时，为 133.11m，相应蓄水量为 1.78 亿 m^3；年最低水位出现于 12 月 31 日 8 时，为 124.08m，相应蓄水量为 0.279 亿 m^3。

（安艳艳）

【汛前准备】

按照上级汛前检查的有关要求，2019 年 3 月，漳卫南局水文处向局直属各水文测站（中心）下发通知，要求积极开展水文测报及安全生产自查，扎实做好 2019 年汛前准备和安全生产工作。局直属各水文测站（中心）对水文测验质量、水文设施设备、水情报汛通信设施、水文巡测断面、水尺断面、安全生产等情况进行了全面自查，及时完成水文设备设施、水文巡测断面的维修与维护，对巡测设备进行保养和鉴定，保证水文测验质量，确保设施设备汛期高效、安全运行。4 月，漳卫南局水文处组织成立检查组，对水文处及局属水文测站自查情况进行了巡查和检查。

汛前对水文应用系统、雨水情数据库及相关设施设备进行检查和维护，对全体职工进行汛期业务培训，对水文报汛、水雨情处理及突发情况处理等进行讲解和演示，确保度汛安全。

（安艳艳）

【制度建设】

2019 年 5 月，漳卫南局水文处印发《漳卫南局水文报汛管理办法》《漳卫南局水文处汛期值班管理办法》，规范报汛工作，加强水文防汛值班管理。

12 月，印发《漳卫南局水文处技术成果管理办法》《漳卫南局水文处水文数据管理办法》《漳卫南局水文处合同管理办法》《漳卫南局水文处设施设备验收管理办法》《漳卫南局水文处办公用品管理办法》《漳卫南局水文处文件管理办法》《漳卫南局水文处安全生产事故隐患排查治理办法》等规章制度，系统、完善地加强制度建设，规范、有效地促进管理水平提升。

（安艳艳）

【大江大河水文监测系统建设工程】

为落实水利改革发展总基调，强化工程建设管理工作，结合建设项目实际，2019 年 2 月调整漳卫南局水文建设项目管理办公室成员（漳人事〔2019〕6 号），3 月完成公开招标工作，4 月完成合同签订和技术交底，5 月工程开工建设，至 8 月 30 日，完成批复的全部建设内容。设备验收后，分批次移交漳卫南局水文处、漳卫南运河德州河务局、漳卫南运河聊城河务局。工程建设进度比计划进度提前 1 个月。截至 12 月，完成漳卫南局大江大河水文监测系统建设工程（一期）全部工程建设内容及工程验收。该工程总投资为 455 万元，建设期限为 1 年。工作任务主要包括穿卫枢纽水文站改建、西郑庄水文站建设和漳卫南局巡测设备购置。项目的建成使用拓展了水文业务服务范围，逐步实现了水文测报的自动化、信息化和现代化，提升了水文信息采集、处理、传输及预测、预报、预警水平，为流域水资源管理及生态文明建设提供了信息支撑。

（安艳艳）

【水文测验】

结合水文测验质量检查评定工作，3 月，漳卫南局水文处以《漳卫南局水文处关于开展 2019 年水文测验质量检查评定工作的通知》（水文综〔2019〕7 号）部署水文测验质量检查评定工作。4 月，水文处成立检查组，采用现场检查、查阅档案、交流座谈、贯标答题等方式，对局直属各水文测站（中心）进行水文测验质量检查。5 月，印发通报和问题清单，并对国家基本水文站进行赋分评定。6 月，局直属各水文测站（中心）按照通报要求上报了限时整改方案。

4 月，水文处联合局属水文测站（中心）前往长江委汉江水文局和河南省南阳水文局进行实地调研，交流探讨先进水文测验技术，提升水文测验质量水平。

开展卫河龙王庙、金滩镇，漳河小七里店，卫运河南陶、王庄扬水站、班庄扬水站、乜村扬水站、西常庄，漳卫新河张集、刁李贵、沟店铺、埕口等水文巡测断面的巡查和维护工作，对测验断面水尺、水准点等基础设施进行巡查，对水准点引测路线进行查勘，对巡测断面进行维护，保障设施安全运行。

（安艳艳）

【水质监测】

按月开展 11 个省界断面、11 个水功能区断面、2 个水源地断面、10 个省界断面共 34 个断面的水质监测工作，每月形成水质检测报告，全年出具监测数据 10300 余个。

积极开展岳城水库饮用水水源地安全保障达标评估工作，6 月对岳城水库入库、库心、坝上 3 个水质断面开展集中式生活饮用水地表水源地特定项目监测，监测项目包括三氯甲烷、四氯化碳、三溴甲烷等 80 项及水生生物指标 3 项，出具监测数据 80 个。5—10 月开展岳城水库库心、坝前两个断面富营养化监测，监测项目 17 项，出具监测数据 204 个。此项工作的开展为加强岳城水库水源地安全保障，掌握水源地敏感区域水资源质量状况及水源地水质受汇入影响变化研究积累了基础数据。

（安艳艳）

【水资源监测】

1. 南水北调东线一期北延应急通水

南水北调东线一期北延应急试通水自 2019 年 4 月 26 日开始，2019 年 6 月 14 日结束。试通水期间，水文处根据实际情况，召开紧急会议部署调水期间各项工作，根据输水线路，精心布设大屯、第九桥、第三店、吴桥、廖庄、肖家楼、西花园村、青县、九宣闸等关键断面，加班加点开展水质水量监测。试通水期间，耿李杨站过水量为 0.644 亿 m^3，第三店站过水量为 0.5711 亿 m^3。累计水质监测 23 次，取得数据 552 个。同时，在上下游河段开展巡测工作，及时掌握水位和流量变化过程，保证了水量计量准确性。根据应急通水工作需要，派人驻站大屯水库，协助六五河节制闸断面测流，沿途查勘取水泵站、口门，测量取水流量，保障输水工作有序进行。

2. 引黄济冀

（1）位山线路。2019 年，引黄济冀位山线路应急调水实施了 3 期。

第一期调水自 2018 年 12 月 14 日开始，至 2019 年 2 月 5 日结束，历时 54 天。穿卫枢纽站累计过水 1.184 亿 m^3，实测最大流量 41.6m^3/s，累计发报 62 次。开展穿卫断面的水质监测工作，累计监测 24 次，取得数据 360 个。

第二期调水自 2019 年 5 月 22 日时开始，至 7 月 13 日结束，历时 53 天。穿卫枢纽站累计过水 2.415 亿 m^3，实测最大流量 75.7m^3/s，累计发报 64 次。

第三期调水自 2019 年 11 月 18 日开始，至 2020 年 2 月 4 日结束，历时 79 天。穿卫枢纽站累计过水 1.684 亿 m^3，实测最大流量 42.4m^3/s，累计发报 90 次。开展穿卫断面的水质监测工作，累计监测 26 次，取得数据 390 个。

（2）潘庄线路。引黄入冀潘庄线路应急调水自 2019 年 12 月 6 日开始，至 2020 年 1 月 15 日结束，历时 41 天。第三店累计过水量为 9458.8128 万 m^3，日均流量为 26.1m^3/s；耿李杨累计过水量为 10606.2048 万 m^3，日均流量为 29.2m^3/s。累计发报 103 次。开展引黄入冀潘庄线路第九桥和第三店断面的水质监测工作，累计监测 24 次，取得数据 360 个。

（3）渠村线路。引黄入冀渠村线路应急调水自 2018 年 11 月 29 日开始，至 2019 年 3 月 10 日结束，历时 102 天。渠村闸累计放水 3.4747 亿 m^3。开展引黄入冀调水渠村断面的水质监测工作，累计监测 18 次，取得数据 432 个。

（安艳艳）

【水文情报预报】

1. 水情报讯

直属测站严格按照海委办公室《关于下达 2019 年报汛任务的通知》（办水文〔2019〕1 号）文件精神要求开展报汛工作。汛期，中央报汛站岳城水库、穿卫枢纽到报率为 100%。截至 12 月 31 日，向水利部和海委报送两个国家基本水文站水情信息 15671 条，30min 内信息到达率为 100%。

2. 水文预报

汛期，密切监视漳卫河系雨情、水情，关注台风信息，及时开展水情预报和洪水预报，共发布《漳卫南运河水雨情简报》133 期、《洪水预报》52 期、《岳城水库纳雨能力分析》2 期，为漳卫南局防汛决策提供技术支撑。

（安艳艳）

【水文信息化建设】

开展漳卫南运河洪水预报系统升级改造，增加了水库调度、纳雨能力分析，各蓄滞洪区按削平头、分流比调度，河道闸坝调度计算方法，河道取水口、排水口调度计算方法及人工交互调度等功能，各功能模块集成到漳卫南运河洪水预报系统，同时完善其他数据管理、成果显示模块等，并利用已有洪水进行验证，该系统已顺利通过验收。漳卫南运河洪水预报系统的升级，实现了洪水预报成果与调度对接，提高了洪水预报调度工作的运行效率，拓展了洪水预报的延伸服务，可以更好地为防汛抗旱、水资源优化配置等工作提供技术支撑。

4 月，穿卫枢纽水文站、西郑庄水位站的水位数据集成到漳卫南局遥测信息查询系统，进一步完善了遥测系统数据信息，提升了水文信息化水平。

（安艳艳）

【资料整编】

2019 年 1 月，组织开展漳卫南局直属水文测站 2018 年度水文资料成果整编及审查工作，并参加 2018 年度海委水文测站水文资料整编成果复审，对发现的问题及时进行修正，向海委提交了漳卫南国家基本水文站水文资料整编成果。

3 月，组织开展 2018 年水质资料在站整编工作，参加海委系统水质监测资料整编审核会议；完成 2018 年《中国水资源公报》编制工作并上报。

11 月，组织开展漳卫南局直属水文测站 2019 年 1—10 月水文资料成果整编及审查工作，同时参加 2019 年 1—10 月海委水文测站水文资料整编成果复审。

开展 2019 年漳卫河系水利工程及水文资料收集整理项目工作。完成河系水库、灌区、涵洞等水利工程，管辖范围内枢纽水闸工程、直属水文站、水质监测断面的监测资料，取水口信息资料的收集整理。

（安艳艳）

【水文统计】

截至 2019 年 12 月 31 日，核实统计水文固定资产总额 1721.37 万元，在职人员 17 人，离退休人员 5 人，主管部门核拨事业费 954.74 万元。

（安艳艳）

【水文队伍建设】

2019 年 5 月，在岳城水库及上游漳河开展突发性水污染应急监测演练，模拟应急监测作业流程，积累实战经验，提高应对水污染事件的快速反应和应急监测能力。

5 月底，参加海河流域水文应急测报联合演练以及漳卫河系防洪调度演练。根据演练指令，对设计降水和预报降水开展洪水预报，并对岳城水库泄洪过程向下游演进进行模拟，与海委水文局就预报结果进行了模拟会商。

举办水文测报技术应用培训班、水源地突发水污染事件应急监测技术培训班、水资源监测技术培训班；参加认监委组织的“实验室质量控制与能力验证”“检测实验室安全标准宣贯暨化学实验室安全”培训；召开“水质监测技术交流”会议及“海河流域水环境监测中心漳卫南运河分中心质量体系内部审核”“漳卫南局系统水文工作”会议等，通过交流、培训和探讨，进一步提升业务能力和水平。

（安艳艳）

监督检查

【水利督查暗访】

根据水利部、海委部署，完成河北省邯郸市、秦皇岛市、保定市、张家口市、承德市、石家庄市和内蒙古自治区鄂尔多斯市、兴安盟等8个盟（市）42座小型水库的安全运行督查工作；完成河北省石家庄市元氏县21个行政自然村的农村饮水安全暗访工作；完成河北省石家庄市岗南、黄壁庄、横山岭和口头等4座大中型水库的安全度汛检查工作；完成北京市和天津市10座水闸的专项检查工作；完成河北省邯郸市和山西省长治市两个市级水行政主管部门、两个县级水行政主管部门、4个在建水利工程的水利工程建设安全监督专项巡查。

（阮荣乾）

【安全生产】

1. 安全生产责任制落实工作

按照“党政同责、一岗双责、齐抓共管、失职追责”和“管行业必须管安全、管业务必须管安全、管生产经营必须管安全”的要求，层层签订安全生产责任书，强化安全生产主体责任意识。漳卫南局局属各单位、四女寺北闸建管局督促各运行管理单位和参建单位逐级、逐岗深化落实安全生产责任制，使安全生产责任覆盖横向到边、纵向到底。制定印发《漳卫南局2019年安全生产工作要点》，召开漳卫南局安全生产工作会议，传达水利部、海委安全生产工作有关精神，对全年安全生产工作进行重点部署。召开漳卫南局安全生产领导小组扩大会议，部署安排水利行业安全生产集中整治工作。

2. 安全生产标准化建设达标工作

按照水利部和海委要求，积极协调推进局属各单位开展标准化持续提升工作。经水利安全生产标准化评审委员会评审，邯郸局完成水利安全生产二级达标；卫河局、沧州局和水闸局所属袁桥、吴桥闸管所完成水利安全生产三级达标；邢衡局、岳城局完成安全生产标准化达标自建，并向水利部提交达标申请。

3. 水利安全风险分级管控工作

按照水利部和海委的部署，积极推进漳卫南局系统安全生产风险分级管控工作，编制印发《漳卫南局开展水利安全风险分级管控工作实施方案》，在全局范围内部署开展水利安全风险分级管控工作。在邯郸局、岳城局和祝官屯闸管所等三家单位先行试点的基础上，总结经验，编制完成《漳卫南局水利安全生产风险分级管控指导手册》，并在水利部组织的安全生产标准化成果展评中获三等奖；指导四女寺北闸建管局组织参建单位按要求开展危险源辨识与风险分级管控工作，编制完成《四女寺北闸除险加固工程危险源辨识与风险等级评价报告》并通过了专家审查。

4. 专项整治和日常管理工作

1月，在全局范围内开展元旦、春节期间安全生产大检查活动，针对办公区、家属区、集体宿舍、食堂、水利实验室、值班室、宾馆等人员密集场所及车辆、天然气管道、锅炉、压力容器、物资存储仓库等重点领域和部位进行了全面、彻底、细致的安全大检查、大排查，对安全隐患和危险源进行了登记造册。

3月，按照水利部、海委要求，完成全局水利安全生产监管信息系统的上线运行工作，进一步完善了工程信息和隐患信息管理，推动了“安全监管＋信息化”，提高了局系统水利安全生产监管精准化、专业化和科学化水平。

5—11月，在全局范围内扎实开展了水利工程建设安全生产专项整治工作，编制了《漳卫南局开展水利工程建设安全生产专项整治行动方案》，重点针对四女寺北闸除险加固工程、局大江大河水文监测系统建设工程和水利工程维修养护项目开展了集中整治。针对水利部挂牌重大安全隐患工程、在建工程及“防风险、保安全、迎大庆”和两节期间安全生产工作开展了多次专项督导检查。

12月6—14日，组成年度安全生产考核组对局属各单位2019年度安全生产监督管理工作进行了考核，对检查发现的问题进行了反馈。

5. 安全生产宣教活动

安全生产月期间，紧扣“防风险，除隐患，遏事故”主题，准确把握“水利工程补短板、水利行业强监管”的总基调，开展了形式多样的教育培训活动，通过张贴“安全生产月”主题宣传画，播放警示教育宣传片，利用宣传栏、宣传画、横幅等载体广泛宣传消防安全、交通安全、用电安全、施工作业安全等知识以及预防事故的方法，普及安全知识，弘扬安全文化，强化安全宣传教育培训。组织漳卫南局干部职工积极参加全国水利安全生产网络知识竞赛、标准化成果展览、安全生产知识趣味活动等。活动期间，全局共举办知识竞赛10场、演讲比赛3场、安全展览4场，设立安全咨询站10处，受众近万人；安全生产教育培训班19次512人、警示教育35期740人；张贴、发放宣传画标语328幅，发放宣传资料3000余份；隐患排查治理50余次、排查出隐患13处、隐患整改率100%；开展应急救援演练17次，参与人数300余人。举办了安全生产培训班，围绕安全生产标准化建设及风险分级管控等内容进行了专业培训。

（阮荣乾）

【审计】

2019年10月28日至11月15日，组成审计组对综合事业处原处长何宗涛、四女寺局原局长王斌、邢衡局原局长尹法等领导干部进行了离任经济责任审计。

（阮荣乾）

河 湖 管 理

【“河长制”工作】

1. “清四乱”专项行动

2019年1月，漳卫南局与山东省水利厅、山东黄河河务局、淮委沂沭泗水利管理局联合印发了《关于进一步做好中央直管河湖“清四乱”相关工作的通知》，对进一步做好中央直管河道“清四乱”工作提出了更高要求，并会同山东沿河市（县）河长办对问题清单逐一核对、逐项界定，共同确认中央直管河道“四乱”问题。

8月，漳卫南局印发了《关于进一步推进“清四乱”专项治理工作的通知》，要求局属各单位对所辖河道存在问题进行再排查、再梳理，全面深度掌握直管河道基本情况，切实摸清“四乱”问题底数，为全面实施直管河道“清四乱”工作奠定基础；对标对表，核查存量问题清理整治情况，对虚假整治、敷衍整治、表面整治的“四乱”问题向地方河长机构反馈并跟踪督办，及时发现新增“四乱”问题，立行立改，严防问题反弹。经动态排查、梳理、统计上报各类“四乱”问题1478个，截至2019年12月底，销号661个。

2. 督查暗访

2019年，按照水利部、海委工作安排，漳卫南局共派出15个督查组，共计48人次，前后历时近两个月，对京、津、冀、晋、鲁5省（直辖市）114条河段（湖）进行督查，先后完成了2019年两轮河湖管理暗访督查，华北地下水超采区补水河道暗访督查、河北省部分城市黑臭水体治理情况调研，纳入主题教育专项整治问题核查等工作，发现上报各类问题142个，核查各类问题278个，并形成工作报告上报海委。

（刘凌志）

【涉河建设项目管理】

2019年，配合海委开展拟建项目防洪评价水行政许可工作，对德州市中心城区供水管道穿越岔河项目、秦滨国家高速公路埕口（鲁冀界）至沾化段项目漳卫新河特大桥工程、魏县2019年度地下水超采综合治理农村生活用水置换项目供水管道穿越漳河、大名县中燃能源发展公司农村“气代煤”工程项目穿越卫河、国储管道（山东）投资集团有限公司鲁北“气代煤”配套输气管网工程穿越漳卫新河5个拟建项目进行现场勘验，根据工程建设方案向海委报告水行政许可意见；对郑州至济南铁路跨越卫河、黄骅至大家洼铁路漳卫新河特大桥、京台高速德州至齐河段改建工程减河特大桥3个在建项目开展监督管理检查，就监督检查过程中发现的有关问题，分别向建设单位下达了整改通知；对新增国道342浚县黎阳产业集聚区至国道107段公路改建工程跨共产主义渠桥，S222大海线滑浚界至上曹段改建工程跨越卫河、共产主义渠等两个经海委行政许可的涉河建设项目防护工程整改设计进行了批复。

（刘凌志）

【采砂管理】

2019年3月，按照《海委办公室转发水利部河湖司关于报送河湖采砂重点河段、敏感水域责任人的通知》要求，组织岳城局、邯郸局对管辖范围内河道采砂管理任务较重的重点河段、敏感区域进行了核实，并将漳卫南局管辖范围内河湖采砂重点河段、敏感水域情况和相关责任人报海委。

8—9 月，漳卫南局针对管辖范围内漳河无堤段、临漳、魏县等非法采砂重点区域，开展了 3 次现场联合执法检查。9 月，分别在邯郸局、岳城局召开采砂管理座谈会，分析当前河道采砂管理中存在的重点和难点问题，要求相关管理单位积极联合地方政府严厉打击河道非法采砂，确保河势稳定和河道行洪安全。

9 月，漳卫南局印发《关于进一步做好河道禁止采砂工作的通知》，要求局属各单位全面调查梳理，加强日常巡查监管，强化行政执法，从严打击非法采砂，加强协调联动，做好司法移送工作。

（刘凌志）

【漳卫新河河口管理】

2019 年 7 月，为明确河口管理的一些原则性问题，无棣县政府组织召开了漳卫新河河口管理专题会议，水闸局参加了会议，会议形成会议纪要，漳卫南局就会议纪要中无棣县政府对河口存在的部分典型问题所提出的处置意见给予书面回复。

11 月，沧州局在河北省海兴县主持召开了漳卫新河河口管理第四次联席会议。漳卫南局水政处、河湖处、综合事业处，海兴、无棣县人民政府、水务局及沿河乡镇等参加会议。会上各联席单位进行交流发言，并围绕河口管理、水行政执法、推进落实河长制等进行了座谈讨论，提出了有关建设性、指导性意见，并就有关问题达成共识，会议完毕形成会议纪要并印发。

（刘凌志）

【水域岸线管理】

2019 年 7 月，按照海委要求，漳卫南局对符合“大运河河道水系治理管护重点项目”要求的项目进行了统计，对涉及“水资源配置”“水生态保护与修复”“智慧大运河建设”三方面的 12 个项目进行了上报。8 月，参加了海委在天津召开的《海河流域重要河道岸线保护与利用规划》启动会和大纲审查会。

（刘凌志）

【水利风景区管理】

2019 年 11—12 月，为深入贯彻落实水利改革发展总基调，加强对漳卫南运河水利设施、水域及岸线的保护和综合管理，维护河湖健康美丽，规范漳卫南运河水利风景区的建设与管理，漳卫南局组织开展《漳卫南运河水利风景区运行管理办法（试行）》的编制工作。

（刘凌志）

综合管理

【财务管理】

1. 年度收支

2019 年漳卫南局决算收入 39658.33 万元。其中：财政拨款 30190.14 万元，事业收入 8941.46 万元，其他收入 476.73 万元，上级补助收入 50 万元。

2019 年漳卫南局决算收入比上年增加 3165.52 万元，增幅 8.67%。其中：财政拨款增加 4316.61 万元，增幅 16.68%，包括基本支出增加 881.19 万元，行政事业类项目减少 1891.18 万元，基本建设类项目增加 5326.60 万元；创收收入减少 1151.08 万元，减幅 10.84%，包括事业收入减少 1235.38 万元，其他收入增加 34.30 万元，上级补助收入增加 50 万元。

2019 年漳卫南局决算支出 40446.22 万元。其中：基本支出 23989.11 万元（人员经费 21296.60 万元，日常公用经费 2692.51 万元），项目支出 16307.11 万元（基本建设项目支出 6351.70 万元，行政事业类项目支出 9955.41 万元），上缴上级支出 150.00 万元。

2019 年漳卫南局决算支出比 2018 年增加 4157.98 万元，增幅 11.46%。其中：基本支出增加 1746.68 万元，增幅 7.85%；项目支出增加 2411.30 万元，增幅 17.35%；上缴上级支出维持 2018 年规模。

2. 资产情况

（1）资产配置情况。2019 年度，漳卫南局配置固定资产 839.18 万元（账面原值，下同）。从资产类别分析，配置土地、房屋及构筑物 279.46 万元，占 33.30%；配置通用设备 283.07 万元，占 33.73%；配置专用设备 247.50 万元，占 29.49%；配置家具、用具、装具及动植物 29.15 万元，占 3.47%。

漳卫南局配置无形资产 46.4 万元。从资产类别分析，配置土地使用权 30 万元，占 64.66%；配置计算机软件 16.4 万元，占 35.34%。

（2）资产使用情况。截至 2019 年 12 月 31 日，漳卫南局自用固定资产 34195.73 万元，占账面固定资产总额的 98.92%。其中，在用 33657.59 万元，占账面固定资产总额的 97.36%；待处置（待报废、毁损等）538.14 万元，占账面固定资产总额的 1.56%。自用无形资产 4162.72 万元，占账面无形资产总额的 100.00%。

1）出租出借情况。截至 2019 年 12 月 31 日，漳卫南局出租出借资产 373.54 万元，全部为固定资产 373.54 万元，占资产总额的 0.09%。

2）对外投资情况。截至 2019 年 12 月 31 日，漳卫南局对外投资总额 2041.61 万元，出资资产账面原值 4547.83 万元。

（3）资产处置情况。2019 年度，漳卫南局处置资产 2097.81 万元。从资产类别分析，固定资产 2095.9 万元，占 99.91%；无形资产 1.91 万元，占 0.09%。

（4）资产收益情况。2019 年度，漳卫南局出租出借资产收益 214.28 万元。其中：固定资产收益 159.71 万元，占 74.53%；往期出租出借资产收益 54.57 万元，占 25.47%。资产处置收益 12.13 万元。其中：本期处置资产收益 12.1 万元，占 99.75%；往期处置资产收益 0.03 万元，占 0.25%。

（5）重点资产情况。

1）土地资产情况。截至2019年12月31日，全局土地账面面积12954155.57m²，账面原值3833.11万元，账面净值3833.11万元。从使用状况分析，在用12954155.57m²，占100.00%。

2019年度新增4266.66m²，账面原值30万元。

2）房屋资产情况。截至2019年12月31日，全局房屋账面面积92979.48m²，账面原值11618.24万元，账面净值7024.06万元。其中：办公用房面积58078.83m²，占房屋的62.46%；其他用房34900.65m²，占37.54%。从使用状况分析，在用86971.90m²，占93.54%，出租出借6007.58m²，占6.46%。

2019年度新增账面面积204.88m²，账面原值212.38万元；2019年度处置账面面积3012.50m²，账面原值161.24万元。

3）车辆资产情况。截至2019年12月31日，漳卫南局车辆账面数量98辆，账面原值2026.14万元，账面净值331.46万元。从使用状况分析，在用69辆，占70.41%，待处置29辆，占29.59%。

2019年度处置车辆16辆，账面原值334.19万元。

（6）在建工程情况。截至2019年12月31日，全局账面在建工程44354.36万元。其中：在建6587.72万元，占14.86%；已投入使用37766.64万元，占85.15%；未转固年限大于6个月的工程37311.64万元，占84.13%。

（7）资产绩效情况。截至2019年12月31日，全局固定资产成新率为34.69%；公共基础设施成新率为100.00%。

3. 财务检查督导工作

贯彻落实“水利工程补短板、水利行业强监管”的水利改革发展总基调，加强财务管理，强化资金监管。组织召开漳卫南局财务工作会议，进一步统一了思想、提高了认识；组织完成2019年度预算执行情况检查，加大检查力度，强化预算约束；通过水利部财务管理信息系统，常态化监督全局预算单位的资金支付工作，防范资金风险，确保资金安全；配合水利部及海委完成了对卫河局、德州局、聊城局等单位的预算执行情况检查工作，对检查中发现的问题及时整改落实，并以问题为导向，做到举一反三。

4. 制度建设

2019年出台或修订了《漳卫南局预算管理暂行办法》《漳卫南局机关公务租车管理办法（试行）》《漳卫南局机关差旅费管理办法》《漳卫南局机关公用经费支出报销审批流程》《漳卫南局机关差旅伙食费和市内交通费收交管理暂行办法》，加强内控体系建设，强化单位内部管理。高度重视政府会计制度的执行管理，督促指导所属单位按照新会计制度的要求做好新旧账务衔接以及新会计制度下账务处理工作，政府会计制度执行情况良好。

围绕“一个中心，四个保障”基本工作思路，着力抓好经济管理工作，为中心任务的完成提供资金保障。认真落实经济责任考核工作，出台了《漳卫南局经济责任考核暂行办法》，积极组织考核局属各单位经济责任，并引导二级单位做好对所属三级单位的经济责任考核，通过经济责任考核充分调动各单位经营创收的积极性，增强漳卫南局整体经济实力和持续发展能力；积极协调机关有关部门和局属各单位，立足水土资源优势，加大创收力度，增强全局经济保障能力；积极推动浮桥资源开发，挖掘创收潜力，培育新的经济增长点。

5. 预算管理

扎实做好预算管理工作，切实提高财政保障能力。加强预算编制管理，密切同相关部门的沟通和协调，夯实人员、资产、规范津贴补贴等相关基础数据信息；围绕单位中心任务，结合机构改革，认真梳理单位职能和工作计划，进一步优化支出结构；组织召开部门预算编制会议，切实做好2020年部门预算“一上”“二上”编报工作。加强预算执行管理，全年各个重要时间节点均达到序时进度要求，较好地完成了财政资金支付工作，提高了水利资金使用效益，确保了预算执行序时、均衡、安全、有效。加强预算下达及预算调整管理，完成了2019年部门预算的批复工作，完成了绩效考核奖、离退休人员提高养老金等年中预算调整工作，完成了2019年水毁项目追加预算的申报和执行工作。

加强项目管理，切实提高项目管理水平。围绕单位中心任务，完成了2020—2022年3年规划项目储备工作；加强项目验收管理，完成了2018年行政事业类项目绩效评价和总体验收工作；落实全面实施绩效管理决策部署，完成了2019年度项目支出绩效目标执行监控工作，完成了2020年预算项目个性绩效指标的上报工作；加强基建项目管理，完成了卫运河治理等3个基建项目竣工财务决算的报审及报批工作。

6. 财务基础管理工作

完成了漳卫南局2018年各类财务决算、资产报表、企业报表的编制、汇总、上报工作，完成了2019年各项经费的日常核算和日常报表工作，完成了2019年财政资金支付范围划分、用款计划编报工作，完成了局机关在职职工和离退休人员工资发放、医疗费报销及住房公积金、医疗保险、养老保险测算计提上缴工作，完成了局机关职工个人所得税代扣代缴及各项税务报表的申报工作。

配合财政部驻各省监管局完成了2018年财政监管信息报备工作，完成了2020年部门预算“一上”报审工作，完成了2018年银行账户年检及有关账户的备案工作。

7. 财会队伍建设

2019年6月，结合政府会计制度执行近半年来出现的一些问题和实际情况，举办政府会计制度实务操作培训班，进一步规范了各单位会计核算，提高了会计人员业务水平。

8. 企业管理

积极配合华水集团股权划转，完成了股权划转后相关企业的工商变更登记工作。按照《公司管理体制调整工作方案》的要求，组织开展了集团公司和各养护公司之间的债权债务清理划分工作，指导各养护公司建立健全财务机制。研究海河开发总公司的企业改制工作。积极开展企业资产负债约束工作。

（田伟）

【人事管理】

1. 职务任免

2019年1月14日，漳卫南局党委研究决定，解聘杨增禄的后勤服务中心副主任职务，自2019年1月31日起退休（漳任〔2019〕1号）。

2019 年 1 月 14 日，漳卫南局党委研究决定，免去姜荣福的水资源保护处副调研员职务，自 2019 年 2 月 28 日起退休（漳任〔2019〕2 号）。

2019 年 5 月 9 日，根据《漳卫南局机构改革人事安排工作方案》，漳卫南局党委研究决定，任命裴杰峰为规划计划处处长，陈继东为建设与运行管理处处长，饶先进为监督处（审计处）处长，王斌为直属机关党委书记、工会副主席，尹法为直属机关党委副书记（正处级）。免去陈继东的计划处处长职务、裴杰峰的直属机关党委书记、工会副主席职务（漳任〔2019〕5 号）。

2019 年 5 月 9 日，根据《漳卫南局机构改革人事安排工作方案》，漳卫南局党委研究决定，聘任李靖为综合事业处处长（聘期三年）（漳任〔2019〕6 号）。

2019 年 5 月 21 日，根据罗敏本人申请及《中华人民共和国公务员法》有关规定，漳卫南局党委研究决定，免去罗敏直属机关党委（工会）调研员职务，自 2019 年 6 月 30 日起退休（漳任〔2019〕7 号）。

2019 年 5 月 24 日，漳卫南局党委研究决定，任命李孟东为河湖管理处处长（试用期一年）（漳任〔2019〕8 号）。

根据《漳卫南局职务与职级并行制度实施方案》规定，经局领导批准，确定李焊花、王炳和、段忠禄、罗敏、吴怀礼为二级调研员（漳任〔2019〕14 号、漳任〔2019〕19 号）。杨利明、耿建伟、孙建义、齐勇、王宝军、王金功、李文军、李于强、肖玉成、王玉哲、彭士奎、迟世庆、郭兴军、段俊秀、杨金贵、霍光、杨海春、刘春华、周世华、刘培珍、王建新、苏文静、陈萍、赵爱萍、王德利、王丽君、梁文永、张宇、王丽、李华为四级调研员（漳任〔2019〕9 号、漳任〔2019〕11 号、漳任〔2019〕12 号、漳任〔2019〕13 号、漳任〔2019〕14 号、漳任〔2019〕15 号、漳任〔2019〕16 号、漳任〔2019〕17 号、漳任〔2019〕18 号、漳任〔2019〕19 号）。以上人员职级任职时间自 2019 年 6 月 1 日起算，职级任职年限按照有关规定执行，职级套转前原任非领导职务或副处级职级自行免去。

2019 年 6 月 26 日，漳卫南局党委研究决定，任命刘晓光为办公室（党委办公室）主任，于伟东为水资源管理与保护处处长，张启彬为水政处（水政监察总队）处长，张晓杰为水旱灾害防御处处长，杨丽萍为监察处处长。免去以上人员机构改革前所任职务。免去李学东的办公室（党委办公室）主任职务（漳任〔2019〕20 号）。

2019 年 7 月 2 日，根据水利部文件部任〔2019〕58 号，中共水利部党组 2019 年 5 月 23 日决定，任命杨士坤为水利部海河水利委员会漳卫南运河管理局副局长，李学东为水利部海河水利委员会漳卫南运河管理局副巡视员（漳人事〔2019〕23 号）。

2019 年 7 月 2 日，根据水利部文件部党任〔2019〕29 号，中共水利部党组 2019 年 5 月 23 日决定，任命杨士坤为中共水利部海河水利委员会漳卫南运河管理局委员会委员（漳党〔2019〕41 号）。

2019 年 7 月 17 日，漳卫南局党委研究决定，任命刘培珍为监督处（审计处）四级调研员，免去其四女寺枢纽工程管理局四级调研员职级（漳任〔2019〕21 号）。

2019 年 7 月 17 日，漳卫南局党委研究决定，任命刘玉俊为聊城河务局四级调研员（漳任〔2019〕22 号）。

根据《水利部所属流域管理机构各级参公机关职务与职级并行制度实施方案》规定，经部领导批准（部任〔2019〕69号），确定姜行俭套转后职级为二级巡视员（副司级）；确定李学东套转后职级为二级巡视员（副司级）。职级任职时间自2019年6月1日起算，职级任职年限按照有关规定执行，职级套转前原任非领导职务自行免去（漳任〔2019〕23号）。

2019年7月17日，漳卫南局党委研究决定：任命王铁英为河湖管理处副处长（试用期一年），免去其防汛抗旱办公室水调科科长职务；任命杜平为监督处（审计处）副处长（试用期一年），免去其建设与管理处工程管理科科长职务（漳任〔2019〕24号）。

2019年6月26日，漳卫南局党委研究决定：任命魏强为聊城河务局四级调研员，免去其聊城河务局副局长职务（漳任〔2019〕25号）。

2019年7月26日，漳卫南局党委研究决定：免去魏强的中共水利部海委漳卫南运河聊城河务局委员会委员职务（漳党〔2019〕45号）。

2019年7月26日，漳卫南局党委研究决定：任命刘书兰为办公室（党委办公室）四级调研员，免去其办公室（党委办公室）副主任职务（漳任〔2019〕26号）。

2019年7月17日，漳卫南局党委研究决定：任命位建华为财务处副处长（试用期一年），免去其财务处预算管理科科长职务；任命王丽君为人事处（离退休职工管理处）副处长（试用期一年）；免去李才德的人事处（离退休职工管理处）副处长职务；免去田术存的防汛抗旱办公室副主任职务；免去王孟月的直属机关党委（工会）副书记职务（漳任〔2019〕27号）。

2019年7月17日，漳卫南局党委研究决定：任命王孟月为邯郸河务局局长（试用期一年）；免去李靖的邯郸河务局局长职务（漳任〔2019〕28号）。

2019年7月17日，漳卫南局党委研究决定：任命王孟月为邯郸河务局党委副书记；免去李靖的邯郸河务局党委副书记职务（漳党〔2019〕52号）。

2019年7月17日，漳卫南局党委研究决定：任命田术存为邢台衡水河务局局长（试用期一年）；免去尹法的邢台衡水河务局局长职务（漳任〔2019〕29号）。

2019年7月17日，漳卫南局党委研究决定：任命田术存为邢台衡水河务局党委书记；免去尹法的邢台衡水河务局党委书记职务（漳党〔2019〕53号）。

2019年7月17日，漳卫南局党委研究决定：任命李才德为四女寺枢纽工程管理局局长（试用期一年）；免去王斌的四女寺枢纽工程管理局局长职务（漳任〔2019〕30号）。

2019年7月17日，漳卫南局党委研究决定：任命李才德为四女寺枢纽工程管理局党委书记；免去王斌的四女寺枢纽工程管理局党委书记职务（漳党〔2019〕54号）。

2019年7月31日，漳卫南局党委研究决定：任命张朝温为漳卫南局副总工程师，免去其监察（审计）处副处长职务；免去任重琳的办公室（党委办公室）副主任职务（漳任〔2019〕41号）。

2019年7月31日，漳卫南局党委研究决定：聘任任重琳为水文处处长（试用期一年，聘期三年）；解聘李孟东的水文处处长职务（漳任〔2019〕42号）。

2019年8月16日，漳卫南局党委研究决定，解聘史纪永的后勤服务中心副主任职务，自2019年9月30日起退休（漳任〔2019〕49号）。

2019年8月24日，根据《漳卫南局职务与职级并行制度实施方案》规定，经会议推荐和民主测评，局党委研究决定：李怀森任一级调研员；刘晓光任办公室（党委办公室）一级调研员；裴杰峰任规划计划处一级调研员；张启彬任水政处（水政监察总队）一级调研员；杨丹山任财务处一级调研员；李焊花任财务处一级调研员；张军任人事处（离退休职工管理处）一级调研员；于伟东任水资源管理与保护处一级调研员；陈继东、张保昌任建设与运行管理处一级调研员；李孟东任河湖管理处一级调研员；饶先进任监督处（审计处）一级调研员；张晓杰、王炳和任水旱灾害防御处一级调研员；杨丽萍、张朝温任监察处一级调研员；王斌、尹法任机关党委（工会）一级调研员（漳任〔2019〕44号）。李勇任德州河务局一级调研员（漳任〔2019〕45号）。张同信、陈正山任岳城水库管理局一级调研员（漳任〔2019〕46号）。薛德训任水闸管理局一级调研员（漳任〔2019〕47号）。张华、吴怀礼任聊城河务局一级调研员（漳任〔2019〕48号）。师家科任四女寺枢纽工程管理局三级调研员；何传恩任四女寺枢纽工程管理局三级调研员（漳任〔2019〕31号）。贾卫、石屹、于清春、段俊秀、杨金贵任水闸管理局三级调研员；杨海春任袁桥闸管理所三级调研员；周世华任庆云闸管理所三级调研员（漳任〔2019〕32号）。张建军、李永宁、赵宏儒任岳城水库管理局三级调研员（漳任〔2019〕33号）。刘铁民、陈俊祥、刘洋任沧州河务局三级调研员；齐勇、王宝军任盐山河务局三级调研员（漳任〔2019〕34号）。刘长功、于延成、刘亚峰任邯郸河务局三级调研员（漳任〔2019〕35号）。任俊卿、查希峰、江松基任卫河河务局三级调研员（漳任〔2019〕36号）。魏强、张君、王玉哲、彭士奎任聊城河务局三级调研员；迟世庆任穿卫枢纽管理所三级调研员（漳任〔2019〕37号）。杨百成、肖玉根、张斌、王金功、李文军任德州河务局三级调研员；李于强任武城河务局三级调研员；肖玉成任乐陵河务局三级调研员（漳任〔2019〕38号）。王海军、赵轶群、苏文静、王建新任邢台衡水河务局三级调研员（漳任〔2019〕39号）。任重琳、刘书兰、陈萍任办公室（党委办公室）三级调研员；曹磊任规划计划处三级调研员；李增强任水政处（水政监察总队）三级调研员；王建辉、赵爱萍任财务处三级调研员；王德利、王丽君任人事处（离退休职工管理处）三级调研员；仇大鹏、张宇任水资源管理与保护处三级调研员；张润昌任建设与运行管理处三级调研员；刘培珍任监督处（审计处）三级调研员；祁锦、梁文永任水旱灾害防御处三级调研员；王丽、李华任直属机关党委（工会）三级调研员（漳任〔2019〕40号）。

2019年9月9日，漳卫南局党委研究决定：任命仇大鹏为水政处（水政监察总队）副处长，免去其水资源保护处副处长职务；任命李增强为人事处（离退休职工管理处）副处长，免去其水政处（水政监察总队）副处长职务（漳任〔2019〕52号）。

2019年9月12日，根据《漳卫南局职务与职级并行制度实施方案》规定，经会议推荐和民主测评，漳卫南局局党委研究决定：吕红花任建设与运行管理处四级调研员（漳任〔2019〕50号）。

2019年9月25日，漳卫南局党委研究决定：杨海春任无棣河务局三级调研员，免去其袁桥闸管理所三级调研员职级（漳任〔2019〕51号）。

2019年10月15日，漳卫南局党委研究决定：免去吕红花的建设与运行管理处四级调研员职级（漳任〔2019〕53号）。

2019年10月22日，漳卫南局党委研究决定：免去周世华的庆云闸管理所三级调研员职级（漳任〔2019〕55号）。

2019年10月30日，漳卫南局党委研究决定：张同信任沧州河务局党委副书记、局长、一级调研员（漳人事〔2019〕62号）；陈正山任河湖管理处一级调研员（漳人事〔2019〕63号）；免去张同信岳城水库管理局局长职务和一级调研员职级，免去陈正山的岳城水库管理局副局长职务和一级调研员职级（漳人事〔2019〕64号）；免去饶先进的沧州河务局党委书记、局长职务（漳党〔2019〕73号）（漳人事〔2019〕62号）；免去陈正山岳城水库管理局党委书记职务，免去张同信的岳城水库管理局党委副书记职务（漳党〔2019〕72号）；肖玉成任德城河务局三级调研员，免去其乐陵河务局三级调研员职级（漳任〔2019〕56号）；任命王道坦为德州河务局局长助理（挂职一年）（漳任〔2019〕57号）。

2019年11月25日，漳卫南局党委研究决定：任命刘春华为庆云闸管理所四级调研员，免去其王营盘闸管理所四级调研员职级（漳任〔2019〕58号）。

2019年12月6日，根据《漳卫南局职务与职级并行制度实施方案》规定，经会议推荐和民主测评，漳卫南局党委研究决定：刘峥、张立群任办公室（党委办公室）四级调研员；刘跃辉、马元杰任规划计划处四级调研员；戴永翔任水政处（水政监察总队）四级调研员；田伟、史振华任财务处四级调研员；李晶任人事处（离退休职工管理处）四级调研员；王勇任建设与运行管理处四级调研员；田先云任直属机关党委（工会）四级调研员（漳任〔2019〕60号）。

2019年12月6日，漳卫南局党委研究决定：免去肖玉成的德城河务局三级调研员职级，自2019年12月31日起退休（漳任〔2019〕61号）；免去彭士奎的聊城河务局三级调研员职级，自2019年12月31日起退休（漳任〔2019〕62号）。

2019年12月18日，根据《漳卫南局职务与职级并行制度实施方案》规定，经民主推荐和考察，局党委研究决定：上官利任四女寺枢纽工程管理局四级调研员（漳任〔2019〕64号）。张勇、刘国强任沧州河务局四级调研员；王德任海兴河务局四级调研员（漳任〔2019〕65号）。杨治江任邢台衡水河务局四级调研员；杨志伟任临西河务局四级调研员；谢金祥、李国志任故城河务局四级调研员（漳任〔2019〕66号）。张春华、孙连根、郝一军任聊城河务局四级调研员（漳任〔2019〕67号）。商荣强、李梅、刘波任德州河务局四级调研员；柴木林任宁津河务局四级调研员（漳任〔2019〕68号）。宋善祥、杨以安、韩得生任邯郸河务局四级调研员；李学明任馆陶河务局四级调研员（漳任〔2019〕69号）。张仲收、杜立峰任卫河河务局四级调研员；刘彦军任浚县河务局四级调研员；张新国任刘庄闸管理所四级调研员（漳任〔2019〕70号）。周云波、翟永英、李兴旺任水闸管理局四级调研员（漳任〔2019〕71号）。庄仲蒙、李修勤任岳城水库管理局四级调研员（漳任〔2019〕73号）。

根据《海委关于何衫等13人职级晋升的通知》（海任〔2019〕26号），中共海委党组研究决定：张朝温、张启彬任漳卫南局机关二级巡视员；张华、李勇任漳卫南局所属正处级机关二级巡视员。以上人员任职时间自2019年12月起算（漳任〔2019〕72号）。

（贺小强）

2. 机构设置与调整

（1）2019 年 1 月，漳卫南局印发《漳卫南局关于成立四女寺枢纽北进洪闸除险加固工程建设管理局的通知》（漳人事〔2019〕2 号），根据《海委关于成立四女寺枢纽北进洪闸除险加固工程项目法人的批复》（海人事〔2018〕55 号），经研究决定成立四女寺枢纽北进洪闸除险加固工程建设管理局（以下简称“建管局”），建管局为四女寺枢纽北进洪闸除险加固工程项目法人，项目法人代表为付贵增。建管局下设综合处、计划处、财务处和技术及安全处 4 个职能部门，机构和人员具体安排如下。

局　长：付贵增

常务副局长：于伟东

副局长：刘恩杰

总工程师：刘恩杰（兼）

1）综合处。

处　长：师家科

副处长：杨泳鹏

成　员：杨丽芳、魏玉涛

2）计划处。

处　长：曹　磊

成　员：李洪德、毛贵臻

3）财务处。

处　长：段忠禄

成　员：史振华、孙　欣

4）技术及安全处。

处　长：谢　玲

成　员：陈　萍、张浩然

建管局为临时机构，人员待遇不变。工程结束后，该机构自行撤销。

（2）2019 年 2 月，漳卫南局印发《漳卫南局关于调整漳卫南局水文建设管理办公室的通知》（漳人事〔2019〕6 号），为加强项目建设管理，保证工程进度和质量，经研究决定调整漳卫南局水文建设项目管理办公室成员，具体人员组成如下。

主　任：李孟东

副主任：韩朝光　魏　强　杨百成

成　员：吴晓楷　位建华　朱宝君　陈　哲　张　淼　段信斌　高　翔　范馨雅
　　　　刘汝佳　迟世庆　邓　伟　范张衡　杨　帆

水文建设项目管理办公室设在水文处，具体负责漳卫南局大江大河水文监测系统建设工程（一期）漳卫南局巡测设备购置、穿卫枢纽水文站改建、西郑庄水文站建设 3 个项目的组织实施工作。

（3）2019 年 4 月，漳卫南局印发《漳卫南局关于四女寺枢纽北进洪闸除险加固工程建设管理局李洪德等人职务和岗位调整的批复》（漳人事〔2019〕10 号），经研究并请示海委，同意李洪德调整到技术及安全处，任副处长；史振华调整到计划处，兼任出纳。

（4）2019 年 6 月，漳卫南局印发《漳卫南局关于调整 2019 年水旱灾害防御组织机构的通知》（漳人事〔2019〕17 号），根据水旱灾害防御工作需要，对漳卫南局 2019 年水旱灾害防御组织机构调整如下。

1）局水旱灾害防御工作领导小组。

组　长：张永明

副组长：李瑞江　徐林波　张永顺　付贵增　王　鹏　姜行俭

成　员：于伟东　李怀森　李学东　陈继东　张启彬　杨丹山　张　军　张保昌
　　　　张晓杰　刘晓光　杨丽萍　裴杰峰　李孟东　赵厚田　何宗涛

2）局领导水旱灾害防御工作职责及包河包库分工。

张永明：负责局水旱灾害防御全面工作。

李瑞江：分管卫运河水旱灾害防御工作。

徐林波：分管岳城水库、漳河水旱灾害防御工作，负责局水旱灾害防御日常工作及技术工作。

张永顺：分管漳卫新河、南运河（含四女寺枢纽）水旱灾害防御工作。

付贵增：分管卫河水旱灾害防御工作。

3）河系（水库）组及职能组。

①河系（水库）组。

a. 卫河组。

组　长：张保昌

副组长：张润昌

成　员：主要由建设与运行管理处人员组成。

b. 漳河组。

组　长：陈继东

副组长：曹　磊

成　员：主要由规划计划处人员组成。

c. 卫运河组。

组　长：张启彬

副组长：李增强

成　员：主要由水政处人员组成。

d. 南运河、漳卫新河（含四女寺枢纽）组。

组　长：刘晓光

副组长：仇大鹏　刘　群

成　员：主要由水资源管理保护处人员组成。

e. 岳城水库组。

组　长：张　军

副组长：李才德　王德利　王丽君

成　员：主要由人事处人员组成。

②职能组。

a. 综合调度组。

组　长：张晓杰

副组长：祁　锦　田术存　王炳和　梁文永

成　员：主要由水旱灾害防御处人员组成。

b. 情报预报组。

组　长：李孟东

副组长：孙雅菊　韩朝光

成　员：主要由水文处人员组成。

c. 通信信息组。

组　长：赵厚田

副组长：刘　伟

成　员：主要由信息中心人员组成。

d. 物资保障组。

组　长：杨丹山

副组长：王建辉　李焊花　赵爱萍

成　员：主要由财务处人员组成。

e. 宣传报道组。

组　长：李学东

副组长：刘书兰　任重琳　陈　萍

成　员：主要由办公室人员组成。

f. 防汛动员组。

组　长：裴杰峰

副组长：王孟月　王　丽　李　华

成　员：主要由直属机关党委（工会）人员组成。

g. 督察组。

组　长：杨丽萍

副组长：张朝温　段忠禄

成　员：主要由监察处人员组成。

h. 后勤保障组。

组　长：何宗涛

副组长：史纪永

成　员：主要由后勤服务中心人员组成。

4）专家组。

组　长：徐林波（兼）

副组长：于伟东　李怀森　石评杨

成　员：主要由综合事业处人员组成，或根据工作需要由各部门（单位）抽调人员组成。

（5）2019 年 6 月，漳卫南局印发《漳卫南局关于调整 2019 年水旱灾害防御组织机构的通知》（漳人事〔2019〕22 号），根据水旱灾害防御工作需要及人事变动情况，对漳卫南局 2019 年水旱灾害防御组织机构调整如下。

1）局水旱灾害防御工作领导小组。

组　长：张永明

副组长：李瑞江　徐林波　杨士坤　张永顺　付贵增　王　鹏　姜行俭　李学东

成　员：于伟东　李怀森　裴杰峰　张启彬　杨丹山　张　军　刘晓光　陈继东
　　　　饶先进　张晓杰　杨丽萍　王　斌　李孟东　赵厚田　李　靖　何宗涛

2）局领导水旱灾害防御工作职责及包河包库分工。

张永明：负责局水旱灾害防御全面工作。

李瑞江：分管卫河水旱灾害防御工作。

徐林波：分管岳城水库水旱灾害防御工作，负责局水旱灾害防御日常工作及技术工作。

杨士坤：分管卫运河水旱灾害防御工作。

张永顺：分管漳卫新河、南运河（含四女寺枢纽）水旱灾害防御工作。

付贵增：分管漳河水旱灾害防御工作。

3）河系（水库）组及职能组。

①河系（水库）组。

a. 卫河组。

组　长：陈继东

副组长：张保昌　张润昌

成　员：主要由建设与运行管理处人员组成。

b. 漳河组。

组　长：裴杰峰

副组长：曹　磊

成　员：主要由规划计划处人员组成。

c. 卫运河组。

组　长：张启彬

副组长：李增强

成　员：主要由水政处人员组成。

d. 南运河、漳卫新河（含四女寺枢纽）组。

组　长：刘晓光

副组长：仇大鹏　刘　群

成　员：主要由水资源管理与保护处人员组成。

e. 岳城水库组。

组　长：张　军

副组长：李才德　王德利　王丽君

成　员：主要由人事处人员组成。

②职能组。

a. 综合调度组。

组　长：张晓杰

副组长：祁　锦　田术存　王炳和　梁文永

成　员：主要由水旱灾害防御处人员组成。

b. 情报预报组。

组　长：李孟东

副组长：孙雅菊　韩朝光

成　员：主要由水文处人员组成。

c. 通信信息组。

组　长：赵厚田

副组长：刘　伟

成　员：主要由信息中心人员组成。

d. 物资保障组。

组　长：杨丹山

副组长：王建辉　李焊花　赵爱萍

成　员：主要由财务处人员组成。

e. 宣传报道组。

组　长：李学东（兼）

副组长：刘书兰　任重琳　陈　萍

成　员：主要由办公室人员组成。

f. 防汛动员组。

组　长：王　斌

副组长：尹　法　王孟月　王　丽　李　华

成　员：主要由直属机关党委（工会）人员组成。

g. 督察组。

组　长：杨丽萍

副组长：张朝温　段忠禄

成　员：主要由监察处人员组成。

h. 后勤保障组。

组　长：何宗涛

副组长：史纪永

成　员：主要由后勤服务中心人员组成。

4）专家组。

组　长：徐林波（兼）

副组长：于伟东　李怀森　李　靖

成　员：主要由综合事业处人员组成，或根据工作需要由各部门（单位）抽调人员组成。

（6）2019 年 7 月，漳卫南局印发《漳卫南局关于调整局机关内设机构的通知》（漳人事〔2019〕24 号），根据《海委关于调整漳卫南局机关内设机构的通知》（海人事〔2019〕27 号）对漳卫南局机关内设机构予以调整。具体调整如下。

1）机关内设机构设置。

a. 办公室（党委办公室）。

b. 规划计划处。

c. 水政处（水政监察总队）。

d. 财务处。

e. 人事处（离退休职工管理处）。

f. 水资源管理与保护处。

g. 建设与运行管理处。

h. 河湖管理处。

i. 监督处（审计处）。

j. 水旱灾害防御处。

k. 监察处。

l. 直属机关党委。

m. 工会（中国农林水利气象工会海委漳卫南运河管理局委员会）（与直属机关党委合署办公）。

2）机关内设机构领导职数。局机关内设机构处级领导职数在现状基础上增加 4 名（2 正 2 副），待正式印发新“三定”规定时再统筹核定。

（7）2019 年 8 月，漳卫南局印发《漳卫南局关于四女寺枢纽北进洪闸除险加固工程建设管理局人员调整的通知》（漳人事〔2019〕31 号），根据工作需要，经研究对人员调整如下。

局　长：付贵增

常务副局长：刘恩杰

副局长：曹　磊

总工程师：刘恩杰（兼）

1）综合处（4 人）。

处　长：师家科

副处长：杨泳鹏

成　员：杨丽芳、魏玉涛

2）计划处（3 人）。

处　长：曹　磊（兼）

成　员：史振华、毛贵臻

3）财务处（2 人）。

处　长：段忠禄

成　员：孙　欣

4）技术及安全处（4 人）。

处　长：谢　玲

副处长：李洪德

成　员：陈　萍、张浩然

（8）2019 年 9 月，漳卫南局印发《漳卫南局关于调整漳卫南局机关创建全国文明单位领导小组及组织机构的通知》（漳人事〔2019〕51 号），对局机关创建全国文明单位工作领导小组及组织机构进行调整，具体调整如下。

1）局机关创建全国文明单位工作领导小组。

组　长：张永明

副组长：李瑞江　徐林波　杨士坤　张永顺　付贵增　王　鹏　姜行俭　李学东

成　员：李怀森　张朝温　刘晓光　裴杰峰　张启彬　杨丹山　张　军　于伟东　陈继东　李孟东　饶先进　张晓杰　杨丽萍　王　斌　任重琳　赵厚田　李　靖　何宗涛

2）局机关创建全国文明单位工作领导小组办公室。局机关创建全国文明单位工作领导小组下设办公室（以下简称“创建办”），负责创建工作的组织实施。创建办内设综合协调、宣传信息、档案材料 3 个职能组。

主　任：张永顺（兼）

常务副主任：王　斌

副主任：尹　法　刘书兰　王　丽

①综合协调组。

组　长：尹　法

成　员：郝曾麒　刘　刚

职　责：负责创建工作的总协调；做好与上级及地方文明单位创建主管部门的汇报联系工作，做好机关各部门、各直属事业单位的沟通协调工作；负责按照《漳卫南局机关创建全国文明单位实施方案》和《漳卫南局机关创建全国文明单位责任清单》安排，指导督促机关各部门、各直属事业单位按要求完成创建任务；负责后勤服务保障等工作；承办创建办交办的其他工作。

②宣传信息组。

组　长：刘书兰

成　员：张洪泉　张伟华

职　责：负责制定创建工作宣传计划；在海委网站漳卫南局网页、漳卫南运河综合信息网开设创建专栏，大力宣传创建活动；利用微信号、宣传展板等多种形式宣传创建工作，营造深厚氛围；负责创建工作活动图片、影像等资料的拍摄、制作等工作；承办创建办交办的其他工作。

③档案材料组。

组　长：王　丽

成　员：张俊美　张明月

职　责：负责制定创建办各项工作制度，制定《漳卫南局机关创建全国文明单位实施方案》《漳卫南局机关创建全国文明单位责任清单》等工作方案；负责筹备创建工作相关会议，负责有关文件材料和领导讲话的起草；负责策划、组织、开展创建工作相关活动；负责指导、督促、调度各责任部门（单位）材料报送工作；负责迎检档案材料的收集整理、问题反馈、修改完善、审核上传等工作；承办创建办交办的其他工作。

④各部门（单位）文明创建工作联络人。

张洪泉　吕笑婧　王　旭　田　伟　肖海玲　赵　彤　尹　璞　张明月　刘凌志
李海长　张华雷　张俊美　安艳艳　任天翔　张伟华　杨小康

(9) 2019 年 9 月，漳卫南局印发《漳卫南局关于调整漳卫南局水文建设项目管理办公室的通知》(漳人事〔2019〕52 号)，为加强水文建设项目的建设与管理工作，经研究决定调整漳卫南局水文建设项目管理办公室成员，人员组成如下。

主　任：任重琳

副主任：韩朝光　杨百成　魏　强

成　员：吴晓楷　田　伟　朱宝君　陈　哲　张　淼　段信斌　高　翔　范馨雅
　　　　刘汝佳　迟世庆　邓　伟　范张衡　杨　帆

(10) 2019 年 11 月，漳卫南局印发《漳卫南局关于调整“信访工作领导小组”等临时机构成员的通知》(漳人事〔2019〕56 号)，由于局领导分工调整和人员变动，经研究决定调整漳卫南局“信访工作领导小组”“保密工作领导小组”等 11 个临时机构成员如下。

1) 信访工作领导小组。

组　长：张永明

副组长：杨士坤　李学东

成　员：刘晓光　裴杰峰　张启彬　杨丹山　张　军　于伟东　陈继东　李孟东
　　　　饶先进　张晓杰　杨丽萍　王　斌　任重琳　赵厚田　李　靖　何宗涛

信访工作领导小组办公室设在局办公室，负责日常工作的组织开展，主任由刘晓光兼任。

上述人员因工作和职务变动不再担任成员的，由其继任者担任，不再另行发文。

2) 保密工作领导小组。

组　长：杨士坤

副组长：李学东

成　员：刘晓光　裴杰峰　张启彬　杨丹山　张　军　于伟东　陈继东　李孟东
　　　　饶先进　张晓杰　杨丽萍　王　斌　任重琳　赵厚田　李　靖　何宗涛

保密工作领导小组办公室设在局办公室，负责日常工作的组织开展，主任由刘晓光兼任。

上述人员因工作和职务变动不再担任成员的，由其继任者担任，不再另行发文。

3) 档案工作突发事件应急处置领导小组。

组　长：杨士坤

副组长：李学东

成　员：刘晓光　杨丹山　张　军　何宗涛

档案工作突发事件应急处置领导小组办公室设在局办公室，负责局档案工作突发事件处置指导工作。

上述人员因工作和职务变动不再担任成员的，由其继任者担任，不再另行发文。

4) 普法工作领导小组。

组　长：张永明

副组长：张永顺　姜行俭

成　员：刘晓光　张启彬　杨丹山　张　军　杨丽萍　王　斌　李　靖

普法工作领导小组办公室设在水政处（水政监察总队），负责日常工作的组织开展，主任由张启彬兼任。

上述人员因工作和职务变动不再担任成员的，由其继任者担任，不再另行发文。

5）预算管理领导小组。

组　长：张永明

副组长：李瑞江

成　员：刘晓光　裴杰峰　张启彬　杨丹山　张　军　于伟东　陈继东　李孟东
　　　　饶先进　张晓杰　杨丽萍

预算管理领导小组办公室设在财务处，负责日常工作的组织开展，主任由杨丹山兼任。

上述人员因工作和职务变动不再担任成员的，由其继任者担任，不再另行发文。

6）安全生产领导小组。

组　长：张永明

副组长：李瑞江

成　员：刘晓光　裴杰峰　张启彬　杨丹山　张　军　于伟东　陈继东　李孟东
　　　　饶先进　张晓杰　杨丽萍　任重琳　赵厚田　李　靖　何宗涛

安全生产领导小组办公室设在监督处，负责安全生产领导小组日常工作，办公室主任由饶先进兼任，办公室副主任由杜平担任。

上述人员因工作和职务变动不再担任成员的，由其继任者担任，不再另行发文。

7）精神文明建设工作领导小组。

组　长：张永明

副组长：张永顺　姜行俭

成　员：刘晓光　裴杰峰　张启彬　杨丹山　张　军　于伟东　陈继东　李孟东
　　　　饶先进　张晓杰　杨丽萍　王　斌　任重琳　赵厚田　李　靖　何宗涛

精神文明建设工作领导小组办公室设在局机关党委，负责日常工作的组织开展，人员组成如下。

主　任：王　斌（兼）

副主任：尹　法　王　丽　李　华

成　员：张洪泉　吕笑婧　马国宾　田　伟　王　颖　张明月　赵　彤　刘凌志
　　　　阮荣乾　尹　璞　张华雷　张俊美　安艳艳　任天翔　张伟华　宋庆宇

上述人员因工作和职务变动不再担任成员的，由其继任者担任，不再另行发文。

8）关心下一代工作委员会。

主　任：张永顺

副主任：姜行俭　王　斌

成　员：刘晓光　杨丹山　张　军　任玉华　金　晶　时素敏

关心下一代工作委员会办公室设在局工会，负责日常工作的组织开展，办公室主任由王斌兼任。

上述人员因工作和职务变动不再担任成员的，由其继任者担任，不再另行发文。

9）社会治安综合治理领导小组。

组　长：张永明

副组长：付贵增

成　员：刘晓光　张　军　杨丽萍　王　斌　何宗涛

社会治安综合治理领导小组办公室设在后勤服务中心，负责日常工作的组织开展，办公室主任由何宗涛兼任。

上述人员因工作和职务变动不再担任成员的，由其继任者担任，不再另行发文。

10）爱国卫生运动委员会。

主　任：付贵增

成　员：刘晓光　裴杰峰　张启彬　杨丹山　张　军　于伟东　陈继东　李孟东
饶先进　张晓杰　杨丽萍　王　斌　任重琳　赵厚田　李　靖　何宗涛

爱国卫生运动委员会办公室设在后勤服务中心，负责日常工作的组织开展，办公室主任由何宗涛兼任。

上述人员因工作和职务变动不再担任成员的，由其继任者担任，不再另行发文。

11）节能减排工作领导小组。

组　长：付贵增

成　员：刘晓光　裴杰峰　张启彬　杨丹山　张　军　于伟东　陈继东　李孟东
饶先进　张晓杰　杨丽萍　王　斌　任重琳　赵厚田　李　靖　何宗涛

节能减排工作领导小组办公室设在后勤服务中心，负责节能减排监督管理、节能制度和节能措施的组织实施、能耗统计等具体工作。办公室主任由何宗涛兼任。

上述人员因工作和职务变动不再担任成员的，由其继任者担任，不再另行发文。

（11）2019 年 12 月，漳卫南局印发《漳卫南局关于组建卫河干流（淇门—徐万仓）治理工程项目法人的报告》（漳人事〔2019〕76 号），根据《海委办公室转发国家发展改革委员会关于卫河干流（淇门—徐万仓）治理工程可行性研究报告的批复的通知》（办规计〔2019〕7 号）及漳卫南局工作需要，拟成立卫河干流（淇门—徐万仓）治理工程建设管理局（以下简称“建管局”）作为项目法人，法人代表为杨士坤，下设综合处、计划处、财务处和技术及安全处四个职能部门，机构和人员具体安排如下。

局　长：杨士坤

常务副局长：赵宏儒

副局长：江松基

总工程师：江松基（兼）

1）综合处（5 人）。

处　长：查希峰

成　员：4 人

2）计划处（4 人）。

处　长：马元杰

成　员：3 人

3）财务处（3 人）。

处　长：王建辉

成　员：2 人

4）技术及安全处（6～8 人）。

处　长：戴永翔

成　员：5～7 人

3. 职工培训

2019 年，全局共举办各类培训班 26 个，其中局机关各部门组织举办 15 个，局直属各单位举办 11 个（对各单位相同的培训班进行了归类合并）；全年累计参加培训人数达 5000 余人次，其中选送 260 余人次参加水利部、海委及地方举办的各类培训班。处级以上干部人均培训总学时达 110 以上，其他人员人均培训总学时达 96 以上。

2019 年选派一名厅（局）级干部参加中国延安干部学院厅（局）级干部党性修养专题培训班，一名厅（局）级干部参加中央党校（国家行政学院）厅（局）级公务员任职培训班（第 3 期），一名厅（局）级干部参加水利部一把手能力培训班，一名处级干部参加水利部党校 2019 年春季处级干部进修班学习，6 名处级干部参加海委处级干部任职培训班，6 名青年干部参加 2019 年海委中青年干部培训班，28 名科级干部参加 2019 年漳卫南局党校科级干部培训班等。

举办了会计制度、防汛抢险知识、安全生产、水文测验等 10 余个培训班，有 2000 余人次参加了学习。另外，选送 90 余人参加了水利部、海委及地方举办的各类培训班的学习。

8 名局级干部参加中国网络干部学院学习，全局 1100 余名干部职工参加中国水利教育培训网进行网络学习。漳卫南局干部已经完成网络自主选学内容和学时要求。

组织干部职工学习了十九大精神解读、习近平总书记系列讲话精神和党章党规，认真开展“不忘初心、牢记使命”主题教育，机关各支部理论研讨 15 次，党委中心组学习 30 余次；按照全面从严治党的要求，局属单位每月组织一次“党员活动日”学习；开展第二期党校培训班。

2019 年，漳卫南局 5 人申请硕士研究生学历学位教育，3 人申请硕士研究生学历教育；2 人申请本科学历教育。

4. 人员变动

漳卫南局行政执行人员编制 596 名。2019 年，招录参照《中华人民共和国公务员法》管理人员 22 人，从漳河上游管理局调入 2 人（杨士坤、田先云），从事业单位调入 2 人（李孟东、万军）。2019 年 1—12 月，漳卫南局参公人员共减少 20 人，其中退休 16 人（张新红、姜荣福、华明丽、杨岳萍、李本安、罗敏、上官慧、闫立娟、刘玉俊、张宝兰、蔡丽英、吕红花、周世华、彭士奎、肖玉成、刘铁民），调出 4 人（杨乐乐遴选至水利部，李靖、任重琳、刘卿娴调出至局属事业单位）。截至 2019 年 12 月 31 日，漳卫南局参照公务员法管理人员 451 人。

5. 职称评定

（1）2019 年 7 月，漳卫南局印发《漳卫南局关于公布、认定专业技术职务任职资格的通知》(漳人事〔2019〕27号)。

经《海委关于批准2018年度高级工程师、工程师任职资格的通知》(海人事〔2019〕39号)批准,安艳艳、阎永强、李国兴、王泽祥、张鹏、王峰具备高级工程师任职资格。段信斌、张伟华、徐泽勇、魏玉涛、李光明、王振鹏、姜现鹏、黄英明、王振峰具备工程师任职资格。以上人员专业技术资格取得时间为2019年6月17日。

经漳卫南局认定,刘卿娴具备工程师任职资格。纪喆、于杨卓艺、韩杉杉、魏韬、李超、李昊具备助理工程师任职资格。孙欣、杨田、杨照美、王一竹具备助理会计师任职资格。叶婷具备助理经济师任职资格。郭庆凯、霍子龙、贾金涛具备技术员任职资格。以上人员专业技术资格取得时间为2019年7月15日。

(2)2019年9月,漳卫南局人事处印发《漳卫南局关于认定臧庆虎专业技术任职资格的通知》,认定臧庆虎具备助理工程师任职资格,专业技术任职资格取得时间为2019年9月15日。

(3)2020年1月,漳卫南局人事处印发《漳卫南局关于公布李艳丽专业技术职务任职资格的通知》,经水利部职改办《关于批准聂文等59人具备相应专业技术职务任职资格的通知》(职改办〔2019〕14号)批准,李艳丽具备馆员任职资格,专业技术职务任职资格取得时间为2019年12月4日。

6. 表彰奖励

(1)2019年5月,漳卫南局印发《漳卫南局关于表彰2018年度优秀机关工作人员的决定》(漳人事〔2019〕14号),对以下参照《中华人民共和国公务员法》管理的人员进行奖励(按部门排序):李学东、任重琳、贾健、吕笑婧、马国宾、张军、李才德、王德利、张晓杰、王铁英、刘晓光、张明月、杨丽萍、杨照龙。

张洪泉、田伟连续3年年度考核优秀,记三等功。

(2)2019年5月,漳卫南局印发《漳卫南局关于公布局属各单位、德州水电集团公司2018年度处级考核优秀结果的通知》(漳人事〔2019〕15号)。按照2018年度考核情况,经局党委研究决定:张如旭、倪文战、江松基、张安宏、李靖、刘亚峰、张华、张君、李勇、饶先进、陈正山、赵宏儒、王斌、刘培珍、于清春、杨金贵年度考核确定为优秀等次,根据《公务员奖励规定(试行)》,对上述人员嘉奖一次。尹法连续3年考核被确定为优秀等次,记三等功一次。段百祥、刘恩杰、李永波、刘志军、潘岩泉年度考核确定为优秀等次。

(3)2019年5月,漳卫南局印发《漳卫南局关于确定刘敬玉2018年度考核结果的通知》,按照2018年度考核情况,经局党委研究决定:刘敬玉年度考核为优秀等次。

(4)2019年5月,漳卫南局印发《漳卫南局关于公布直属事业单位职工2018年度考核优秀结果的通知》(漳人事〔2019〕13号),确定漳卫南局直属事业单位职工2018年度考核优秀人员如下(按单位排序):李孟东、范馨雅、安艳艳、贾文、辛全民、石评杨、吕元伟、刘勇、耿晶晶、何宗涛、戚霞、吴金星、张海宁。

(贺小强)

【供水水价】

统计了河北省2018—2019年度引黄水量,向河北省水利厅发函,催收引黄输水管理费。经确认总引水量 32336 万 m^3，总水费 344.69 万元，已全部收缴到位。

开展漳卫南局供水工程水价调整可行性分析课题项目研究，配合国家发展改革委价格认证中心对岳城水库上游来水情况进行了实地走访调研，按照《岳城水库供水价格政策调研提纲》要求拟写了汇报材料。编制完成 2019 年岳城水库及河道工程水价核算方案，并在海委组织下完成了对核算方案的会审工作。

（张伟华）

【闸桥管理】

继续保持高强度的稽查频次，开展不定时抽查监控、监督收费、监督财务收款等程序，强化闸桥收费资金的监管。

强化桥梁安全监测，开展安全排查，增加日常巡查频次，并对桥梁日常观测记录等进行检查。开展收费监控设施应急维修机制，对现有设施进行及时的维修和保养。

开展了漳卫新河无棣段辛集闸浮桥建设的前期工作，并到黄河水利委员会就有关事项进行了调研。2019 年 12 月，联合山东省交通规划设计院等单位，完成浮桥建设前期勘测设计，设计完成《辛集闸交通桥临时浮桥通道建设方案》：建设承压舟浮桥 247.5m，设计承载能力单向 200t，结构由 7 对双体岸边舟和两岸边跳板组成，中间车道宽 9m，两侧各设 2m 人行道。工程总投资估算 3256 万元，计划总工期 3 个月。

（张伟华）

【水利风景区】

派专人参加水利部水利风景区培训，加强风景区建设理论学习。参加水利风景区建设管理经验河北交流会，就漳卫南运河水利风景区发展现状、发展规划等以及河湖水域岸线综合利用等同其他水利风景区建设管理单位进行了深入细致的交流研讨。

（张伟华）

【综合信息工作】

抓好漳卫南运河信息网网站管理，按要求对“漳卫南运河信息网”进行了改版，增设了“漳卫南运河四女寺枢纽北进洪闸除险加固工程”板块。对已完工的水利工程专题网页数据进行整理保存后将其关停。结合水利部网信办要求，对“漳卫南运河信息网”进行了安全隐患检测，并结合检测结果及时对网站进行了数据调整。

协助局办公室及有关部门、单位做好宣传信息的采编、制作工作。完成第三期漳卫南运河画册的采编及制作发行工作。协助局机关及部分二级单位进行了多次航拍、巡查。年底上报采购具备行业测绘功能的无人机一台。

（张伟华）

【党风廉政建设】

1. 机构调整

印发《漳卫南局党委关于调整漳卫南局党风廉政建设领导小组成员及责任分解的通知》，对局党风廉政建设领导小组成员及责任分解作出以下调整。

（1）领导小组。

组长：张永明

成员：李瑞江、徐林波、杨士坤、张永顺、付贵增、王鹏

领导小组办公室设在局直属机关党委、工会，办公室主任由尹法兼任，办公室成员为刘晓光、张军、杨丽萍、王斌。

(2) 责任分解。

张永明：对全局党风廉政建设负全面领导责任。对分管的人事、离退休职工管理工作的党风廉政建设负主要领导责任。对局班子成员、副巡视员的党风廉政建设负主要领导责任；对人事处（离退休职工管理处）的党风廉政建设负主要领导责任。

李瑞江：对分管的财务管理、安全生产、审计工作的党风廉政建设负主要领导责任。对财务处、监督处（审计处）、综合事业处、卫河河务局、聊城河务局的党风廉政建设负主要领导责任。

徐林波：对分管的技术工作、防汛抗旱工作的党风廉政建设负主要领导责任。对副总工、水旱灾害防御处、水文处、邯郸河务局、岳城水库管理局的党风廉政建设负主要领导责任。

杨士坤：对分管的机关政务、水利宣传、工程建设与管理、信息化建设工作的党风廉政建设负主要领导责任。对办公室（党委办公室）、建设与运行管理处、信息中心、邢台衡水河务局、沧州河务局的党风廉政建设负主要领导责任。

张永顺：对分管的水行政执法、河长制、河湖管理、机关党务（工会）及精神文明建设工作的党风廉政建设负主要领导责任。对水政处（水政监察总队）、河湖管理处、直属机关党委（工会）、德州河务局、水闸管理局的党风廉政建设负主要领导责任。

付贵增：对分管的规划计划、水资源管理与保护、后勤管理工作的党风廉政建设负主要领导责任。对规划计划处、水资源管理与保护处、后勤服务中心、四女寺枢纽工程管理局、防汛机动抢险队、德州水电集团公司的党风廉政建设负主要领导责任。

王　鹏：对分管的纪检、监察工作的党风廉政建设负主要领导责任。对监察处的党风廉政建设负主要领导责任。

2. 责任落实

制定印发《2019 年漳卫南局党风廉政建设工作要点》，明确五大项 18 条工作要求。修订漳卫南局全面从严治党主体责任清单和监督责任清单。印发《2019 年党风廉政建设考核指标体系》，细化考核指标。结合机构改革后有关部门重新定位的工作职能，梳理廉政风险点，把与职能职责密切相关的要求写入党风廉政建设责任书、承诺书。

3. 巡察工作

(1) 海委党组专项巡察。

2019 年 9 月 5—27 日，海委党组第一巡察组对漳卫南局形式主义、官僚主义问题开展了专项巡察，11 月 14 日向漳卫南局党委反馈了巡察意见。针对反馈意见中提出的六方面 14 项问题，逐条逐项细化分解为 25 个具体问题，制定专项巡察整改清单和整改方案，对整改落实工作进行分工，明确牵头领导、牵头部门（单位）、参与部门（单位）、整改措施及整改时限。巡察整改方案于 12 月上报海委巡察办。

(2) 漳卫南局党委巡察。

调整充实局巡察工作领导小组，制定《漳卫南局党委 2019 年巡察工作方案》，召开巡察工作动员会，抽调骨干力量组成巡察组，邀请水利部、海委有关专家领导开展巡察工作专题讲座。

2019 年以来，漳卫南局党委先后启动第二轮、第三轮、第四轮巡察工作，分别组成 6 个巡察组，采取一托二的方式，对 12 个单位党组织开展巡察，实现巡察工作全覆盖的目标。

自 2018 年正式开展巡察工作以来，四轮巡察共发现 15 家单位党组织在全面从严治党责任落实、领导班子和干部队伍建设、基层党组织建设、作风建设、廉政风险防控、内部管理和督察审计意见整改落实等方面的问题 198 个，针对发现的问题和薄弱环节，巡察组提出意见建议 181 条。

4. 作风建设

修订完善《漳卫南局党委贯彻落实中央八项规定精神实施办法》，在元旦、春节、五一、端午、中秋、国庆等重要时间节点，对廉洁自律和厉行节约提出明确要求，向全局处级以上干部发送廉政短信，成立暗访小组，对违规使用公车等作风问题开展明察暗访 3 次。继续开展不作为、不担当问题专项治理行动和形式主义、官僚主义问题集中整治工作。

5. 制度建设

坚持问题导向，完善内部管控机制，提高单位科学化、规范化管理水平。制定印发《漳卫南局党委关于进一步加强“三重一大”事项决策的通知》《漳卫南局党委关于严格请示报告工作的意见》《漳卫南局诫勉谈话实施细则（试行）》及《漳卫南局党委全面从严治党实施意见》等规定。

6. 风险防控

组织开展纪律处分决定执行和诫勉谈话实施情况和“小金库”问题专项自查，对发现的诫勉谈话程序不规范、影响期内违规评先评优等问题，督促自查自纠、立行立改。加大对选人用人、职称考试、评先评优、机构改革、年度考核等重点工作和关键环节的监督，出具廉政鉴定意见 34 人次，回复廉政意见函 20 件次。

7. 廉政教育

印发《漳卫南局党委关于印发集中开展廉政警示教育活动方案的通知》，明确“十个一”的活动方案。召开廉政警示教育大会，集中观看警示教育纪录片《致命的决口——黄柏青违纪违法案件警示录》和先进事迹专题片《时代楷模发布厅——余元君》。组织观看《“圈”之祸》《刚愎自用的代价》等廉政警示教育片，通报全国水利系统、海委系统和漳卫南局系统违规违纪问题。每月编印《廉文荐读》，组织开展“党纪法规和德廉知识学习测试”手机答题活动，制作 3 期廉政宣传展板。

8. 正风肃纪

综合运用监督执纪“四种形态”，2019 年共给予批评教育 1 人、谈话提醒 4 人、诫勉谈话 3 人、党内警告 3 人、党内严重警告 1 人。结合宣布干部处分决定，向受处分干部所在班子集体谈话。

（杨照龙）

【审计工作】

制定印发《漳卫南局2019年审计工作要点》。全年完成审计项目27个，其中：内部控制和风险管理审计1个（漳卫南局防汛机动抢险队）；经济责任审计6个，包括漳卫南局后勤中心、综合事业处、四女寺局、邢衡局、德州局的武城局、集团公司的高斯公司；其他审计20个，包括漳卫南局水利工程维修养护市场化试点经费审计、2018年防洪工程雨毁修复项目竣工决算审计7个（卫河局、邯郸局、德州局、沧州局、水闸局、聊城局、邢衡局）、漳卫南局防汛物资仓库建设项目竣工决算审计、邯郸局维修养护经费审计、沧州局维修养护经费审计、德州局维修养护经费审计、四女寺局维修养护经费审计、水闸局维修养护经费审计7个（7个闸管所各1个）。对水利部巡视发现的涉及审计业务方面的问题进行跟踪督办。配合水利部审计室完成漳卫南局原局长张胜红离任经济责任审计，督促有关单位和部门完成整改。配合海委完成卫运河治理工程竣工决算审计，督促卫运河建管局完成审计问题整改。

（阮荣乾）

【党建工作】

1月，制定了《漳卫南局党委关于印发集中整治形式主义、官僚主义重点任务的实施方案》和《关于印发集中整治形式主义、官僚主义查找问题阶段工作流程》，2月18日，召开了工作推进会。5—6月，局党委班子成员分组带队，对局直属单位党委和机关部门党支部进行了党风廉政建设责任制“一岗双责”履行情况及整治形式主义、官僚主义情况集中督导调研，形成了督导报告。

1—12月，按照《海委深入开展不作为不担当问题专项治理三年行动实施方案（2018—2020年）》的部署和相关要求，漳卫南局认真开展不作为、不担当问题专项治理行动，制定印发《漳卫南局深入开展不作为不担当问题专项治理三年行动实施方案（2018—2020年）》（漳党〔2018〕23号），成立了领导小组和工作机构，明确相关责任，强化督导考核，召开部署推动会每月定期向海委报送工作报表和工作台账，持续加强作风建设，深化专项治理成果。

7月1日，漳卫南局举办以“不忘初心、牢记使命”为主题的党日教育活动。

7月9日，按照水利部要求，漳卫南局下发《漳卫南局党委关于开展领导干部违规经商办企业问题专项治理工作的通知》，开展领导干部违规经商办企业问题专项治理工作，督促相关人员填报《领导干部个人及其特定关系人经商办企业自查报告表》。

7月15—16日，海委党组书记、主任王文生带队到漳卫南局调研全面从严治党“两个责任”落实工作。先后赴漳卫南局机关、德州河务局、德城河务局、四女寺枢纽北进洪闸除险加固工程建管局开展调研工作，听取了漳卫南局党委关于落实全面从严治党工作、纪委履行监督执纪问责工作及各单位关于全面从严治党“两个责任”落实情况的汇报，查阅了各单位《党风廉政建设主体责任清单》、党委会记录等资料，并与有关党员领导干部进行了座谈及个别谈话。

7—12月，漳卫南局按照德州市直工委党员发展计划，共发展了两批22名党员。

8月，制定了《漳卫南局党委关于在漳卫南局系统集中开展廉政警示教育活动的方案》，8 月 19 日，召开 2019 年廉政警示教育大会，集中观看了警示教育纪录片《致命的决口——黄柏青违纪违法案件警示录》和先进事迹专题片《时代楷模发布厅——余元君》，通报了近期全国水利系统、海委系统和漳卫南局系统违规违纪问题，邀请海委纪检组组长、监察局局长靳怀堾讲授题为“修身律己，立德守正，不断改造自己的主观世界”的专题党课，发放了一本廉政书籍，组织广大党员干部到冀鲁边区革命纪念馆接受红色革命传统教育，开展“我为党风廉政建设建一言献一策”活动。

9 月，以处级干部为重点，覆盖到全体党员，开展了“不忘初心、牢记使命”主题教育。

国庆前夕，慰问了 5 名在新中国成立前入党的老党员，帮助 6 名党员申请了市直工委 2019 年度党员关怀帮扶活动，在“两节”期间组织慰问了局系统 37 名困难党员。

11 月 6 日，海委党组书记、主任王文生到漳卫南局督导“不忘初心、牢记使命”主题教育工作。以“筑牢初心、践行使命——为流域水安全保障工作贡献中坚力量”为题讲授“不忘初心、牢记使命”主题教育专题党课。漳卫南局党委书记、局长张永明主持党课，局党委委员李瑞江、徐林波、杨士坤、张永顺、付贵增，二级巡视员姜行俭、李学东参加党课学习。

11 月 12—13 日，水利部“不忘初心、牢记使命”主题教育第四巡回指导组组长李铭、副组长丁峰一行到漳卫南局指导主题教育开展工作，漳卫南局领导张永明、李瑞江、徐林波、杨士坤、张永顺、付贵增、王鹏，二级巡视员姜行俭、李学东出席指导会。

12 月 23 日，制定并印发《漳卫南局党委全面从严治党实施意见》和《漳卫南局党委关于深入推进党建工作与业务工作深度融合的意见》。

12 月 27 日，漳卫南局召开 2019 年度漳卫南局机关党组织书记述职评议会议，以“好、较好、一般、差”4 个等次对局机关及驻德单位党组织书记进行了评议考核。

（张俊美）

【精神文明建设】

4 月，举办了以“读书提升工作，读书点亮生活”为主题开展第十三届读书月活动。

7—9 月，制定了《双报到清单》，先后 3 次组织 100 余名志愿者到帮扶社区志愿服务，对帮扶小区卫生环境进行清理，设置公益广告。每周二、四进行文明交通志愿服务，打造了良好社会公益形象。

7 月 25—26 日，漳卫南局组织干部职工观看电影《邹碧华》。

9 月开始，下发了《关于调整漳卫南局机关创建全国文明单位领导小组及组织机构的通知》《关于明确局机关创建全国文明单位“一票否决”“负面清单”事项牵头落实部门的通知》，制定了《漳卫南局机关创建全国文明单位实施方案》和《漳卫南局机关创建全国文明单位责任清单》，9 月 9 日，漳卫南局召开创建全国文明单位动员大会。30 日，局机关举行升旗仪式，庆祝新中国成立 70 周年。

11 月 29 日，漳卫南局召开精神文明建设工作座谈会，局二级巡视员姜行俭出席会议并讲话。举办文明单位创建工作培训会，邀请水利部文明办领导就全国文明单位创建的形势任务和重点要求、文明创建与业务工作的深度融合、丰富文明创建的载体形式等内容进行了专题授课辅导。

12 月，漳卫南局通过了全国水利系统文明单位复核和山东省文明单位复核。

（张俊美）

【工会工作】

1 月 30 日，局党委书记、局长张永明，局党委委员、副局长张永顺看望慰问漳卫南局困难职工。

3 月 8 日，局工会组织开展了“三八”妇女节机关及直属事业单位女职工参观四女寺枢纽工程暨联谊活动。

4 月 19 日，在南水北调东线工程大屯水库举办了以“增进水利情，绿色健康行”为主题的春季健步走活动。

“五一”期间，组织局机关、各直属事业单位举办了跳绳、托球跑及套圈等趣味比赛。

5—6 月，组织完成了局机关女职工专项体检和机关全体职工年度查体工作。协助海委完善了劳模信息库。

5 月 6—7 日，成功举办 2019 年局系统羽毛球比赛。来自局系统的 12 支代表队 110 余名运动员参加了男子单打、女子单打、男子双打、女子双打和混双等 5 个项目的角逐。

7 月 18 日，副局长张永顺赴无棣河务局，慰问高温下坚守一线的基层单位职工，代表局工会为他们带去了防暑降温慰问品。

9 月，举办了漳卫南局第二届职工艺术节，本届艺术节以“扎根职工、服务职工、歌颂职工”为宗旨，以“建国 70 载、筑梦新时代，不忘初心、牢记使命”为主题，举办了红歌展演、红色观影、微视频展播、局情局史讲座和“砥砺奋进 70 载，筑梦水利新时代——庆祝建国 70 周年”征文、摄影活动等五项群众性文艺活动，其中 6 部作品在海委“我和海河水利”微视频作品展活动中获奖。

国庆前夕，组织慰问了 10 名省部级劳动模范。

10 月 23—24 日，漳卫南局协助海委在四女寺枢纽成功举办了“人水和谐·美丽京津冀”河道修防工技能竞赛。

11 月 25 日，漳卫南局机关组织党员、干部、职工开展“积极参与扶贫开发、坚决打赢脱贫攻坚战”主题捐款活动。

11 月 28 日，漳卫南局文明办携手“随手公益德州”联合开展“捐一件冬衣、送一份温暖”活动。

12 月 2—3 日，漳卫南局在濮阳举办工会工作座谈会暨工会干部培训班。漳卫南局副局长、局工会主席张永顺出席会议并讲话。

12 月 23 日，制定并印发《漳卫南局“孝老爱亲”模范人物评选管理办法》。

1—12 月，对 5 名患病的员工进行了大病救助和住院慰问，对 3 名困难职工进行了慰问，支持邢衡局和海兴局职工小家建设。

12 月，对两名 80 岁以上的劳模进行了生日慰问。

（张俊美）

【团委工作】

3 月，组织局机关及驻德单位单身职工参加了德州市青年观影联谊活动，丰富了职工生活。

3 月 11 日，组织“青年文明号”职工到陵城区开展了“青春护河·植绿护绿”植树活动。

4 月，组织青年职工参加了海委青年创新大赛，获得了优异成绩。

4 月 23 日，开展了“4·23”世界读书日读书互动活动。

4 月 29 日，召开“纪念‘五四’运动 100 周年”座谈会，局党委书记、局长张永明出席会议并讲话，青年职工代表结合本职工作和自身实际就“五四”精神的传承和发扬进行了交流发言。

7 月 25 日，漳卫南局举办“机关大讲堂”活动，讲座涉及我国水旱灾害基本情况，漳卫南运河流域概况，常用气象、水雨情网站的应用等方面。

9 月 11 日，组织局机关和直属事业单位青年职工开展了“庆国庆、迎中秋”中秋主题诗会活动。

9 月 18 日，漳卫南局选送的参赛作品《追随》在全国水利系统“我心中的新时代水利精神”演讲比赛决赛代表海委在比赛中荣获三等奖。

12 月 31 日，漳卫南局机关组织单身职工开展“庆元旦·迎新年”活动，局领导付贵增、王鹏参加活动。

（张俊美）

【机关建设与后勤管理】

1 月，漳卫南局机关保安、保洁工作实行社会化购买服务管理。

4 月，局机关大门口安装了车辆出入自动识别道闸机；办公楼、水文楼安装了门禁系统。

11 月，成立了漳卫南局医务室。

（张海宁）

局属各单位

卫 河 河 务 局

【工程建设与管理】

1. 维修养护管理

完成堤防维修养护 355km，堤顶养护土方 5.36 万 m^3，堤坡养护土方 3.70 万 m^3，上堤路口养护土方 1354m^3，草皮养护 509.56 万 m^2，草皮补植 19.10 万 m^2，标志牌维护 647 个、护堤地边埂整修 2483 工日。

2. 堤防绿化

召开 2019 年绿化工作专题会议，安排部署春季绿化工作。春季绿化期间，多次进行堤防绿化检查、督促。2019 年春，共完成绿化种植 66250 棵，其中杨树 8700 棵、白蜡 2700 棵、柳树 100 棵、女贞 54750 棵。

（鲍迪　夏宇航）

【堤防创新段建设】

3 月，制定《卫河局堤防创新段建设实施方案》。先后在刘庄闸、浚县小河、滑县城关、汤阴五陵、南乐寺庄等堤段开展堤防创新段建设。

（鲍迪　夏宇航）

【卫河干流治理工程前期准备】

4 月 11—13 日，参加中国国际工程咨询有限公司在濮阳召开的“卫河干流治理工程可行性研究报告评估会”。配合设计单位工作，提供相关基础资料。9 月，卫河治理可研报告获批后，陪同设计单位实地查勘工程现场。

（鲍迪　夏宇航）

【绿化经营“所有林”模式试点】

绿化经营“所有林”模式试点工作自 2015 年开始。2019 年，回收共产主义渠左岸弃土 5.5km，巩固建成 14.2km 绿色廊道；在浚县、滑县、南乐等多处卫河堤段进行所有林建设。截至 2019 年年底，全产权所有林已建成 29km，拥有全产权林木白蜡 5.7 万棵、法桐 4.5 万、杨树 1.3 万棵、女贞 2.8 万棵、其他 0.65 万棵。

（鲍迪　夏宇航）

【防汛抗旱】

3 月，开展水旱灾害防御专项检查。5 月，成立局水旱灾害防御组织机构。6 月 14 日，召开水旱灾害防御工作会议。完成防洪预案、抢险预案和重点险工、涵闸抢险方案的修订和完善工作。开展水旱灾害防御工作宣传和业务培训，普及防洪抢险技术。汛期开展值班工作。开展台风防御工作和防汛调度。开展水雨毁工程的抢修和修复工程，共完成堤顶、堤坡修复土方 11490m^3，砌砖 30m^3。

（夏宇航）

【水政水资源管理】

1. 水法规宣传

“世界水日”“中国水周”期间，利用电子显示屏、微信公众号、出动宣传车、悬挂横幅、设置咨询台等方式开展宣传活动。散发印制有活动主题的宣传品，包括手提袋5000个、抽纸3000盒、传单3000余份。4月4日，在内黄卫河堤防组织开展以“节水爱水护水，构建人水和谐”为主题的水法宣传健步走活动。

2. “积案清零”工作

经过多方协调和努力，5起积案中的2起已经结案。

3. “水利行业强监管”专项活动

7月底，印发《关于在水政执法工作中开展“落实水利行业强监管”专项活动的通知》，11月初，通过对专项活动完成情况的检查与督促，共建立台账22个。

4. 涉河建设项目管理

以在建项目（郑济高铁、S502等）和已经许可未开工项目（鹤濮线、内罗线、北调节渠闸等）为监管重点，印发《关于加强汛期涉河建设项目监管工作的通知》，将全部28处涉河项目纳入“强监管”工作事项，采取台账化管理，严格按照要求进行巡查，及时与业主单位沟通，监督项目按照海委许可内容进行建设。

针对存在问题的项目，在《卫河河务局汛前检查报告》中，首次以专门章节《涉河建设项目存在隐患》来反映，并详细列出具体清单，上报地方防指。

5. 水资源管理与保护

每月初按时完成管理范围内水功能区控制断面水样采集和报送。完成年度取水总结、取水计划的编制上报。强化取水口监督管理，对所有取水口（已许可的和未许可的）进行现场核查。

（夏宇航）

【河长制工作】

2019年，开展内部河长巡河调研7次，参加市级河长巡河5次、县级河长巡河6次。

多次承担濮阳市河长办交办的督办事务及暗访检查任务，如省河长办督办的“省界采砂”事项，省河长办暗访组发现问题的调查核实和催办事项等，均按要求及时办理完结。

印发《关于进一步推进“清四乱”工作的通知》，局属各单位结合2018年“四乱”问题清单进行再核查，形成新的《“清四乱”工作现状统计表》并报送地方河长办。

每月按时向漳卫南局上报《河长制工作推进情况报告》，汇总当月河长制工作动态和“清四乱”工作进展。

（夏宇航）

【经济工作】

巩固绿化经营“所有林”项目建设，积极做好春季绿化苗木的选购工作，积极联系苗木专家，指导绿化苗木后期管理工作。刘庄闸、汤阴局、清丰局购置金叶复叶槭、玉兰、红叶李等经济苗木，大力发展自育苗圃建设。4月，制定局属各单位经营创收任务指标。在内黄大棚承包到期前，做好相关承包经营项目调研，将承包费用由原来的每年5.5万元提高到每年 11 万元。7 月，开展卫河局合同清理专项活动，基本完成对所有单位合同的清理、汇总工作。清理局机关合同 104 份、局属各单位合同 974 份。

（夏宇航）

【人事管理】

1. 人员变动

招录参照《中华人民共和国公务员法》管理人员 4 人（崔耀华、林鸣宇、靳晴轩、吴浩杰）、事业人员 2 人（王帅、王永旭），办理调离 1 人（卢国帅）。

截至 2019 年 12 月 31 日，全局在职人员 89 人，其中参照《中华人民共和国公务员法》管理人员 55 人，事业人员 34 人；离退休人员 52 人，其中离休 1 人、退休 51 人。

2. 人事任免

（1）科级干部任免。5 月 24 日，印发《卫河局关于张卫敏等职务任免的通知》（卫人〔2019〕36 号），任命张卫敏为卫河河务局办公室（党委办公室）副主任；任命郑建平为财务科副主任科员；任命任立新为工程管理科（防汛抗旱办公室）副主任科员。

7 月 29 日，印发《卫河局关于李安文职务任免的通知》（卫人〔2019〕57 号），聘任李安文为后勤服务中心主任（试用期一年，聘期三年），免去其后勤服务中心副主任职务。

（2）其他人员任免。经试用期满考核合格，7 月 12 日，印发《关于呼雄任职的通知》（卫人〔2019〕49 号），任命呼雄为浚县河务局一级科员；印发《关于刘军任职的通知》（卫人〔2019〕50 号），任命刘军为滑县河务局一级科员；印发《关于直万里任职的通知》（卫人〔2019〕51 号），任命直万里为刘庄闸管理所一级科员。

3. 干部交流

根据《卫河河务局借调人员暂行管理办法》和《卫河河务局党委会干部交流会议纪要》，完成 4 名事业人员到参公部门交流、新招录招聘人员试用期满交流及因工作需要继续借调交流人员申请表续签。

4. 职称评聘

7 月 12 日，卫河局印发《关于卢国帅专业技术岗位聘任的通知》（卫人〔2019〕52 号），聘任卢国帅为专业技术十二级，聘任时间自 2019 年 7 月起，聘期三年，并在该同志 8 月调离时为其办理解聘手续。

5. 职级并行

根据《漳卫南局关于印发〈漳卫南局职务与职级并行制度实施方案〉的通知》（漳人事〔2019〕26 号）要求，7 月 17 日，印发《卫河局关于确定耿建民等人职级的通知》（卫人〔2019〕53 号），共确定二级主任科员 3 人、四级主任科员 12 人、一级科员 8 人，职级任职时间自 2019 年 6 月 1 日起计算；8 月 31 日，印发《卫河局关于鲁广林等职级晋升的通知》（卫人〔2019〕68 号），共任命一级主任科员 14 人、三级主任科员 16 人、四级主任科员 7 人。

6. 机构设置及调整

（1）3 月 6 日，印发《卫河局党委关于调整精神文明建设工作领导小组的通知》（卫党〔2019〕6 号），对精神文明建设工作领导小组进行调整并明确工作职责如下。

1）精神文明建设工作领导小组。

组　长：张如旭

常务副组长：倪文战

副组长：任俊卿　江松基　查希峰

成　员：鲁广林　段　峰　张仲收　杜立峰　关海宾　杨利江　阮仕斌　姜卫华
　　　　李安文　杨利明　刘彦军　李根生　孙洪涛　耿建伟　焦松山　张新国

精神文明建设领导小组办公室（文明办）设在局办公室，人员组成如下。

主　任：查希峰（兼）

副主任：鲁广林（兼）

成　员：张卫敏　夏宇航　李佩瑶　邱会艳　耿晨乐

2）精神文明建设工作领导小组工作职责。

a. 负责局系统精神文明建设工作的组织领导。

b. 对全局精神文明建设工作进行安排部署，审议精神文明建设工作规划方案和年度工作计划。

c. 研究解决精神文明建设工作中遇到的突出问题。

d. 对全局精神文明建设工作进行督查、指导。

e. 按照上级要求做好精神文明建设的其他工作。

3）精神文明建设领导小组办公室（文明办）工作职责。

a. 负责起草和制订局系统精神文明建设工作规划、年度计划、活动方案。

b. 负责全局精神文明建设工作综合协调和宣传教育工作。

c. 负责收集整理局机关文明单位创建资料。

d. 检查、督促局属各单位、机关各部门文明单位创建工作任务的落实情况。

e. 负责精神文明建设工作领导小组日常事务及临时交办的其他工作。

（2）4 月 28 日，印发《卫河局关于成立 2019 年水利工程划界工作领导小组的通知》（卫人〔2019〕34 号），成立卫河局 2019 年水利工程划界工作领导小组，人员组成如下。

组　长：江松基

成　员：杨利江　关海宾　刘彦军　张新国　张　北　李海长　鲍　迪

领导小组下设综合协调、工程技术与安全、财务与监察审计等 3 个职能部门，人员组成如下。

综合协调部：杨利江　刘彦军　张新国

工程技术与安全部：张　北　鲍　迪

财务与监察审计部：关海宾　李海长

（3）5 月 30 日，印发《卫河局关于成立 2019 年水旱灾害防御组织机构的通知》（卫人〔2019〕38 号），成立 2019 年水旱灾害防御组织机构，人员组成如下。

1）局水旱灾害防御工作领导小组。

组　长：张如旭

副组长：倪文战　任俊卿　江松基　查希峰

成　员：鲁广林　段　峰　张仲收　杜立峰　关海宾　杨利江　阮仕斌　关海宾

李安文　张　北

2）水旱灾害防御办公室。

主　任：江松基

副主任：杨利江　张　北

3）职能组。

a. 水情工情组。

组　长：杨利江

成　员：主要由工程管理科（防办）人员组成。

b. 物资保障组。

组　长：张仲收

成　员：主要由财务科人员组成。

c. 宣传报道组。

组　长：鲁广林

成　员：主要由办公室人员组成。

d. 法律保障组。

组　长：段　峰

成　员：主要由水政科人员组成。

e. 防汛教育组。

组　长：杜立峰

成　员：主要由人事科及其他人员组成。

f. 防汛动员组。

组　长：阮仕斌

成　员：主要由工会及其他人员组成。

g. 防汛督查组。

组　长：关海宾

成　员：主要由监察审计科及其他人员组成。

h. 通信信息组。

组　长：姜卫华

成　员：主要由事业中心及其他人员组成。

i. 后勤保障组。

组　长：李安文

成　员：主要由后勤中心人员组成。

j. 顾问组。

组　长：施　梓

成　员：由退休的专家领导组成。

（4）5月30日，印发《卫河局关于明确水旱灾害防御工作职责的通知》（卫人〔2019〕39号），对局领导水旱灾害防御工作分工和机关各部门的水旱灾害防御工作职责公布如下。

1）局领导水旱灾害防御工作职责及包河分工。

张如旭：负责水旱灾害防御全面工作。

倪文战：分管鹤壁市浚县的卫河、共产主义渠和刘庄闸水旱灾害防御工作。

任俊卿：分管安阳市滑县的卫河水旱灾害防御工作。

江松基：分管濮阳市的清丰县、南乐县的卫河水旱灾害防御工作，负责局水旱灾害防御日常工作。

查希峰：分管安阳市的汤阴县、内黄县的卫河水旱灾害防御工作。

2）机关各部门水旱灾害防御工作职责。

办公室：负责水旱灾害防御宣传报道工作，负责卫河水旱灾害防御信息和卫河局网站有关水旱灾害防御信息的管理。

水政水资源科：负责组织有关水旱灾害防御法规、政策的宣传工作；督办河系违章建筑和阻水障碍及其他影响防洪安全的水事违法案件；负责组织河系水质监测和保护工作，保证重要水源地的水质安全。

财务科：负责全局水旱灾害防御资金的使用、检查和监督；负责防汛物资的管理和调度。

人事科：负责水旱灾害防御相关工作的人事及纪律监督。

工程管理科（防办）：负责组织防洪预案、抢险预案的编制；按照规定和授权对直属工程实施水旱灾害防御调度；负责有关防汛建设项目的建设与管理；负责组织局系统防洪抢险演习和技术培训；负责灾情统计及上报；负责水情测报和洪水预报的相关工作；负责局水旱灾害防御日常工作；负责水旱灾害防御安全生产工作；负责防洪工程日常维护管理和建设管理。

监察（审计）科：负责对水旱灾害防御工程经费的管理使用进行审计监督；负责对水旱灾害防御工作中渎职失职、违纪违法行为进行调查和处理。

工会：负责有关水旱灾害防御工作的思想动员及教育工作。

综合事业中心：负责防汛通信联络，保障通信畅通；负责计算机网络、视频会商等系统的运行与维护；配合开展有关水旱灾害防御技术的研究，为防汛抢险提供技术支持。

后勤服务中心：负责防汛交通及水、电等后勤保障工作。

(5) 5月30日，印发《卫河局关于明确卫河水利工程行政等责任人的通知》（卫人〔2019〕43号)，对卫河水利工程、设备物资、通信网络以及水文等方面的行政责任人、技术责任人、巡查责任人进行明确，并公布如下。

1）直属卫河水利工程。

行政责任人：张如旭

技术责任人：江松基

巡查责任人：杨利江

2）设备、物资。

行政责任人：张如旭

技术责任人：张仲收

巡查责任人：白冰洋

3）通信、网络。

行政责任人：查希峰

技术责任人：姜卫华

巡查责任人：刘洪亮

4）水文。

行政责任人：江松基

技术责任人：段　峰

巡查责任人：邱慧刚

（6）6月11日，印发《卫河局关于成立应急救援队伍的通知》（卫人〔2019〕45号），成立由局应急管理领导小组负责指挥的应急救援队伍，人员组成如下。

1）应急管理领导小组。

组长：张如旭

副组长：倪文战　任俊卿　江松基　查希峰

2）应急救援队伍组成。

a. 综合协调组。

成　员：刘彦军　杨利明　李根生　孙洪涛　耿建伟　焦松山

工作职责：承担较大、重大以上的生产安全事故的报告；通知指挥部成员、单位立即赶赴事故现场；协调各专业处置组的抢险救援工作；及时向上级报告事故抢险救援进展情况；落实上级领导关于事故抢险救援的指示和批示。

b. 安全保卫组。

成　员：李安文　段　峰　刘凌志　邱慧刚　李佩瑶

工作职责：负责联系当地公安派出所，组织警力对事故现场及周边地区和道路进行警戒、控制，组织人员有序疏散。

c. 新闻报道组。

成　员：张卫敏　夏宇航

工作职责：组织事故应急处置和抢险救援的新闻报道工作。

d. 灾害救援组。

成　员：杨利江　朱　旭　张　北　刘　佳　鲍　迪

工作职责：组织协调人员和消防、抢险、救护等专业抢险队伍，进行抢险救援。

e. 医疗救护组。

成　员：阮仕斌　姜卫华　毛　宁　刘洪亮　张倩倩

工作职责：组织有关医疗单位对伤亡人员实施救治和处置。

f. 后勤保障组。

成　员：张仲收　李海长　白冰洋　耿晨乐

工作职责：组织协调有关部门，落实运输保障和物资保障工作。

g. 事故调查组。

成　员：鲁广林　杜立峰　关海宾

工作职责：负责协助公安，配合有关部门进行现场勘察、取证和开展对事故的调查处理工作。

h. 善后处理组。

成　员：王新旺　鲁怀奎　李福道　闫廷武

工作职责：同有关部门处理伤亡人员的善后工作。

（7）9月26日，印发《卫河局关于成立软件正版化领导小组的通知》（卫党〔2019〕71号），成立卫河局软件正版化工作领导小组，人员组成如下。

1）领导小组人员组成。

组　长：张如旭

副组长：查希峰

成　员：鲁广林　段　峰　张仲收　杜立峰　关海宾　杨利江　阮仕斌　姜卫华
　　　　李安文　刘彦军　杨利明　李根生　孙洪涛　耿建伟　焦松山　张新国

软件正版化工作领导小组下设办公室，设在综合事业中心，承办相关具体工作，主任由姜卫华兼任。

2）领导小组组长职责。领导小组组长为软件正版化工作第一责任人，负责审定软件正版化工作年度目标任务、工作计划、经费预算、工作措施、考核评议、年度报告等工作。

3）领导小组副组长职责。领导小组副组长负责指导、督促、贯彻落实软件正版化年度工作计划，按期完成软件正版化工作各项年度目标任务。

4）领导小组成员职责。

a. 制订年度软件正版化工作计划。

b. 开展年度软件使用情况检查。

c. 编制年度软件采购预算。

d. 开展年度软件采购工作。

e. 开展软件安装、卸载、升级和维护工作。

f. 建立并维护软件使用管理台账。

g. 开展软件正版化工作年度总结工作。

5）工作人员职责。工作人员要签署《使用正版软件承诺书》，严格遵守软件正版化工作相关规定，不得私自在计算机上安装或卸载软件。

7. 考核及奖惩

卫河河务局机关2019年继续保持"河南省文明单位""卫生先进单位"称号。

1月17日，漳卫南局印发《关于表彰2018年度先进单位、先进集体的通报》（漳办〔2019〕2号），授予卫河河务局"2018年度先进单位"荣誉称号。

1月22日，漳卫南局印发《关于表彰2018年度工程管理先进单位的决定》（漳建管〔2019〕1号），授予汤阴河务局、南乐河务局"2018年度工程管理先进水管单位"荣誉称号。

1月28日，漳卫南局印发《关于表彰2018年度安全生产工作先进单位的通报》（漳建管〔2019〕5号），授予卫河河务局"2018年度安全生产工作先进单位"荣誉称号。

2月15日，经民主评议和考核委员会审定，2018年度参照公务员法管理优秀等次人员：张如旭、倪文战、江松基、杨利明、张新国、李海长、关海宾、朱俊、邱会艳、张卫敏、渠睿、刘丹，不定等次人员：呼雄、刘军、直万里（试用期内，根据有关规定不定等次），其他参加考核的人员均为称职。事业人员优秀等次：李安文、张倩倩、刘东升、韩彦美，不定等次人员：卢国帅（见习期内，根据有关规定不定等次），其他参加考核的人员均为合格。

2月18日，根据《卫河局安全生产监督管理工作考核办法》和安全生产日常管理情况等综合考评结果，滑县河务局、浚县河务局被评为"卫河局2018年度安全生产管理先进单位"。

2月21日，按照《卫河河务局工程管理考核办法》规定和2018年工程管理考核结果，浚县河务局被评为"卫河局2018年度水利工程管理先进单位"。

2月21日，根据综合考评和民主评议，经局长办公会研究，浚县河务局、南乐河务局被评为"卫河河务局2018年度先进单位"；工管科、综合事业中心被评为"卫河河务局2018年度先进集体"。

3月11日，中共濮阳市委政法委员会印发《关于对2016、2017年度表彰的全市平安建设先进单位复查认定的通知》（濮政法文〔2019〕7号），表彰卫河河务局为"2018年度平安建设先进单位"。

3月31日，濮阳市慈善总会印发《关于表彰2018年度慈善捐赠先进单位和先进个人的决定》（濮慈总〔2019〕9号），表彰卫河河务局为"2018年度慈善捐赠先进单位"。

5月23日，漳卫南局印发《关于公布局属单位、德州水电集团公司2018年度处级考核优秀结果的通知》（漳人事〔2019〕15号），张如旭、倪文战、江松基年度考核确定为优秀等次并嘉奖一次。

6月20日，经党建考核、民主评议和支部推荐，报卫河局党委研究批准，卫河河务局第四党支部被评为"2018年度先进党支部"，夏宇航、阮仕斌、姜卫华、张卫平、刘东升、刘阳、韩彦美等7人被评为"2018年度优秀共产党员"，李佩瑶、杜立峰、李安文、霍达、段立峰、耿建伟等6人被评为"2018年度优秀党务工作者"。

9月17日，水利部印发《关于公布第六批水利安全生产标准化达标单位的公告》（中华人民共和国水利部公告2019年第11号），卫河河务局被评为"水利安全生产标准化三级单位"。

8. 教育培训

截至2019年12月底，共为81名人员在中国水利教育培训网开通网络培训账号，网络学习达标率100%。

举办水行政执法、水旱灾害防御工作、党史专题学习、党支部书记及党务知识等13个培训班，培训751人次；参加中国水利教育培训网络选学81人次；组织参加海委2019年廉政文化知识答题、海委系统2019年"世界水日""中国水周"知识答题等网络学习4个。

参加第二批"不忘初心、牢记使命"主题教育活动，组织集体学习《习近平新时代中国特色社会主义思想学习纲要》《习近平关于"不忘初心、牢记使命"论述摘编》、习近平总书记在黄河流域生态保护和高质量发展座谈会上的讲话等内容。

（邱会艳　夏宇航）

【综合管理】

制定印发《2019 年目标管理考核指标体系》，坚持周一例会制度。加强财政资金、固定资产、内部会计核算、合同管理，完成部门预算编制。完成对机关食堂、工会账务的审核完善，加大对水利工程维修养护经费审计力度，强化审计预警功能，构建完善内控体系。

通过卫河动态、水政普法在线、工程管理、卫河职工之家微信公众号及时发布相关信息，提升政务服务工作的透明度和公众参与度。6 月，配合海委通信中心、漳卫南局信息中心开展了信息化建设工作调研。开展网络安全大排查，建立了相关设备的电子台账、整改了全局终端弱口令问题。

（夏宇航）

【安全生产】

2019 年年初，及时调整局安全生产领导小组、安全生产标准化建设工作领导小组、安全生产事故应急救援指挥部等组织机构，逐级、逐岗层层签订安全生产责任书，全面落实安全生产责任。3 月，召开安全生产工作会议。开展安全生产月集中宣传和业务培训工作。开展持续性的安全生产检查和水利工程隐患排查治理，做好春节、五一、国庆等节假日的安全生产管理和值班值守工作。推进安全生产标准化建设，年初完成申报并持续建设完善，7 月完成评审和整改，9 月 16 日实现水利安全生产标准化三级达标。

（夏宇航）

【党建和精神文明建设工作】

1. 思想建设

制订《卫河河务局党委中心组 2019 年学习计划》，班子成员坚持以普通党员身份和机关全体党员干部一起参加“党员主题活动日”，带头学、带头做，推动“两学一做”融入日常、抓在经常，形成常态、发挥长效。

2. 组织建设

严格执行“三会一课”，认真落实民主集中制、党委民主生活会、支部组织生活会、民主评议党员等制度。建设标准化党员活动室，“党员主题活动日”以制度的形式确定下来。结合庆祝建党 98 周年，组织全体党员到西柏坡红色教育基地学习教育，举办以“坚定信仰信念”为主题的道德讲堂，开展多轮次、多批次党课展讲，举办党建知识竞赛问答。

3. 纪律建设

严格执行中央八项规定及上级党委有关要求，元旦、春节、国庆等重要节日前召开廉政恳谈会，节假日对公车进行封存，每季度至少举办一次廉政警示教育。2 月 26 日，召开集中整治形式主义、官僚主义工作推进会。2 月 27 日，召开党风廉政建设工作会议，安排部署 2019 年党风廉政建设和反腐败工作。8 月 21 日，召开 2019 年廉政警示教育大会。8 月 23 日，举办 2019 年廉政文化专题培训。

4. 精神文明建设

制订《卫河河务局 2019 年精神文明建设计划》。组织开展“同升一面旗、同唱一首歌、同爱一个家”“我们的节日”“道德讲堂”等活动。开展“献爱心”“慈善一日捐”等公益活动。开展文明交通、清洁家园、文明入户等活动。2019年，到届重新申报省级文明单位并成功通过验收，继续保持省级文明单位称号。

（夏宇航）

【“不忘初心、牢记使命”主题教育】

9月23日，召开“不忘初心、牢记使命”主题教育动员部署会议。开展“政治建设”“担当作为”“党的建设”等10个专题的集中学习研讨，跟进学习习近平总书记在河南考察调研讲话、在黄河流域生态保护和高质量发展座谈会上的讲话等。举办党史专题讲座、党委书记主题教育专题党课、党支部书记培训暨党务知识培训班，组织观看影片《焦裕禄》，组织举行庆祝新中国成立70周年升国旗仪式、组织参观林州市红旗渠等革命传统教育和爱国主义教育活动。

11月11日，召开主题教育检视问题分析会，分析讨论检视问题清单所列问题。12月10日，召开领导班子“不忘初心、牢记使命”主题教育专题民主生活会。12月9—11日，局属各基层党支部相继完成主题教育专题组织生活会及民主评议党员工作。

9月29日，到结对帮扶村南乐县郭庄村送去科技致富书籍100册。10月25日，开展“龙湖巡防”志愿服务活动。10月27日夜间，组织志愿者在市区主要十字路口开展“寒衣节”文明祭扫执勤活动。局机关干部职工先后5次到濮阳市区主要交通路口开展文明交通志愿服务活动，参加人员56人次。参与濮阳市环境污染防治攻坚工作，每月第一周、第三周周五下午到市区分包路段开展“清城洗街”行动。

（夏宇航）

【意识形态工作】

履行意识形态工作主体责任，班子成员根据工作分工落实“一岗双责”要求。将分析研判意识形态领域情况纳入重要议事日程，纳入目标管理，纳入党建工作责任制，并将班子成员意识形态工作责任制落实情况作为述职述责的重要内容。先后举办文化大讲堂、文明礼仪知识培训、意识形态工作专题培训等培训班，始终将党的政治理论和方针教育作为教育主体。大力维护网络意识形态安全，认真做好微信公众号“卫河动态”建设。严格落实意识形态七项制度，随时报告重大问题或特殊情况，每季度召开一次意识形态工作联席会议暨分析研判工作会议。

（夏宇航）

邯 郸 河 务 局

【工程管理】

1. 养护管理

2019年年初，邯郸河务局调整了维修养护考核组人员，明确了小组工作职责。在18处重点维修养护工程施工过程中，严格执行工程建设程序，狠抓工程质量管理。继续推进魏县河务局海委示范单位创建，梳理薄弱环节和问题，有针对性、有计划地开展创建工作。对所辖水利工程进行全面摸底检查，系统地完善了水利工程基本资料，全面摸清了水利工程存在的缺陷，梳理并规范了工程运行管理行为。

2. 堤防绿化

3月初，邯郸河务局召开绿化工作专题会。全局共植杨树7.3万棵，培育白蜡、国槐、杨树等苗木1.5万棵。在魏县漳河左堤建设了4km长的观赏性绿化带，种植了金叶榆、金叶槐等观赏性植物。

3. 漳河无堤段划界工作

邯郸河务局结合磁县人民政府，对上游磁县境内的14km无堤段漳河管理范围线重新进行了划界。

（刘龙龙）

【防汛工作】

1. 汛前准备

3月，开展防汛仓库检查工作，清点和登记防汛物料，明确防汛物料运输路线。

结合邯郸市防指修订完善了《邯郸市漳卫河防洪预案》，并由邯郸市防指向沿河各县发布。5月上旬，邯郸河务局与邯郸市防指对漳卫运河防汛工作进行了联合检查，并就防汛形势、汛前准备等问题进行交流。

5月31日，邯郸河务局召开水旱灾害防御工作会议。适时调整水旱灾害防御组织机构，成立水旱灾害防御职能组，明确水旱灾害防御工作职责，实行领导包河责任制以及县局职工实行包堤段、包险工等责任制。

2. 防汛值班

防汛办公室办公设备齐全，工程图标、重要制度上墙。防汛值班实行领导带班和职能组人员值班相结合，各职能组值班岗位24小时在岗，及时报告和传达重大汛情及灾情，严禁离岗、脱岗现象。

3. 防汛知识培训

5月29日，邯郸河务局举办防汛抢险知识培训班。

4. 雨毁修复

雨毁发生后，邯郸河务局及时对严重影响堤防安全的工情进行恢复处理，对堤顶路面进行填垫。

5. 河道清障

在给地方政府提交的汛前检查报告中，明确指出漳卫运河目前存在的阻水障碍的位置及数量，与地方防指共同研究制订河道清障工作方案，对滩地内村庄的扩建、违章种植、违章建筑等问题，制订清除方案和计划，开展清障工作。

（刘龙龙）

【水政水资源管理】

1. 水法规宣传

组织开展“世界水日”“中国水周”及“国家宪法日”等重要节点的水法规宣传活动，

制作宣传展板以及各类宣传资料3000余份，设立咨询站和宣传站，普及水法律法规知识，宣传国家节水行动、河长制等内容，为群众解答涉及河道管理有关问题，并组织全体职工参加海委系统网络知识答题活动。

2. 水行政执法

魏县河务局设置限高限行设施23处，安装实时摄像头5处，联合地方政府制止违法采砂行为5起。4月下旬，临漳河务局联合临漳县交运局、公安局、国土局等单位100余人，集中开展漳河违法采砂治理突击行动，现场扣押拉砂车19辆，取缔砂场两个。6月18日晚，临漳河务局联合派出所开展夜间巡查，当场制止违法采砂行为，并扣押了拉砂车辆一部。

3. 水资源管理

加强对军寨、留固、大名窑厂、岔河咀扬水站取水口的日常监管工作。

针对发现的馆陶路庄扬水站无证取水问题，一方面，督促馆陶县水利局立即停止无证取水行为，及时申领取水许可证；另一方面，积极配合海委和漳卫南局水资源部门对路庄扬水站无证取水开展监督、取证工作。

针对发现的魏县军留扬水站无序取水问题，组织编写了《邯郸河务局卫河军留扬水站水量调度实施方案》，并上报漳卫南局水资源处。

（刘龙龙）

【人事管理】

1. 人员变动

根据工作需要，招录参公人员2人（张轶非、刘志远），招聘事业人员3人（葛晓通、闫东东、杨澍）。

2. 干部任免

6月底，根据新修订公务员法要求和漳卫南局部署安排，对全局参公人员完成职级套转。8月底，局党委研究决定，对符合职级晋升条件的参公人员进行了职级晋升。

12月20日，局党委研究并报经漳卫南局批准，决定晋升汪宏峰等人职级如下：汪宏峰、王振华任邯郸河务局机关二级主任科员；许相勇任临漳河务局二级主任科员；王京栋任魏县河务局二级主任科员；王军志任馆陶河务局二级主任科员。

3. 事业编制人员岗位聘用

7月，根据《邯郸河务局事业单位专业技术岗位聘用实施办法》的规定，通过竞聘上岗，择优聘用，决定聘任：阎永强为邯郸河务局综合事业管理中心七级专业技术职务；郝卫国为临漳河务局九级专业技术职务；赵克正为魏县河务局十级专业技术职务；曲俊雷为馆陶河务局十一级专业技术职务。以上人员聘期从2019年7月31日开始，聘期为3年。

12月16日，根据《邯郸河务局事业编制人员岗位聘用实施办法》的规定，通过竞聘上岗，择优聘用，决定聘任：孟庆黎为邯郸河务局综合事业管理中心中级八级专业技术职务；张焱为邯郸河务局综合事业管理中心中级九级专业技术职务；张凯为临漳河务局九级专业技术职务。以上人员聘期从2019年12月20日开始，聘期为3年。

（刘龙龙）

【财务管理】

1月18日，召开事业车改通报会。研究了《邯郸市事业单位公务用车制度改革实施意见》等车改相关制度，制定了《邯郸局关于事业编制人员车改后报销公务交通费的暂行规定》。

5月17日，漳卫南局财务处对邯郸局进行预算执行检查，并提出了意见和建议。邯郸河务局积极整改，并已全部整改完成。

12月6日，漳卫南局财务处对邯郸局落实经济责任情况进行考核。考核内容为2019年单位创收收入完成情况、人员支出经费来源结构执行情况、人员支出保障顺序执行情况以及相关考核办法制定落实情况。

（刘龙龙）

【经济工作】

加强对所辖范围内取水口取水的监管，完成了魏县水费征收工作。馆陶河务局继续推进树苗育植。大名河务局积极探索金滩镇仓库开发利用工作、漳河老故道滩地回收工作。加强对堤防绿化合同、临街房租赁等管理。加强涉河建设项目管理，完成对大名县中燃能源发展有限公司、魏县旺源燃气有限公司等工程占压补偿费收取工作。

（刘龙龙）

【安全生产】

1. 安全生产标准化建设达标

1月，邯郸河务局完成了安全生产标准化建设达标申报工作。上半年，印发了《邯郸河务局安全生产承诺》等9项制度，出台《2019年安全生产费用投入计划》等7个重点计划。6月13日，水利部安全生产现场审核专家组到邯郸河务局进行现场审核。9月17日，水利部公布安全生产标准化达标公告名单，邯郸河务局被水利部授予“水利安全生产标准化二级单位”称号，成为全国水利行业第六批达标的水利工程管理单位之一。

2. 水利安全风险分级管控

3月21日，邯郸河务局印发《邯郸局开展水利安全风险分级管控工作的实施方案》。3月26日，召开邯郸局水利安全风险管控工作动员会议，对水利安全风险分级管控工作进行动员和部署。

（刘龙龙）

【党建工作】

3月18日，邯郸河务局召开党委会，专题研究党建工作。会议对2019年党建工作要点、规范基层支部组织生活、加强监管督导等方面进行了研究部署。

6月，邯郸河务局党委被邯郸市委市直机关工委授予“先进基层党组织”荣誉称号。

12月20日，经局党委研究批准，任命刘龙龙为邯郸河务局一支部书记，任命苏伟强为邯郸河务局一支部纪检委员，免去吕海涛邯郸河务局一支部书记职务；任命耿琳莹为邯郸河务局二支部纪检委员；任命刘晓青为临漳魏县支部宣传委员，任命陈志强为临漳魏县支部纪检委员，免去刘庆斌临漳魏县支部宣传委员职务；任命孙忠新为大名馆陶支部纪检委员。

（刘龙龙）

【精神文明建设】

3月19日，邯郸河务局召开了2019年精神文明创建动员会，制定了创建文明单位实施方案，部署推进邯郸河务局2019年精神文明创建工作。

邯郸河务局职工孟庆黎荣获“河北省优秀志愿者”称号。

（刘龙龙）

【党风廉政建设】

2月，根据党风廉政建设责任制要求，组织全体干部职工签署了党风廉政建设责任书、承诺书。

8月22日，邯郸河务局召开了廉政警示教育大会暨集体廉政约谈，制订了《邯郸河务局2019年廉政警示教育活动计划》，开展了一系列廉政警示教育活动。

（刘龙龙）

聊城河务局

【工程建设与管理】

1. 工程管理

认真落实漳卫南局年度工程管理工作要点，在2019年工作会议上部署年度工程管理工作任务，制定聊城河务局（以下简称“聊城局”）工程管理年度工作要点，实施工程管理监管，开展工程检查、协调局地关系、搞好质量控制、整编工程监管资料，做好漳卫南局年度工程管理检查考核工作，临清河务局被授予“2019年度工程管理先进水管单位”荣誉称号。

2. 工程维修养护

做好2020年维修养护部门预算、工程新增项目维修养护部门预算、2020年确权划界项目部门预算编制。12月27—28日，对冠县河务局、临清河务局和穿卫枢纽管理所3个水管单位的2019年水利工程维修养护项目进行了验收，一致认为冠县河务局、临清河务局和穿卫枢纽管理所2019年水利工程维修养护项目已按批复计划全部完成，投资控制合理，资料基本齐全，工程质量合格，同意通过验收。

3. 堤防绿化

召开堤防绿化动员部署春季绿化工作，根据年初确定的工作计划，组织基层局认真实施堤防行道林、防浪林的更新、补植以及堤防植被的绿化工作，2019年累计种植高秆绿林5.3万棵（其中临清3.1万棵，冠县2.2万棵），截至绿化工作完全结束，经统计2019年全局间断性新植绿化长度15km，累计种植优质速生杨4.8万棵、国槐及法桐0.5万棵。

（李飞）

【防汛抗旱】

1. 防汛备汛

按时完成防汛费项目的经费验收任务，编制完成2020年防汛项目部门预算。落实各项防汛责任制，认真组织和开展了多次防汛检查并及时编写提交了检查报告；6月24日，组织召开了防汛会议，安排部署2019年防汛工作；制定并向聊城市防指提交了《防汛责任书》，修订完成聊城市漳卫南运河2019年防洪预案；5月31日，成立了2019年局系统防汛专业技术队伍；及时督促临清、冠县落实以行政首长为核的各项防汛责任制以及沿河镇办包堤段、包闸涵、包险工责任制；在征求意见的基础上，结合单位实际及人员组成情况，落实完成堤防、水闸、水文、通信和物资防汛责任人，并向市防指提交了备汛情况相关材料；印发聊城局防汛应急响应机制和防汛应急响应工作规程；根据防汛工作要求，5月31日印发防汛值班通知，局机关暨局属各基层单位自6月1日早8时始实行全天候24小时防汛值（带）班制度。做好水雨毁工程调查统计工作，重点关注流域雨情，强降水过后及时进行工程损毁情况检查等。

2. 跨流域水资源调度

组织职工对所辖输水河道内堤坡、浆砌石护坡、倒虹吸等工程设施进行拉网式安全检查；制定《输水抢险应急方案》《输水期间值班责任制》《输水期间岗位责任制》《水情上报值班责任制》等有关制度，保证输水期间遇险情有措施；加大工程巡查力度，输水期间加强工情、水情的观测，做好观测记录并及时上传下达。顺利实施2019年度引黄入冀调水3次。第一次自2018年12月12日至2019年2月5日，历时57天，过水总量1.1844亿m^3，其中2019年过水量6796万m^3。第二次自2019年5月20日至7月13日，历时53天，过水总量2.4147亿m^3。第三次自2019年11月18日至2020年2月4日，历时79天，过水量1.6838亿m^3，其中2019年过水量1.0129亿m^3。2019年全年输水总量4.1072亿m^3。

（李飞）

【水政水资源管理】

1. 水法规宣传教育

聊城局紧紧围绕“坚持节水优先，强化水资源管理”的主题，制定了详细的活动计划，活动中出动宣传车辆两辆、设置咨询站一处、展板4块、制挂宣传横幅10余条、张贴宣传标语100余条、印制发放传单页2000余张。

4月15日，聊城局紧紧围绕“坚持总体国家安全观 着力防范化解重大风险 喜迎中华人民共和国成立70周年”的活动主题，组织开展“全民国家安全教育日”普法宣传系列活动。通过发放宣传材料、诵读《中华人民共和国国家安全法》、组织网络答题等活动形式，使国家安全意识深入人心。

组织开展“12·4”宪法宣传活动。前期组织全体职工参与“第十三届全国百家网站、微信公众号法律知识竞赛”活动，营造浓厚的学习氛围。宪法日当天通过悬挂条幅、张贴标语、发放宣传材料等形式，深入沿河乡镇，向群众讲解宪法及其他法律知识，大力宣传习近平新时代中国特色社会主义思想及党的十九大和十九届四中全会等精神。活动共出动宣传人员 10 余人，悬挂横幅 5 条，张贴标语 100 余条，发放宣传材料 600 余份。

2. 水行政执法与涉河项目

根据聊城市司法局的相关要求，完成了行政执法主体和行政执法人员的清理、执法证两年年审与新增执法证的申领、聊城局行政执法“三项制度”的相关资料汇编、行政处罚与行政强制权利事项上网试运行等相关工作。4 月 24—25 日、11 月 21—22 日，举办水行政执法培训班。

开展涉河建设项目监督管理工作。对潍坊—临沂—枣庄—菏泽—石家庄 1000kV 特高压交流输变电工程进行监督管理，联合有关单位对冠县码头桥（灯塔桥）加固维修工程进行了现场勘察和审查。

3. 水资源管理与保护

完成班庄、乜村扬水站水量调度方案，制定年度水量调度计划，根据河湖来水、水需求变化等情况对年度水量调度计划月指标实行动态调整。

4. 全面推进河长制工作

2019 年销号 61 处，其中阻水树障 44 处，共计 5000 余亩；违建房屋 1 处，共计 345m^2；庙宇 7 处，共计 939m^2；养殖棚 2 处，共计 2000m^2；浮桥 7 座。通过与地方部门的协作，共同解决管理工作中存在的难题，所辖河道堤防山东一岸树障、庙宇、浮桥、居民房屋等全部清除。

9 月 17 日、12 月 27 日，聊城市委副书记、聊城市漳卫河市级河长李春田两次对漳卫河“清河行动”工作情况进行了巡查。

（李飞）

【经济工作】

2019 年加强了与冠县水利部门沟通协调，充分利用价格杠杆的调节作用，依托班庄扬水站翻建工程，推进了水费收缴工作，2019 年向冠县水利部门收取水费 50 万元。2019 年全年共输水 3 次，收取水费合计 400 万元。

（李飞）

【人事管理】

1. 人员变动

2019 年，招录参照《中华人民共和国公务员法》管理人员 3 人（陈梦婧、宋子琦、梁似愚）、事业人员 1 人（周成宽），退休 3 人（张宝兰、刘玉俊、彭士奎）。

截至 2019 年 12 月 31 日，全局在职职工 54 人，其中参照《中华人民共和国公务员法》管理人员 27 人、事业人员 27 人。离休人员 1 人、退休 35 人。

2. 人事任免

11 月 20 日，中共聊城局党委研究决定：任命闫倩为冠县河务局副局长（试用期一年）（聊人〔2019〕57 号）。

3. 职级晋升

7 月 12 日，经试用期满考核合格，任命赵文帅为水利部海委漳卫南运河聊城河务局水政水资源科一级科员；王朔为水利部海委漳卫南运河聊城河务局财务科一级科员（聊人

〔2019〕30 号）。

7 月 12 日，根据《漳卫南局职务与职级并行制度实施方案》规定，确定刘玉俊等人套转后职级：①（二级主任科员）刘玉俊、马纲；②（四级主任科员）张宝兰、王春翔、王立云、闫倩、谢坤；③（一级科员）李海峰、李飞。

8 月 21 日，根据《漳卫南局职务与职级并行制度实施方案》规定，经聊城局党委研究决定，晋升以下人员职级：张春华任聊城局水政水资源科（水政监察支队）一级主任科员；孙连根任聊城局人事科一级主任科员；郝一军任聊城局工程管理科（防汛抗旱办公室）一级主任科员；郭爱民任聊城局工会一级主任科员；苏向农任聊城局办公室（党委办公室）三级主任科员；李飞任聊城局办公室（党委办公室）四级主任科员；李海峰任聊城局工程管理科（防汛抗旱办公室）四级主任科员；曹祎任冠县局一级主任科员；霍航斌任临清局一级主任科员；马纲任穿卫枢纽管理所一级主任科员；韩加茂任临清局三级主任科员；谢坤任临清局三级主任科员；万红任穿卫枢纽管理所三级主任科员。

8 月 24 日，根据《漳卫南局职务与职级并行制度实施方案》规定，经漳卫南局党委研究决定，晋升以下人员职级：张华任聊城河务局一级调研员；吴怀礼任聊城河务局一级调研员；魏强任聊城河务局三级调研员；张君任聊城河务局三级调研员；王玉哲任聊城河务局三级调研员；彭士奎任聊城河务局三级调研员；迟世庆任穿卫枢纽管理所三级调研员。

12 月 4 日，根据《漳卫南局职务与职级并行制度实施方案》规定，经聊城局党委研究决定，晋升以下人员职级：苏向农任聊城局办公室（党委办公室）二级主任科员；杨爱芹任聊城局财务科三级主任科员；万红任穿卫枢纽管理所二级主任科员。

12 月 18 日，根据《漳卫南局职务与职级并行制度实施方案》规定，经漳卫南局党委研究决定，晋升张春华、孙连根、郝一军任聊城河务局四级调研员。

4. 职称聘任

7 月 18 日，根据漳卫南局对事业单位岗位设置的批复和《聊城局事业单位岗位设置实施方案》规定，结合漳卫南局工作实际，经局研究，聘任周东明等专业技术职务如下：聘任周东明为穿卫枢纽管理所专业技术岗位九级；聘任许蕾为穿卫枢纽管理所专业技术岗位十级；聘任王一竹为临清河务局专业技术岗位十二级；聘任韩杉杉为冠县河务局专业技术岗位十二级。以上人员聘期 3 年（2019 年 7 月至 2022 年 6 月）。

5. 考核奖惩

1 月 23 日，根据《漳卫南局关于开展 2018 年度公务员和事业单位职工考核工作的通知》精神，按照述职述廉述学、民主测评和评优比例情况，经局党委研究，确定张华、张君、李海峰、王立云、闫倩、韩加茂 2018 年度考核确定为优秀等次，予以嘉奖。确定徐立彦、刘德庆、赵庆阁为“2018 年度事业人员优秀职工”。

6. 教育培训

（1）举办培训班 4 个，参加培训 90 余人次，人均培训时间为 20 个学时，培训率为 76%。内容涵盖了防汛抢险、安全生产、水利工程运行管理、水利工程维修养护、水行政执法等，水资源监督管理培训班和保密知识培训班因时间原因定于 2019 年 12 月举办。

（2）选派相关人员参加上级组织调训情况。选派相关人员积极参加上级组织的各类培训班，培训达60余人次，人均培训时间为28个学时，培训率为52%。内容涵盖了党性教育、纪律审查、防汛抢险、安全生产、河长制、水行政执法、水资源保护、财务管理、文明单位创建等。

（3）网络教育培训情况。5名处级干部人均网络学时达到72学时，科级以下干部人均网络学时达到71.5学时。处级干部网络学时通过率达到100%，科级及以下干部网络学时通过率达到100%。

充分利用每周五“学习日”时间，由各部门制定学习内容。

7. 机构设置与调整

（1）3月6日，根据工作需要调整2019年度安全生产工作领导小组如下。

组　长：张　华

副组长：王玉哲

成　员：曹　祎　迟世庆　霍航斌　司秀林　徐立彦　苏向农　郝一军　张春华
　　　　杨爱芹　孙连根　郭爱民

设立安全生产管理办公室并与局工程科合署办公，处理安全生产日常管理工作，王玉哲任主任，范宪煜为专职联系人。

（2）8月26日，成立聊城局巡察整改工作领导小组。领导小组成员组成如下。

组　长：张　华

副组长：吴怀礼　王玉哲

成员为局属各单位、机关各科室、各直属事业单位主要负责人。领导小组下设办公室，负责统筹协调、督促落实。

（3）9月2日，成立聊城河务局安全生产标准化建设申报领导小组，具体组织成员如下。

组　长：张　华

副组长：魏　强　吴怀礼　王玉哲

成员为机关各科室、各事业单位及各三级局（所）主要负责人。

（4）9月20日，成立聊城局党委“不忘初心、牢记使命”主题教育领导小组，小组成员组成如下。

组　长：张　华

副组长：王玉哲

成　员：吴怀礼　魏　强　彭士奎　苏向农　杨爱琴　孙连根　王立云

领导小组下设办公室，成员组成如下。

主　任：王玉哲

副主任：苏向农

成　员：李　飞　王春翔　王立云

（5）9月20日，成立聊城局“不忘初心、牢记使命”主题教育指导组，成员组成如下。

1）第一指导组。

组　长：王玉哲

成　员：苏向农　李　飞

指导单位：临清河务局。

2）第二指导组。

组　长：吴怀礼

成　员：孙连根　王立云

指导单位：穿卫枢纽管理所。

3）第三指导组。

组　长：魏　强

成　员：杨爱琴　王春翔

指导单位：冠县河务局。

（6）10 月 22 日，成立“聊城局软件正版化工作领导小组”，负责统筹协调推进软件正版化工作，研究制定软件正版化工作相关规定和措施，人员组成及工作职责如下。

组　长：张　华

副组长：魏　强

成　员：苏向农　杨爱芹　孙连根　郝一军　张春华　郭爱民　司秀林　徐立彦
　　　　霍航斌　迟世庆　曹　祎

软件正版化工作领导小组下设办公室，设在综合事业中心，承办相关具体工作，主任由徐立彦兼任。

（7）12 月 4 日，根据工作需要，对聊城局 2019 年度安全生产工作领导小组及组成人员做以下调整。

组　长：张　华

副组长：王玉哲

成　员：曹　祎　迟世庆　霍航斌　司秀林　徐立彦　苏向农　郝一军　杨爱芹
　　　　孙连根

初设立安全生产标准化管理创建工作运作组织并集中办公：

聊城局：王玉哲　陈梦婧　李　飞

冠县局：曹　祎　闫　倩　韩杉杉

临清局：韩加茂　宋子琦

穿卫枢纽管理所：迟世庆　万　青

（李飞）

【财务管理】

严格预算管理，按时完成 2020 年部门预算及住房改革预算工作、完成了 2019 年财务决算及住房改革决算的编制、审查、汇总上报工作，做好局本级及所属单位部门预算的执行工作。依照上级批复的部门预算按进度申请国库集中支付额度，并严格执行国库集中支付手续。按要求完成了财政资金的支付工作，总体进度达到要求。完善内部控制制度，财务、资产管理制度健全。严格执行各项财经制度，遵守财经纪律，确保会计信息资料真实性、完整性。规范账户管理、账户年检工作，不存在设立小金库情况。进一步规范政府采购的形式和内容，办公设备购置严格按照政府采购程序进行，完成了5台台式电脑的政府采购工作。做好防汛物资的管理，汛前完成局系统防汛物资的账物核对工作，依据有关规定和程序及时上报防汛物资的报废及购置补充工作。

8月20日，制定《聊城局经济责任考核暂行办法》。

9月2日，制定《聊城局公务租车管理办法（试行）》和《聊城局合同管理制度》。

（李飞）

【审计监督】

4月16日，制定《聊城局2019年审计工作要点》，并按照要求做好全年审计监督工作。

（李飞）

【综合管理】

召开工作会议、党风廉政建设工作会议等，传达上级精神，落实工作部署。细化《目标管理指标体系》，12月上旬，组织完成了对局属各科室、各单位年终考核工作。精心做好公文处理工作，全年共传阅各类来文199件，印发各类文件102余件，其中党群类文件33件，行政类文件69件；加强信息宣传工作，全局在漳卫南局网站上稿20篇。加强档案管理，完成了2018年档案资料的整理归档工作。做好“两会”“国庆”期间信访维稳工作，2019年聊城局未发生重大信访事件。12月23日，开办“聊城局保密培训班”。

（李飞）

【安全生产】

召开多次安全生产会议并详细记录会议要点，签订安全生产责任书，成立安全生产标准化建设领导组织，印发2019年安全生产工作要点和聊城局2019年安全生产工作计划，制定2019年安全生产月活动实施方案。开展水利工程管理单位安全生产标准化建设活动，修订并完善《安全生产规章制度汇编》，有针对性地实施了安全生产大检查并做了详细记录。

（李飞）

【党建和精神文明建设工作】

1. 党建工作

2019年年初制定党建工作要点，明确全年工作任务，以党委中心组、“三会一课”为平台，做好习近平新时代中国特色社会主义思想的学习贯彻，扎实做好“不忘初心、牢记使命”主题教育各项工作落实。9月20日制定《聊城局党委“不忘初心、牢记使命”主题教育实施方案》，明确漳卫南局主题教育工作目标和步骤，在漳卫南局第一指导组指导下于9月24日组织全局参公人员和有关部门负责人召开主题教育动员部署会。扎实开展13期集中学习研讨，班子成员带头深入开展调查研究，结合学习情况给全体党员讲授党课。认真召开主题教育专题民主生活会，深入检视问题并抓好专项整改落实工作。

6月26日，组织机关党员参观孔繁森纪念馆。积极开展“双报到”共建活动，聊城局机关党支部、临清局党支部、穿卫枢纽管理所党支部分别与临清市唐元镇的茅寨村党支部、孙寨村党支部、霍杏园村党支部进行了对接，共同开展多项党建活动。

2. 精神文明建设

制定《2019年水利精神文明建设工作要点》《聊城局新时代文明实践活动总体方案》。分别于8月21日和11月19日通过临清市年中和年终精神文明考核复查。

8月1—8日，聊城局开展扶贫专项行动，按照贫困户“八有”标准（有床、有桌、有凳、有风扇、有电视、有取暖设备、有四季换洗衣服、有必备厨房用品），为老赵庄镇5家贫困户送上生活必需品。

在“三八妇女节”“五一劳动节”“五四青年节”和国庆节等节日，聊城局开展了形式多样、丰富多彩的文体活动，并组织职工参加漳卫南局第一届职工羽毛球比赛和文艺演出活动，团委组织青年职工拍摄短视频《我和我的祖国》。

（李飞）

【党风廉政建设】

1. 党风廉政责任体系建设

2月27日，召开党风廉政建设工作会议，完成了党风廉政建设责任书、承诺书的签订工作，制定了2019年主体责任清单和监督责任清单，党委成员分别对分管单位和科室负责人进行了党风廉政建设约谈，制定聊城局党风廉政建设要点。12月，组成党风廉政建设考核小组，对所属单位、机关科室党风廉政建设及领导干部廉洁自律情况进行检查考核。经考核，2019年局属单位和机关各科室党风廉政建设执行情况良好，未发生违反党风廉政建设责任制的行为。

2. 廉政警示教育

利用理论学习、宣传栏、LED显示屏大力开展廉洁从政学习教育与宣传活动，深入学习习近平新时代中国特色社会主义思想和党的十九大精神、党的十九届四中全会和十九届中央纪委三次全会精神。8—9月组织开展廉政警示教育月活动，组织观看警示教育片《致命的决口——黄柏青违纪违法案件警示录》，通报一批近期水利系统、海委系统和漳卫南局系统被查处的违纪事件，为干部职工敲警钟、绷紧弦。开展警示教育活动期间向干部职工下发书籍《党员干部“禁令”手册（第5版）》，集体组织参观爱国教育基地——红旗渠，增强干部职工廉洁勤政的自觉性。

3. 形式主义、官僚主义专项整治

2月27日，召开集中整治形式主义、官僚主义专项工作推进会，制定《聊城局党委关于集中整治形式主义、官僚主义重点任务的实施方案》。3月7日，在召开专题会议、充分收集意见建议、深入自查自纠的基础上研究制定了聊城局党委问题清单和亮点问题，在落实上级决策部署、检查稽查考核、学风文风会风、水利项目和资金安排、履职尽责、服务基层和群众六方面共形成17条问题清单，并由相关责任领导、责任部门认领相关问题，形成整改方案，同时加强对清单问题整改落实情况监督。

（李飞）

邢台衡水河务局

【工程管理】

1. 堤防绿化

邢台衡水河务局（以下简称“邢衡局”）对所辖堤防范围内部分堤段进行了绿化更新，按照“五统一”种植模式规范种植，优质选苗，确保高标准和高成活率；督促基层局对堤坡植树进行逐步清除。今春共种植速生杨50800棵，国槐4500棵，白蜡300棵。针对今年树木病虫害多发高发的严峻形势，各基层局及时与林业部门沟通，进行病虫害防治。

2. 日常维修养护

通过日常检查、堤防联查、阶段总结等多种方式，保质保量完成维修养护任务。邢衡局聚焦大运河文化带建设的崭新机遇，借助地方资金对所辖部分堤顶路面进行了沥青硬化（清河局堤顶路面沥青硬化7km，故城局堤顶路面沥青硬化55km）。同时将故城运河公园和清河油坊码头由曾经“脏、乱、差”的城乡结合部建设成为景观型堤段。

3. 国家级水管单位复核工作

邢衡局成立了清河局国家级复核工作领导小组。按照国家级管理标准严格要求，清河局在做好内业资料整理的同时，对堤顶路面、堤肩、堤坡、戗台、护堤地、控导工程等外业工程进行全面的维修养护。2019年10月12—13日，受水利部委托，中国水利工程协会组织专家组对清河局进行国家级水管单位复核验收，清河局以932分的成绩顺利通过专家组复核验收。

（许琳）

【防汛工作】

邢衡局于3月下旬进行了汛前检查，并编写《邢衡局2019年汛前检查报告》上报漳卫南局及地方防指；成立了水旱灾害防御工作领导小组，明确了机关各部门的工作职责，建立了局领导包河包段分工责任制；完成与地方应急管理局防汛对接工作，修订完善卫运河、南运河的防洪预案；加强与地方政府及相关业务部门的联系与配合，督促地方防指落实以行政首长负责制为核心的各项防汛责任制，并联合清河县防指开展了200余人参加的防汛演练；严格落实防汛值班制度，重点加强对辖区内浮桥、险工、穿堤涵闸的管理，确保所辖堤防工程安全度汛。

（许琳）

【水政水资源】

1. 水法宣传

邢衡局、宣传《中华人民共和国水法》《中华人民共和国水污染防治法》《取水许可管理办法》《漳卫南运河取水总量控制和计划用水管理办法》等法律法规，采用集体学习、组织网络答题、悬挂横幅标语等多种活动形式；同时，组织全局职工深入沿河集市，张贴

“节约用水”主题宣传画，发放宣传材料，设立水法宣传台。活动共悬挂宣传条幅 10 幅，发放宣传材料 6000 余份，出动宣传车辆 6 台，动员宣传员 20 余人次，设立宣传台 4 座。4 月 15 日，组织开展了国家安全法宣传活动。

2. 开展业务知识培训、强化水政执法队伍建设

邢衡局开展了行政执法培训、水资源管理培训、宪法培训等；同时，配合地方法制办完成全局水政监察人员的执法证件审验及清理工作。

3. 加强水政执法巡查与取水监督管理

邢衡局严格按照巡查制度要求，坚持每月进行至少一次水政执法巡查，并督促各水政监察大队每月进行至少 4 次巡查，巡查工作时，及时使用单兵和执法记录仪。同时，按时做好巡查日志填报工作。今年全局管辖范围内水事秩序较为稳定，未发生重大水事违法案件。同时，邢衡局对取水时间和过程进行跟踪，按时报送水资源管理月报，全年没有发现超计划取水现象。在南水北调东线北沿调水试通水期间，一方面加大巡查力度和频次，重点对引（排）水口门加强监管；另一方面积极宣传试通水的重要意义，引导沿河群众提高安全意识，共悬挂宣传横幅 9 条，发放宣传资料 1800 余份。

4. 扎实推进河长制相关工作和有效开展清“四乱”专项行动

配合地方河长办开展“清四乱”专项活动，形成书面文件报送县级河长制办公室。2019 年，邢衡局所辖河道范围内共清除违建 61 处（16181.25m^2），拆除蔬菜大棚 9 座（21420m^2），树障 30 处（760740m^2）。

（许琳）

【人事管理】

1. 人事任免

（1）处级干部任免。2019 年 6 月 1 日，根据《漳卫南局职务与职级并行制度实施方案》规定，经漳卫南局领导批准，确定王建新、苏文静为四级调研员，职级任职年限按照有关规定执行，职级套转前原任非领导职务自行免去（漳任〔2019〕18 号）。

2019 年 7 月 17 日，漳卫南局党委研究决定：任命田术存为邢台衡水河务局党委书记；免去尹法的邢台衡水河务局党委书记职务（漳党〔2019〕53 号）。

2019 年 7 月 17 日，漳卫南局党委研究决定：任命田术存为邢台衡水河务局局长（试用期一年）；免去尹法的邢台衡水河务局局长职务（漳任〔2019〕29 号）。

2019 年 8 月 24 日，根据《漳卫南局职务与职级并行制度实施方案》规定，经会议推荐和民主测评，经漳卫南局党委研究决定，王海军、赵铁群、苏文静、王建新任邢台衡水河务局三级调研员（漳任〔2019〕39 号）。

2019 年 12 月 6 日，根据《漳卫南局职务与职级并行制度实施方案》规定，经会议推荐和民主测评，经漳卫南局党委研究决定，王海军、赵铁群任邢台衡水河务局二级调研员（漳任〔2020〕6 号）。

2019 年 12 月 18 日，漳卫南局党委研究决定：杨治江任邢台衡水河务局四级调研员；杨志伟任临西河务局四级调研员；谢金祥、李国志任故城河务局四级调研员（漳任〔2019〕66 号）。

（2）科级干部任免。2019 年 3 月 12 日，经试用期考核合格，任命石爱华为人事（监察审计）科科长，许琳为办公室（党办）主任（邢衡人〔2019〕23 号）。

2019 年 6 月 1 日，根据《漳卫南局职务与职级并行制度实施方案》规定，经局研究批准，确定李国志等人套转后职级如下：二级主任科员 1 人（李国志）；四级主任科员 3 人（王召柱、牛亚楠、索荣清）；一级科员 7 人（张华、石桂芹、段树民、郭志达、郜暖、郝曾麒、王亚倩）（邢衡人〔2019〕37 号）。

2019 年 8 月 22 日，根据《漳卫南局职务与职级并行制度实施方案》规定，经中共邢衡局党委研究决定，晋升机关各部门以下人员职级：一级主任科员 3 人（杨治江、夏洪冰、韩刚）；三级主任科员 2 人（高艳辉、索荣清）；四级主任科员 3 人（郭志达、段树民、石桂芹）（邢衡人〔2019〕47 号）。

2019 年 8 月 22 日，根据《漳卫南局职务与职级并行制度实施方案》规定，经中共邢衡局党委研究决定，晋升局属各单位以下人员职级：杨志伟任临西河务局一级主任科员；姚红梅任清河河务局一级主任科员；谢金祥、李国志任故城河务局一级主任科员；王召柱、侯继鹏任临西河务局三级主任科员；张亚东任清河河务局三级主任科员；王亚倩任清河河务局四级主任科员（邢衡人〔2019〕48 号）。

2019 年 12 月 20 日，经中共邢衡局党委研究决定：任命张亚东为邢衡局水政水资源科三级主任科员；免去其水利部海委漳卫南运河清河河务局副局长、三级主任科员（邢衡人〔2019〕71 号）。

2019 年 11 月 27 日，中共邢衡局党委决定，任命索荣清为邢衡局工管科（含防汛抗旱办公室）二级主任科员（邢衡人〔2019〕72 号）。

2019 年 12 月 24 日，中共邢衡局党委决定，任命牛亚楠为水利部海委漳卫南运河故城河务局副局长（试用期一年），免去其邢衡局人事（监察审计）科四级主任科员（邢衡人〔2019〕73 号）。

（3）其他人员。2019 年 7 月 5 日，经试用期考核合格，任命季晓丰为漳卫南运河邢台衡水河务局办公室一级科员；李悦为漳卫南运河故城河务局一级科员（邢衡人〔2019〕34 号）。

2. 机构设置与调整

（1）2019 年 1 月 2 日，邢衡局印发《邢衡局关于调整事业单位绩效考核领导小组的通知》（邢衡人〔2019〕2 号）。调整如下。

组　长：赵轶群

副组长：苏文静　石爱华　高艳辉

成　员：杨志伟　姚红梅　谢金祥　高　峰　张宝华　夏洪冰　牛亚楠　段树民

领导小组下设办公室，办公室设在人事（监察审计）科，负责绩效考核等日常具体工作。

（2）2019 年 1 月 3 日，邢衡局印发《关于成立中共水利部海委漳卫南运河邢台衡水河务局党总支部委员会的批复》（邢衡党〔2019〕2 号）。局党委研究决定，成立中共水利部海委漳卫南运河邢台衡水河务局党总支部委员会，下设 6 个党支部，任命王建新同志为中共邢衡局总支部委员会书记。

（3）2019 年 2 月 12 日，邢衡局印发《邢衡局关于成立职称评审小组的通知》（邢衡人〔2019〕2号）。决定成立邢衡局职称评审小组。人员组成如下。

组　长：赵铁群

成　员：石爱华　许　琳　高艳辉　韩　刚　杨治江　夏洪冰　高　峰　张宝华
　　　　杨志伟　姚红梅　谢金祥　牛亚楠　段树民

领导小组下设办公室，办公室设在人事（监察审计）科，承担职称评审小组的日常工作。

（4）2019年2月26日，邢衡局印发《中共邢衡局党委关于同意局属各支部推选纪检联络员的批复》（邢衡党〔2019〕8号）。经局党委研究，局属各支部纪检联络员如下：机关第一党支部牛亚楠；机关第二党支部季晓丰；机关第三党支部张华；临西局党支部侯尚阳；清河局党支部张亚东；故城局党支部李国志。

（5）2019年4月26日，邢衡局印发《邢衡局关于成立南水北调东线一期工程北延应急试通水工作领导小组的通知》（邢衡水政〔2019〕27号）。领导小组组成人员如下。

组　长：王海军

成　员：杨治江　谢金祥　郝曾麒　魏　韬

（6）2019年6月11日，邢衡局印发《邢衡局关于成立2019年水旱灾害防御组织机构的通知》（邢衡工〔2019〕30号）成立2019年邢衡局水旱灾害防御组织机构如下。

1）局水旱灾害防御工作领导小组。

组　长：尹　法

副组长：王海军　赵铁群　王建新　苏文静

成　员：许　琳　韩　刚　杨治江　高艳辉　石爱华　夏洪冰　高　峰　张宝华

2）局水旱灾害防御办公室。

主　任：王海军

副主任：韩　刚

成　员：索荣清　张　华

（7）2019年8月21日，邢衡局印发《邢衡局关于调整局领导分工及联系单位的通知》（邢衡办〔2019〕42号）。根据工作需要，将局领导分工及联系单位通知如下。

田术存：主持全面工作。主抓全局党建工作，主管全局财务工作。

王海军：主管全局防汛抗旱、工程建设与管理、水资源管理及水行政执法、安全生产、工会工作；分管工管科（防办）、水政科、工会，协调养护公司与水管单位工作，联系故城河务局。

赵铁群：主管全局行政管理、纪检、人事（监察审计）、精神文明建设及思想政治工作；分管办公室、人事（监察审计）科、综合事业中心（信息中心），联系临西河务局。

王建新：主管全局后勤保障工作，协助分管党建、工程建设与管理、水资源管理及水行政执法工作；分管后勤服务中心，联系清河河务局。

苏文静：分管全局财务工作，协助分管监察审计工作；分管财务科。

（8）2019年8月22日，邢衡局印发《中共邢衡局党委关于调整邢衡局党风廉政建设领导小组成员及责任分解的通知》（邢衡党〔2019〕22号）。邢衡局党风廉政建设领导小组成员及责任分解调整如下。

1）领导小组。

组　长：田术存

副组长：王海军　赵铁群　王建新　苏文静

成　员：许　琳　杨治江　高艳辉　石爱华　韩　刚　夏洪冰　张宝华　高　峰
杨志伟　姚红梅　谢金祥

领导小组下设办公室，办公室设在人事（监察审计）科，承担邢衡局党风廉政建设日常工作。

2）责任分解。

田术存：局党风廉政建设的第一责任人。对全局财务经济工作负主要领导责任；对财务科的党风廉政建设负主要领导责任。

王海军：对全局防汛抗旱、工程建设与管理、水资源管理及水行政执法、安全生产工作的党风廉政建设负主要领导责任，对工管科（防办）、水政科、工会、故城河务局的党风廉政建设负主要领导责任。

赵铁群：对全局行政管理、纪检、人事（监察审计）、精神文明建设及思想政治工作的党风廉政建设负主要领导责任；对办公室、人事（监察审计）科、综合事业中心（信息中心）、临西河务局的党风廉政建设负主要领导责任。

王建新：对全局后勤保障、党组织工作的党风廉政建设负主要领导责任，对清河河务局、后勤服务中心的党风廉政建设负主要领导责任。

苏文静：对全局财务经济工作负分管领导责任；对财务科的党风廉政建设负领导责任。

（9）2019年8月22日，邢衡局印发《邢衡局关于调整精神文明创建工作领导小组的通知》（邢衡办〔2019〕43号），人员调整如下。

组　长：田术存

副组长：赵铁群

成　员：许　琳　杨治江　高艳辉　石爱华　韩　刚　夏洪冰　高　峰　张宝华
杨志伟　姚红梅　谢金祥

文明创建领导小组下设办公室，负责日常工作的组织开展，人员如下。

主　任：赵铁群

成　员：许　琳　谢金祥　姚红梅　杨志伟

（10）2019年8月22日，邢衡局印发《邢衡局关于调整信访工作领导小组的通知》（邢衡办〔2019〕44号），人员调整如下。

组　长：田术存

副组长：赵铁群

成　员：许　琳　杨治江　高艳辉　石爱华　韩　刚　夏洪冰　高　峰　张宝华
杨志伟　姚红梅　谢金祥

（11）2019年8月23日，邢衡局印发《邢衡局关于调整安全生产领导小组的通知》（邢衡工〔2019〕45号），人员调整如下。

组　长：田术存

副组长：王海军

成　员：许　琳　杨治江　高艳辉　石爱华　韩　刚　夏洪冰　高　峰　张宝华
　　　　杨志伟　姚红梅　谢金祥

安全生产领导小组办公室设在工管科，负责安全生产领导小组日常工作，办公室主任由工管科韩刚兼任，办公室副主任由工管科索荣清担任。

(12) 2019 年 8 月 23 日，邢衡局印发《邢衡局关于调整 2019 年水旱灾害防御组织机构的通知》(邢衡工〔2019〕46 号)，调整如下。

1) 一局水旱灾害防御工作领导小组。

组　长：田术存

副组长：王海军　赵铁群　王建新　苏文静

成　员：许　琳　韩　刚　杨治江　高艳辉　石爱华　夏洪冰　高　峰　张宝华

2) 二局水旱灾害防御办公室。

主　任：王海军

副主任：韩　刚

成　员：索荣清　张　华

(13) 2019 年 8 月 28 日，邢衡局印发《中共邢衡局党委关于调整邢衡局党建工作领导小组的通知》(邢衡党〔2019〕25 号)，调整如下。

组　长：田术存

副组长：王海军　赵铁群　王建新　苏文静

成　员：石爱华　许　琳　夏洪冰　杨志伟　姚红梅　谢金祥

领导小组办公室设在邢衡局党总支，主任由王建新兼任。

(14) 2019 年 9 月 12 日，邢衡局印发《邢衡局关于调整推进河长制工作领导小组的通知》(邢衡水政〔2019〕49 号)，人员调整如下。

组　长：田术存

副组长：王海军　赵铁群

成　员：王建新　苏文静　杨治江　韩　刚　石爱华　许　琳　高艳辉　夏洪冰
　　　　高　峰　张宝华　杨志伟　姚红梅　谢金祥

领导小组下设办公室，办公室设在水政科，承担领导小组的日常工作。成员组成如下。

办公室主任：王海军

成　员：杨治江　杨志伟　姚红梅　谢金祥

(15) 2019 年 9 月 12 日，邢衡局印发《邢衡河务局关于调整局辖河道河长的通知》(邢衡水政〔2019〕50 号)，调整如下。

总河长：田术存

副总河长：王海军（分管故城局河长制工作）

副总河长：赵铁群（分管临西局河长制工作）

副总河长：王建新（分管清河局河长制工作）

临西局局辖卫运河河长：杨志伟

清河局局辖卫运河河长：姚红梅

故城局局辖卫运河南运河河长：谢金祥

河长制办公室主任：杨治江

河长制办公室设在水政水资源科，负责协调督导河长制日常工作。

(16) 2019 年 9 月 5 日，邢衡局印发《邢衡局关于调整普法工作领导小组的通知》(邢衡水政〔2019〕52 号)，调整如下。

组　长：田术存

副组长：王海军　赵轶群

成　员：王建新　苏文静　杨治江　韩　刚　许　琳　高艳辉　石爱华　夏洪冰
　　　　高　峰　张宝华　杨志伟　姚红梅　谢金祥

普法领导小组下设办公室，负责日常工作的组织开展，办公室设在水政水资源科。

(17) 2019 年 9 月 6 日，邢衡局印发《邢衡局关于调整安全生产管理机构及兼职安全生产管理员的通知》(邢衡工〔2019〕53 号)，具体调整如下。

1) 安全生产总负责人。

田术存：全面负责邢衡局安全生产工作。

王海军：分管邢衡局具体安全生产工作。

2) 局属各单位机关各部门兼职安全管理员。

办公室：季晓丰

水政科：杨治江

财务科：郜　暖

人事科：姜怡文

工管科：张　华

工　会：夏洪冰

综合事业中心：王宁宁

后勤中心：宋长城

临西河务局：王　一

清河河务局：张亚东

故城河务局：康　健

(18) 2019 年 9 月 6 日，邢衡局印发《邢衡局关于调整安全生产应急管理小组的通知》(邢衡工〔2019〕54 号)，调整人员如下。

组　长：田术存

副组长：王海军

成　员：许　琳　杨治江　高艳辉　石爱华　韩　刚　夏洪冰　高　峰　张宝华
　　　　杨志伟　姚红梅　谢金祥

安全生产应急管理小组办公室设在工管科，负责安全生产应急管理小组日常工作，办公室主任由工管科韩刚兼任，办公室副主任由工管科索荣清兼任。

(19) 2019 年 9 月 23 日，邢衡局印发《中共邢衡局党委关于印发“邢衡局党委‘不忘初心、牢记使命’主题教育实施方案”的通知》(邢衡党〔2019〕29 号)，为扎实开展“不忘初心、牢记使命”主题教育活动，经研究决定，成立邢衡局党委“不忘初心、牢记使命”主题教育领导小组及其办公室；组建 3 个指导组。

1）邢衡局党委“不忘初心、牢记使命”主题教育领导小组。

组　长：田术存

副组长：王海军　赵铁群　王建新　苏文静

成　员：许　琳　高艳辉　石爱华　牛亚楠

2）邢衡局党委“不忘初心、牢记使命”主题教育领导小组办公室。

主　任：赵铁群

副主任：许　琳

成　员：季晓丰　郭志达　牛亚楠

主题教育指导组由邢衡局机关 3 个支部牵头组成。

第一指导组

组　长：牛亚楠

成　员：高　峰　王宁宁

指导支部：临西局党支部机关第二党支部

第二指导组

组　长：许　琳

成　员：季晓丰　郭志达

指导支部：清河局党支部机关第三党支部

第三指导组

组　长：夏洪冰

成　员：索荣清　王　鑫

指导支部：故城局党支部机关第一党支部

3. 人员变动

2019 年，新招录参公人员 3 人（姜怡文、王鑫、王赞童）；事业人员 1 人（沈冲）。退休人员 3 人（杨秀静、冯桂华、刘玉红）。

截至 2019 年 12 月 31 日，全局在职工作人员 56 人，其中参公人员 32 人，事业人员 24 人。

4. 职工培训

2019 年，邢衡局共举办档案管理、公文写作与处理、安全生产知识、防汛知识、水行政执法、水资源管理、党风廉政建设教育、财务知识、车辆安全驾驶等 9 个培训班，共 279 人次。邢衡局职工参加上级举办的线下培训班 21 个，共计 56 人次。邢衡局制订了《邢衡局 2019 年道德文化讲堂实施方案》。邢衡局共组织道德文化讲堂计 30 期，其中，机关 9 期、临西局 6 期、清河局 4 期、故城局 11 期，416 人次参加。邢衡局处级干部网络学时通过率达到 100%，累计参加人事部门认可的教育培训时间平均 189 学时；科级及以下干部网络学时通过率达到 100%，累计参加人事部门认可的教育培训时间平均 187 学时。

5. 职称评定和工人技术等级考核

2019 年 7 月 5 日，根据漳卫南局对邢衡局事业单位岗位设置方案的批复，聘任杨田为综合事业管理中心（信息中心）专业技术岗位十二级；聘任魏韬为故城河务局专业技术岗位十二级。以上人员聘期 3 年（2019 年 7 月至 2022 年 6 月）（邢衡人〔2019〕35 号）。

6. 表彰奖励

2019 年 1 月 17 日，漳卫南局印发《漳卫南局关于表彰 2018 年度先进单位、先进集体的通报》（漳办〔2019〕2 号），授予邢台衡水河务局“漳卫南局 2018 年度先进单位”荣誉称号。

2019 年 1 月 22 日，漳卫南局印发《漳卫南局关于表彰 2018 年度工程管理先进单位的通知》（漳建管〔2019〕1 号）授予邢衡河务局“2018 年度工程管理先进单位”荣誉称号；授予清河河务局“2018 年度工程管理先进水管单位”荣誉称号。

2019 年 5 月 23 日，漳卫南局印发《漳卫南局关于公布局属各单位、德州水电集团公司 2018 年度处级考核优秀结果的通知》（漳人事〔2019〕15 号），根据《公务员奖励规定（试行）》，尹法连续 3 年考核被确定为优秀等次，记三等功一次。

2019 年 2 月 12 日，邢衡局印发《邢衡局关于表彰 2018 年度目标管理先进单位、先进集体的决定》（邢衡办〔2019〕12 号）。根据年终目标管理考核结果，经局长办公会研究决定，授予清河局“邢衡局 2018 年度先进单位”荣誉称号，授予办公室、人事科“邢衡局 2018 年度先进集体”荣誉称号。

2019 年 6 月 25 日，邢衡局印发《中共邢衡局党委关于表彰 2019 年度优秀党支部和优秀共产党员的决定》（邢衡党〔2019〕18 号）。经过民主选举，各支部推荐，局党委研究，决定表彰优秀党支部和优秀共产党员。

优秀党支部：清河局党支部

优秀党员：牛亚楠　许　琳　张　华　王召柱　魏　韬

2020 年 1 月 16 日，根据民主测评，邢衡局党委研究，确定 2019 年年度职工考核优秀人员：参公人员（不含处级干部）4 人（韩刚、夏洪冰、牛亚楠、郭志达）；事业人员 3 人（张宝华、王荣海、解士博）（邢衡人〔2020〕5 号）。

（许琳）

【财务管理与审计】

1. 财务管理

邢衡局加强财务监管，按时完成各部门 2018 年度决算、2020 年度预算的上报工作；完善内控制度，结合本单位实际情况制定了《邢衡局公务租车管理办法》《邢衡局差旅伙食费和交通费收交管理暂行办法》《邢衡局公用经费支出报销审批办法》；重点监管资金流向的各环节，加强对资产的监督盘查，确保国有资产完整；严格审批支出手续，切实发挥财务核算和监督作用，保证每笔资金使用的合理性。

2. 审计监督

邢衡局制定了《邢衡局 2019 年审计工作要点》，明确审计工作业务重点，配合漳卫南局审计处完成对主要负责同志的离任审计工作和邢衡局 2018 年防洪工作雨毁修复项目竣工决算的审计；完成了清河局 2018 年水利工程维修养护市场化试点项目审计。

（许琳）

【党建工作】

邢衡局党委继续深化机关党支部与基层党支部“结对共建”的成效，同时邢衡局成立了离退休党支部。目前，全局共有党员 46 名（在职党员 34 名），入党积极分子 13 名。

1. 不断加强党建理论知识学习

2019 年年初，邢衡局制订了“党建工作学习计划安排表”，坚持每周三下午集体学习，对《论共产党员的修养》《党章》《习近平新时代中国特色社会主义思想三十讲》等书籍进行了专题学习，同时对习近平总书记在黄河流域生态保护和高质量发展座谈会上的讲话、海河流域水安全保障方案及十九届四中全会等内容进行及时跟进学习。

2. 切实发挥党员先锋模范作用

邢衡局党委采取“党委书记和各支部书记带头讲党课、全体党员轮流讲党课”的方法，并通过《邢衡局电子月报》《廉文鉴读电子版》以及支部黑板报等各种新载体，不断引导全局党员向身边的榜样看齐，不断吸引入党积极分子向党组织靠拢。

3. 扎实开展“不忘初心、牢记使命”主题教育活动

2019 年，邢衡局召开党委中心组学习（扩大）会议 21 次，主题党日活动 12 次，各党支部自发组织学习 90 余次。

（许琳）

【党风廉政建设】

2019 年，邢衡局党委深入贯彻落实习近平新时代中国特色社会主义思想和党的十九大、十九届三中全会、十九届中央纪委三次全会精神，切实履行党委主体责任和纪检监察部门的监督责任，扎实开展各类政治理论学习。

（1）持续发挥“结对共建，携手共进”活动的成效和优势，密切党员与群众、机关与基层的联系。

（2）选举产生各支部纪检联络员；坚持每月推出一期《廉文荐读》，举办践行新时代水利行业精神“演讲比赛”，制定并印发了《中共邢衡局党委关于进一步加强作风建设的通知》。

（3）签订《落实全面从严治党主体责任书》和《党风廉政建设承诺书》；制定《邢衡局 2019 年党风廉政建设工作要点》及《邢衡局 2019 年党风廉政建设考核体系》。以党委成员“下基层蹲点调研”活动为抓手，加强业务工作指导，帮助基层单位解决实际困难，督促基层单位党员领导干部认真落实“一岗双责”。

邢衡局党委结合开展的“不忘初心、牢记使命”主题教育，以 12 字要求为总纲，促进廉政警示教育活动“十个一”的逐项落实。同时，将廉政警示教育活动与不作为、不担当问题专项治理，反对形式主义、官僚主义工作相结合，对各单位各部门暴露出来的突出问题及主题教育活动中检视发现的问题自查自纠、举一反三。

（许琳）

【政治巡察】

6 月 19 日至 7 月 3 日，漳卫南局党委第三轮巡察第二巡察组对邢衡局党委开展了政治巡察，准确指出了存在的问题和不足，并明确提出了具体的整改意见和要求，邢衡局党委通过开展专题研讨，建立“台账式管理”并进行逐一销号，个性问题对号入座，落实到人，立行立改，对共性问题进行分类汇总、逐项梳理归类，明确整改内容、整改目标、责任主体和整改时限。邢衡局坚持将落实整改与作风建设相结合，严格执行中央“八项规定”，严防“四风”问题反弹；将落实整改与班子队伍建设相结合，严格执行民主集中制，坚持正确的选人用人导向；将落实整改与党风廉政建设相结合，坚守党性修养的“高线”，守住党纪国法的“底线”，以巡察成果促进单位健康持续发展。

（许琳）

【安全生产】

2019 年，邢衡局召开安全生产工作会议并逐级签订安全生产责任书，制订了《邢衡局安全生产月活动实施方案》；修改全局办公设备和办公软件的弱口令及安装杀毒软件；参加组织各类安全生产培训；将可能影响安全的薄弱环节和隐患分门别类登记造册，有重点地抓好车辆运行、防火防盗、工程施工等关键环节的管理。

（许琳）

【精神文明建设】

2019 年，继续保持“省级精神文明单位”及“档案目标 5A 级管理”称号。制订《道德文化讲堂》学习安排。每月推出一期《邢衡局电子月报》。

邢衡局积极组织职工参加漳卫南局羽毛球比赛和第二届职工艺术节，加强新闻报道宣传，拍摄“我和海河水利”微视频，持续推进省级文明单位动态保持工作。

（许琳）

【综合管理】

2019 年，全年共召开党委会 27 次，局长办公会 14 次，专题民主生活会 1 次；制定了《邢衡局公文处理办法（试行）》及《邢衡局档案管理办法（试行）》；截至 12 月 31 日，印发党群类文件 45 件，印发行政类文件 70 件。实现全年零信访。

（许琳）

【经济创收】

邢衡局继续推进水资源费的可持续征收工作，不断加强堤防绿化工作监管力度，全面梳理绿化合同，提高了分成比例；同时抓住“大运河文化带”建设的崭新机遇，借助地方资金建设“四型”堤防，为单位可持续发展提供经济保障。

（许琳）

德 州 河 务 局

【工程管理】

1. 日常维修养护

各水管单位及时下达周期性养护项目和集中性养护项目的任务书，组织人员进行单元质量评定和水管单位验收；每月 25—28 日，组织人员对经常性养护项目进行月度考核并通报。

德州河务局（以下简称“德州局”）组织人员对维修养护项目进行不定期检查，每季度对水管单位维修养护工作进行考核。

2019 年维修养护任务全部完成，全线清理杂草杂树两遍，堤顶整修 26.88km，硬化路面维修 32km，泥结石路面养护 38.6km，堤肩行道林补植 14820 棵，堤防整修 4km，临河戗台坡整修 22.55km，城乡结合部建设 750m，控导工程翻修 50m，堤防隐患探测 6 处（暗管探测每处上下游各 700m），上堤坡道干砌砖硬化 57m，增设标志牌 80 个，补设界桩 2204 个，灰土界埂修复 140.65km，戗台畦田埂、护堤地界埂整修，堤肩行道林全部涂白，标志牌（碑）粉刷；汛前对西郑庄分洪闸和牛角峪退水闸机电集中保养一次，对两闸启闭机机体表面进行了防腐处理，增设警示桩 120 个，设置警示牌 52 个。完成水利工程摸底调查和堤防水闸管理信息系统上报。

12 月 21 日，夏津河务局通过了海委水利工程管理示范单位复核验收。

12 月 23—25 日，完成了 2019 年水利工程维修养护项目验收和 2019 年工程管理年度考核。

夏津河务局、乐陵河务局被漳卫南局授予“2019 年度工程管理先进水管单位”荣誉称号。

2. 维修养护政府采购试点工作

2019 年，德州局成为漳卫南局维修养护市场化试点单位，按规范进行公开招标。

1 月 25 日，选择具有甲级资质的天勤工程咨询有限公司作为招标代理机构，负责招标工作；1 月 29 日在中国招标投标服务平台、中国政府采购网、海河水利网上发布招标公告；2 月 22 日召开开标评标会；3 月 6 日下发中标通知书，3 月 29 日德州局各水管单位与中标的德州鬲津水利有限公司签订 2019 年水利工程维修养护合同，标志着德州局水利工程维修养护市场化试点招标工作圆满完成。

3. 制度修订

制定了《德州河务局工程管理教育培训制度》《德州河务局工程管理事务处置制度》和《德州河务局工程管理大事记制度》，增强了工程管理工作的规范性。

4. 业务学习

7 月 26 日，集中学习《水利部关于修订印发水利工程管理考核办法及其考核标准的通知》《水利工程运行管理违规行为标准》及《海委办公室关于开展海委直属水利工程摸底调查的通知》等，对工程管理考核标准和开展水利工程摸底调查流程进行详细解读及探讨，并明确了下一步的工作重点和着力点。

11 月 8 日，集中学习《水利部特定飞检工作规定（试行）》等 3 个办法，并明确下一步要积极查找自身问题，及时处理。

5. 堤防绿化

2019 年，共种植树木 84160 棵，其中杨树 81860 棵、国槐 2300 棵。

（鲁晓莹）

【防汛抗旱】

1. 汛前准备

3 月 5 日，下发《德州局关于做好防汛抗旱准备工作的通知》。

3 月下旬，对所辖工程进行了全面检查，摸清了工程运行情况和度汛隐患，分别向漳卫南局和德州市防指上报了汛前检查报告。开展了西郑分洪闸、牛角峪退水闸汛前工程观测（包括基准点校测、水平位移、垂直位移等）。

5 月 29 日，成立漳卫河防汛抗旱办公室，调整了防汛组织机构，落实了领导分工包河责任制，明确了各职能组的人员组成、岗位职责和工作要求。

2. 预案编制

结合汛前检查情况和漳卫河河道现状行洪能力，对防洪预案进一步修订，并按照《防汛物资储备定额编制规程》对防汛备料进行了计算核实，经漳卫南局防办审查，于 6 月 17 日由德州市人民政府防汛抗旱指挥部批准下发有关县（市）防指执行。

3. 防汛开展

6 月 1 日起开始防汛值班；6 月 17 日组织召开德州局防汛抗旱工作会议；6 月 18 日举办防汛抢险知识培训班。

7 月，督促地方政府落实以行政首长负责制为核心的各项防汛责任制。

4. 台风防御

（1）工作机制。为应对第 9 号台风“利奇马”影响，自 8 月 10 日 14 时起启动防汛Ⅲ级应急响应，全员进入防汛应急状态，各三级局负责人人员到岗、工作到位；水、工程组由 1 人值班增加为 2 人值班，安排专人负责信息的收集和发布，确保汛情信息处理的及时和准确。

（2）应对过程。在防汛应急响应期间，每隔 3 小时向德州市防指汇报汛情防御信息；召开由漳卫河防汛办公室全体成员参加的防汛会商会议 4 次，及时研究雨情、水情及工情，研究工作方案和应对措施。8 月 11 日 17 时，派出两个由副局长带队的工作组赴三级局进行督导检查，并对台风可能造成的高空坠物等安全隐患进行了排查并及时处理。8 月 12 日 17 时终止防汛Ⅲ级应急响应。

（3）汛情数据。8 月 10—13 日，受第 9 号台风“利奇马”影响，德州市境内出现强降雨过程，单日最大降雨量出现在 8 月 11 日 08 时至 12 日 08 时，降雨量达到 190mm，截至 13 日 8 时，累计降雨量达到 218.3mm。

（4）雨毁统计。本次强降雨历时短、强度大、破坏性强，造成德州局管辖范围内的堤防冲沟密布，堤顶多处积水，堤防工程多处毁坏。据现场调查统计，发生浪窝 361 处，堤顶路面损坏 4.9km，需要填筑土方 11583m^3。德州局及时组织工程技术人员上堤检查，掌握雨毁情况，及时进行统计上报漳卫南局防办，同时要求各基层局及时处理雨毁。

5. 设施修复

为确保 2019 年防汛工程设施修复项目的顺利完成，经研究，成立德州河务局 2019 年防汛工程设施修复项目领导小组（德人〔2019〕20 号），人员组成如下。

组　长：李　勇

副组长：杨百成　陈永瑞　肖玉根　张　斌

成　员：赵全洪　崔莹莹　李　梅　唐绪荣　李于强　雷冠宝　张金涛

2019 年防汛工程设施修复项目申报及项目实施工作如期完成。

（鲁晓莹）

【水政水资源】

1. 水法宣传

3月22日，围绕“坚持节水优先，强化水资源管理”主题开展第二十七届“世界水日”和第三十二届“中国水周”宣传活动。在本次活动中，悬挂条幅，制作展板，分发宣传图册，设7个宣传站，出动8辆宣传车深入沿河各乡镇村庄的集市进行水法律法规宣传，为咨询群众解答涉及河道管理的有关问题，分发传单5000余份。“12·4”宪法宣传日，德州局机关局联合德城河务局、德州市锦绣川景区管理办公室在锦绣川景区内，设国家宪法日宣传活动宣传专栏，分发宣传单，向市民宣传讲解宪法主要内容。

2. 水行政执法

根据《漳卫南运河管理局水行政执法巡查制度》规定，德州局水政监察支队本年度巡查12次，局属水政监察大队本年度巡查285次。无上年度遗留案件，2019年新立案一起，即袁桥镇大王社区侵占堤防案，尚未结案。

3. 涉河建设管理

2019年，共完成“德州石华化工有限公司蒸汽管道跨越岔河”“山东电信德州—临清干线光缆线路穿越老减河工程”和京台高速公路（鲁冀界）至齐河段改扩建工程跨减河大桥3个建设项目的监管。

2019年，德州局管辖范围内有浮桥3座，即甲马营浮桥、朱家圈浮桥、东良浮桥（部分拆除，已无法使用）。德州局按照《漳卫南运河浮桥管理暂行办法》的要求给所辖范围内的浮桥管理者下发通知，督促其补办相关手续，截至12月底，甲马营浮桥、朱家圈浮桥均已上报有关材料并通过漳卫南局的审批，武城河务局与浮桥管理单位签订了浮桥项目水利工程管理协议。

4. 水政执法队伍建设

分别于5月23日、11月1日举办水行政流域执法培训班和水行政执法队伍建设培训班，邀请漳卫南局有关专家和律师就新形势下行政执法和管理形势，进行水事违法案件典型案例分析和水行政法律知识解析，共95人次参加。

5. 水资源管理与保护

德州局现有已办理取水许可的取水口共9个，全年许可取水量230.5万m^3。继续开展取水许可证到期延续审批工作，截至2019年12月底，已换发新证3处，剩余6处正在办理过程中。按照《漳卫南局关于建立水资源信息通报制度的通知》要求，每月对于已办理取水许可的取水口进行用水量的统计，并上报漳卫南局。武城、德城3个重要的取水口已安装自动监测设备，可以利用水资源监控平台，及时了解取水情况。

2019年4月底，夏津河务局、武城河务局、德城河务局、宁津河务局、乐陵河务局、庆云河务局管辖范围内的山东省“深化清违整治构建无违河湖”专项行动问题清单已经全部销号，有效保护了水资源的生态良好运行。

6. 应急供水

积极配合南水北调东线一期北延应急试通水工作和引黄济冀潘庄线路应急输水工作，成立南水北调东线一期北延应急试通水工作领导小组。输水期间，安排巡查组不分节假日、每天巡查一次，认真做好巡查记录，拍摄照片并上传至输水工作群中，实时汇报巡查情况。

南水北调东线一期北延应急试通水工作领导小组组成如下。

组　长：李　勇

副组长：杨百成　陈永瑞

成　员：办公室、水政科、工管科、德城局等部门（单位）人员

（鲁晓莹）

【河长制工作】

4 月 2 日、7 月 1 日、9 月 30 日，德州市委常委、常务副市长刘长民分别莅临减河堤段、卫运河武城段、漳卫新河宁津段巡河，查看河长制落实、清河行动、防汛工作等情况。

“清四乱”专项行动开展以来，共清理违章建筑 36 万 m^2、阻水树障 45 万 m^2、篱笆围栏 16.8km、虾池 3.6 万 m^2。

10 月底，按照《山东省河长制办公室关于做好水利部流域机构直管河湖清违清障“回头看”核查抽查工作的通知》要求，对德州局管辖范围内的河道存在问题进行彻底排查，并借助本次“回头看”行动，对仍然存在的插花地问题进行了核查，并由三级局向属地河长办发函，通知插花地存在的“四乱”问题。

（鲁晓莹）

【人事管理】

1. 人事任免

5 月 24 日，任命管洪军为乐陵河务局副主任科员（德人〔2019〕4 号）；任命崔芳为德州河务局财务科副主任科员（德人〔2019〕5 号）；聘任张洪升为德州河务局综合事业管理中心副主任（试用期一年，聘期三年）（德人〔2019〕6 号）；聘任程现楠为德州河务局后勤服务中心副主任（试用期一年，聘期三年）（德人〔2019〕7 号）。

6 月 3 日，免去上官慧德州河务局工管科副科长职务，自 2019 年 6 月 30 日起退休（德人〔2019〕8 号）；任命郭玉雷为德州河务局办公室（党办）科员，免去其德州河务局工管科科员职务（德人〔2019〕9 号）。

7 月 3 日，免去刘卿娴德州河务局工管科科员职务（德人〔2019〕10 号）。

7 月 12 日，经试用期满考核合格，任命王祺为宁津河务局四级主任科员（德人〔2019〕11 号）；经试用期满考核合格，任命昝方堂为庆云河务局一级科员（德人〔2019〕12 号）。

8 月 23 日，免去蔡丽英德州河务局财务科副科长职务，自 2019 年 8 月 31 日起退休（德人〔2019〕16 号）。

11 月 25 日，免去李德武德州河务局综合事业管理中心主任职务（保留原工资待遇）（德人〔2019〕19 号）。

2. 职工培训

2019 年，德州局共举办各类培训班 11 期，参加培训人数达 500 余人次；计 60 余人

次参加海委、漳卫南局及地方举办的各类培训班，共119人参加水利部网络教育培训并全部完成学习任务。

3. 人员变动

截至2019年12月底，德州局在职职工118人，其中，参照公务员法管理人员55人，事业人员63人；离退休人员84人，其中离休人员4人，退休人员80人。

4. 职级晋升

7月12日，根据《漳卫南局职务与职级并行制度实施方案》规定，完成了职级套转工作，确定张军等套转后职级情况如下：二级主任科员4人（张军、刘利、杨丽华、陈巍）、四级主任科员9人（崔 芳、刘滋田、刘风坡、管洪军、郑仰林、张辉、范张民、张彦英、靳连升）、一级科员13人（张新勇、王淼、任晋杰、崔冬冬、刘洋、蒋玉涵、王辛晴、张志广、温荣旭、郭玉雷、刘岐、刘群、吕笑昊）。上述人员职级任职时间自2019年6月1日起算，职级任职年限按照有关规定执行，职级套转前原任非领导职务和副科级职级自行免去（德人〔2019〕13号）。

8月31日，根据《漳卫南局职务与职级并行制度实施方案》规定，完成首次职级晋升工作，晋升以下人员职级：赵全洪、李永春任办公室（党委办公室）一级主任科员；杜军、商荣强任水政科一级主任科员；崔莹莹任财务科一级主任科员；李梅、黄明君任人事（监审）科一级主任科员；唐绪荣任工管科一级主任科员；刘波、张军、刘利任工会一级主任科员；蔡吉军任德城河务局一级主任科员；柴木林任宁津河务局一级主任科员；雷冠宝任乐陵河务局一级主任科员；刘滋田任人事（监审）科三级主任科员；陈卫民、郑仰林任夏津河务局三级主任科员；肖志强任武城河务局三级主任科员；王雪飞、张辉、范张民、张彦英任德城河务局三级主任科员；靳连升任宁津河务局三级主任科员；张金涛任庆云河务局三级主任科员；张新勇、郭玉雷任办公室（党委办公室）四级主任科员；王淼、任晋杰任水政科四级主任科员；崔冬冬、刘洋、蒋玉涵任财务科四级主任科员；王辛晴任人事（监审）科四级主任科员；张志广、温荣旭任工管科四级主任科员；刘岐任武城河务局四级主任科员；刘群任德城河务局四级主任科员（德人〔2019〕17号）。

12月23日，任命吕笑昊为德州河务局工管科一级科员，免去其乐陵河务局一级科员职级（德人〔2019〕23号）。

12月30日，任命杨丽华为德州河务局人事（监审）科一级主任科员，免去其原任二级主任科员职级；任命范张衡为德州河务局工管科三级主任科员（德人〔2019〕24号）；任命陈巍为宁津河务局一级主任科员，免去其原任二级主任科员职级（德人〔2019〕25号）。

5. 人事管理

完成两名职工退休及待遇审批工作；完成离退休人员的日常管理工作。招录参公人员两名（肖金涛、杨瑞），招录事业人员3名（董珅、陈瞳颖、陈扬）。

6. 职称聘任

自2019年7月起聘任：刘卿娴为德州河务局综合事业中心工程师专业技术职务；王燕为德城河务局工程师专业技术职务；叶婷为宁津河务局助理经济师专业技术职务。聘期三年（2019年7月至2022年6月）（德人〔2019〕14号）。

自 2019 年 12 月 1 日起，聘任马成亮为德州河务局后勤服务中心中级专业技术九级岗位，聘期三年（2019 年 12 月 1 日至 2022 年 11 月 30 日）（德人〔2019〕21 号）。

自 2019 年 12 月 1 日起聘任张蕾为德城河务局中级专业技术九级岗位，聘期三年（2019 年 12 月 1 日至 2022 年 11 月 30 日）（德人〔2019〕22 号）。

自 2019 年 12 月 1 日起聘任罗志宝为德州河务局后勤服务中心专业技术十一级岗位，聘期三年（2019 年 12 月 1 日至 2022 年 11 月 30 日）（德人〔2019〕26 号）。

7. 职工考核

德州局职工进行了年度考核，考核结果如下。

参照《中华人民共和国公务员法》管理优秀等次人员：陈卫民、肖志强、雷冠宝、赵全洪、王森、崔莹莹、黄明君、刘滋田；未定考核等次人员：肖金涛、杨瑞（试用期内）。2017—2019 年连续三年考核优秀人员：赵全洪、黄明君；其他参加考核的人员均为称职。

事业优秀人员：邢兰霞、顾鹏娟、刘洪、张宝利、鲁晓莹、贺艳慧、祝云飞、程现楠、王立杰；未定考核等次人员：董珅、陈曈颖、陈扬（试用期内）李德武（处分期内）；其他参加考核的人员均为合格。

8. 干部交流

11 月 4 日，海委王道坦到德州河务局进行干部交流，任德州局局长助理。

（鲁晓莹）

【安全生产】

1. 工作机制

年初，根据工作需要，制定印发《德州局关于 2019 年安全生产工作要点及重点工作计划的通知》（德安〔2019〕2 号），对全年安全生产工作要点进行部署，划定时间节点；局属各单位、机关各部门签订《安全生产责任书》，实行安全生产一票否决制，将安全生产列入目标管理考核体系。

2. 专项检查

1 月 21—25 日，组织开展自查自纠和隐患排查整改工作，并成立检查组对局属各单位进行督查。4 月，通过确定工作目标，列出整治内容及划分工作时间段，制定专项整治行动方案。8—9 月，对在建工程、运行工程、水闸、水文工程、办公区、宿舍区、职工食堂等设施场所进行了自查和抽查。

3. 应急管理

6 月 28 日，举办急救知识培训班，邀请德州红十字会志愿服务队讲解心肺复苏理论知识并指导干部职工实操练习；9 月 20 日，组织举办消防安全知识及应急演练培训班。

4. "安全生产月"活动

5 月 31 日，印发德州河务局 2019 年安全生产月活动实施方案（德安〔2019〕4 号），以"防风险、除隐患、遏事故"为主题，落实"水利工程补短板、水利行业强监管"的水利改革发展总基调，落实安全生产主体责任，开展安全生产大检查活动。6 月 5 日，组织了 2019 年度"安全生产月"纸质答题活动，参加答题 107 人。6 月 19 日，围绕"防风险，除隐患，遏事故"的安全生产月主题举办安全生产培训班。张贴安全生产宣传画，普及安全知识，传播安全文化；采取多种激励措施组织广大职工参与部、委、漳卫南局主办的各项活动。

5. 日常管理

定期召开安全生产工作例会，严格落实漳卫南局安全生产月报制度，每月对水利工程建设、水利工程运行、综合经营等方面进行隐患排查，发现问题认真处理，并及时统计上报。加强对车辆的日常安全管理，安排专人对车辆进行定期检查。严格落实节日值班制度，强调安全生产工作纪律，安排节日值班人员，在节假日期间每天向德州市政府安全生产委员会上报安全生产工作情况。

2019 年，德州局完成《安全生产责任书》所要求的目标与任务，完成管辖堤防、西郑庄分洪闸、牛角峪退水闸以及局机关的危险源辨识、风险评价及分级管控工作，全年无安全事故发生。

（鲁晓莹）

【党建工作】

1. 党日活动

每月 10 日，党员活动日开展主题活动，按上级要求组织党员学习习近平总书记纪念“五四”运动 100 周年讲话、习近平总书记庆祝新中国成立 70 周年大会讲话等重要讲话精神，学习各类党建工作制度条例，学习“两会”精神，学习“时代楷模”余元君、张富清先进事迹，每月组织党员进行党应知应会党建知识测试，3 月完成上年度党员评议工作。在做好规定工作的同时做好自选工作：在每月党员活动日增加《习近平用典》微视频学习环节，自 4 月起，以党小组为单位开展“我为党员讲党课”活动，每月活动日由一个党小组讲述党课，并根据社情国情增加时政学习内容。

7 月 2 日，为庆祝建党 98 周年，举办“不忘初心，做有行业灵魂的党员”主题党日活动，党委书记、局长李勇讲授题为“深刻领会新时代水利精神，做有行业灵魂的中国共产党党员”的党课。

2. 机制建设

8 月 21 日，成立德州局党建工作领导小组（德党〔2019〕12 号），德州局党建工作领导小组，人员组成如下。

组　长：李　勇

成　员：杨百成　陈永瑞　肖玉根　张　斌

党建工作领导小组办公室设在党委办公室，人员组成如下。

主　任：赵全洪

成　员：李　梅　李永春　黄明君

全年完成两个批次共 4 名预备党员（肖志强、范张衡、张彦英、刘岐）的发展工作，截至 2019 年 12 月 31 日，德州河务局共有党员 111 人，其中在职正式党员 67 人，预备党员 4 人。

3. 专项工作

深入开展集中整治形式主义、官僚主义工作。3 月 8 日，形成德州局党委形式主义、官僚主义存在问题清单（包括六方面16条）；4月8日，制定德州局党委形式主义、官僚主义存在问题整改方案；9月2日，形成整改落实情况报告。

继续开展不作为、不担当问题专项治理行动，每月提交问题统计台账，并归档至专项工作档案。

（鲁晓莹）

【“不忘初心、牢记使命”主题教育】

在全局党员中深入开展“不忘初心、牢记使命”主题教育，每周向漳卫南局主题教育第三指导组报送主题教育工作周报，在工作中形成“不忘初心、牢记使命”主题教育档案，档案包括“筹备动员”“专题研讨”“专项活动”“调研报告”“党委书记讲党课”“支部书记讲党课”“检视整改”“领导关怀”“主题教育周报”共9册。

1. 筹备动员

9月21日，印发主题教育实施方案（德党〔2019〕18号），成立德州局党委主题教育领导小组及办公室，并成立两个指导组负责德州局机关两个党支部和6个基层水管单位党支部主题教育指导。

德州局党委“不忘初心、牢记使命”主题教育领导小组人员如下。

组　长：李　勇

副组长：杨百成　陈永瑞　肖玉根　张　斌　王金功

成　员：赵全洪　杜　军　崔莹莹　李　梅

德州局党委“不忘初心、牢记使命”主题教育领导小组办公室人员如下。

主　任：张　斌

副主任：赵全洪

成　员：李永春　黄明君　商荣强　郭玉雷　鲁晓莹

9月24日，召开德州局“不忘初心、牢记使命”主题教育动员会，党委书记李勇作动员讲话，漳卫南局主题教育第三指导组组长、人事处处长张军出席会议并作指导讲话。

2. 学习教育

（1）专题研讨。9月25日至10月12日，进行10次专题研讨，11月7—20日再进行3次跟进研讨，漳卫南局第三指导组组长张军于10月10日下午莅临德州局指导第7次专题研讨。

（2）多样学习。9月25日，组织党员观看红色教育影片《焦裕禄》；9月30日，组织全体干部职工参加“迎国庆，忆初心”升国旗仪式；10月12日，组织党员观看廉政电影《我的爸爸》；10月16日，组织党员赴冀鲁边区革命纪念园接受革命传统教育。10月11日，开展“不忘初心、牢记使命”主题教育主题党日活动暨学习成果交流会，党员干部交流学习教育成果。10月25日，开展“讲初心、守纪律、勇担当、树形象”主题党日活动，漳卫南局主题教育第三指导组出席指导。

（3）专题党课。10月21—30日，开展讲党课活动。10月25日，党委书记、局长李勇讲授了题为“践行初心和使命，在促进水利事业发展中提素质树形象”的主题教育专题党课；其他4名党委委员、副局长分别为分管部门和联系单位党员干部讲授主题教育专题党课。各支部书记为本支部党员讲授专题党课。

3. 工作指导

(1) 领导关怀。10 月 14 日，漳卫南局党委书记、局长张永明莅临武城河务局调研指导主题教育工作，张永明一行查阅了党建资料，听取了武城局主题教育工作汇报，与武城局党员进行了交流座谈，并提出宝贵指导意见。

(2) 内部督导。9 月 24 日，德州局主题教育领导小组办公室主任、副局长张斌赴宁津河务局、庆云河务局指导工作。

9 月 26 日，德州局开展主题教育指导工作交流会，为德州局两个主题教育指导组开展指导工作理清工作思路、部署工作重点。

10 月 8—9 日，德州局第二指导组赴宁津河务局、乐陵河务局、庆云河务局指导工作。

10 月 10 日，德州局第一指导组赴夏津河务局、武城河务局、德城河务局指导工作。

10 月 16 日，党委书记、局长李勇赴乐陵河务局、庆云河务局指导工作。

10 月 31 日，德州局两个指导组分赴基层水管单位指导主题教育开展工作。

4. 志愿服务

10 月 21—25 日，开展"助力创城党旗红"主题志愿活动，每天安排两名党员前往德州局创城结对单位德城区图书馆进行志愿服务；11 月 11 日，开展"党旗传递书香情"图书捐赠活动，德州局党员向德城区图书馆捐赠各类书籍 150 余本。

5. 调研工作

10 月 30 日，召开主题教育调研成果交流会，党委班子成员依次汇报调研成果并进行交流，漳卫南局主题教育第三指导组出席指导。

6. 检视整改

10 月 29 日，召开主题教育找差距专题会议，党委班子成员对照主题教育要求逐一检视自身差距不足，剖析原因，提出整改措施。局党委对照要求查摆 6 个方面的问题共 16 条，并形成整改方案，认真整改落实。11 月上旬，在德州局全体党员中开展自我检视，并形成个人问题检视清单；当月，向各部门（单位）征求德州局党委"不忘初心、牢记使命"主题教育专题民主生活会意见，合计收到机关各部门、各水管单位意见建议 26 条，经分类汇总意见建议 10 条。12 月 17 日，按照开好"不忘初心、牢记使命"主题教育专题民主生活会的有关要求，局党委深刻把握主题要求，在前期认真开展学习研讨、调查研究、检视反思、谈心谈话、征求意见基础上，按照"六个对照""三个摆进去""五个重点查找"的要求，认真组织召开专题民主生活会，盘点主题教育成果成效，查摆问题不足，深入开展批评与自我批评。

（鲁晓莹）

【廉政建设】

年初，制定党风廉政建设和反腐败工作实施方案，明确重点任务，分解廉政责任，并以签订目标责任书、廉政承诺书为手段，落实责任主体。年中各个节日前印发关于加强节日期间作风建设的通知。

8月21日，成立德州局党风廉政建设领导小组（德党〔2019〕13号），人员组成如下。

组　长：李　勇

成　员：杨百成　陈永瑞　肖玉根　张　斌

领导小组下设办公室，办公室设在人事（监审）科，主任由李梅兼任，办公室成员为赵全洪、李永春、黄明君。

8月22日，印发廉政警示教育活动方案，按照方案，8月23日召开了2019年廉政警示教育活动大会，观看警示教育片，通报典型案件，对警示教育工作进行部署。9月6日，组织党员干部赴德州市廉政教育基地学习；9月16日，邀请海委监察局一室主任李伯讲授廉政辅导党课。

多次采取“四不两直”形式，开展维修养护管理、全面从严治党、资金效益评价等方面的督查工作，通过察勘现场、查阅资料、交流座谈等形式，分析工作形势，指出问题不足，明确整改要求，及时把问题消除在萌芽状态，推动主体责任得到有效落实。

（鲁晓莹）

【内部审计】

认真贯彻落实漳卫南局对审计工作的部署要求，开展对武城局局长任期经济责任审计，履行审计监督职责，发挥了内审的监督、服务作用，加强单位内控管理，防范风险，强化了审计的免疫功能。

（鲁晓莹）

【精神文明建设和工会工作】

继续开展文明交通志愿服务，并与德城区文化馆组成创城结对单位，组织志愿者前往德城区图书馆开展志愿服务。9月17日，局长李勇在办公室负责人陪同下到德城区图书馆和文化馆，与相关人员开展创建座谈工作。

3月8日，举办女职工跳绳比赛；4月上旬，举办“春到漳卫河”摄影比赛；4月30日，为纪念“五四”运动100周年，组织青年职工开展“传承‘五四’精神、放飞青春梦想”主题活动；7月10日，在党员中开展“我的初心”学习教育；7月19日，召开德州局文明创建工作会议，部署下半年文明创建工作；9月5日，组织35岁以下青年职工参加青年座谈会，局领导出席座谈会并与青年职工交流座谈；9月27日，举办“迎国庆”趣味运动会；9月29日，德州局16名职工参加漳卫南局庆祝新中国成立70周年红歌展演；12月31日，举办“迎元旦”趣味运动会。

在春节、重阳节、建党节、国庆节前后开展离退休职工慰问、困难职工慰问、离退休党员慰问工作。

全年及时向德州市文明单位管理平台上传文明创建工作资料，德州河务局继续保持“山东省文明单位”称号。

（鲁晓莹）

【综合管理】

2019年起，组织全体干部职工参加“学习强国”APP学习。

3月18—29日，漳卫南局党委第二轮巡察第二巡察组对德州局开展巡察工作，提出6个方面21项反馈意见。

4月，创建德州河务局微信公众号，截至2019年年底，共在公众号推出31期作品宣传德州局工作动态。全年印发德州局内部工作信息48期。自9月开始，承办德州市“12345”市民热线处理工作，截至2019年年底，共处理热线问题100余起。

（鲁晓莹）

【经济工作】

年初向各水管单位下达创收指标，持续开展规范合同管理和欠款清理工作，对堤防树木的采伐更新一律采取公开、透明的竞标拍卖形式进行，对武城局、德城局、宁津局专项段树木进行更新。

（鲁晓莹）

沧州河务局

【工程管理和维修养护】

1. 堤防工程维修养护

1月11日，印发《沧州局关于表彰2018年度工程管理先进单位的决定》（沧工〔2019〕4号），授予东光河务局、南皮河务局“2018年度工程管理先进单位”荣誉称号。1月22日，漳卫南局印发《漳卫南局关于表彰2018年度工程管理先进单位的通报》（漳建管〔2019〕1号），东光河务局被授予“2018年度工程管理先进水管单位”荣誉称号。在2019年漳卫南局第十六届水利经济暨工程管理学术交流中，沧州河务局（以下简称“沧州局”）李肖洁的《基层单位财政预算支付进度的难点与对策分析》、纪倩倩的《利用Excel表格实现档案管理信息化建设——以盐山河务局档案管理信息化为例》、范福林的《基层水政执法现状的思考》，获得优秀论文。

1月14日，印发《沧州局关于2019年水利工程维修养护技术实施方案的请示》（沧工〔2019〕6号）。

全年堤坡整修土方71975m^3，戗台养护131.79万m^2，草皮养护510.73万m^2。9—10月，梳理堤防工程短板，采用干砌砖修复损坏严重硬化路面4200余平方米。

2. 堤防绿化

3月，制定绿化计划，明确树木品种、种植位置、数量和标准，全面展开绿化工作。全年共完成堤防绿化长度25km，种植行道林、护堤林6.7万余株，同时种植金叶榆、紫叶李、海棠等景观树木3070余棵，美化堤防1000余米。

3. 维修养护招标

所有基层单位的维修养护工程全面引入竞争机制，实施招投标。采用委托招标的形式，招标代理机构为河北华创工程项目管理有限公司。

1月29日，在沧州市公共资源交易中心网站、中国政府采购网、中国招标投标公共服务平台、海河水利网等媒介上发布了《2019年度沧州河务局水利工程维修养护招标公告》。1月29日至2月2日，发售招标文件。

2月21日，2019年度沧州局水利工程维修养护项目开标工作在沧州市公共资源交易中心公开进行，经评标委员会评选，推荐项目第一中标候选人为沧州市沧盛水利工程有限公司。沧州局对开标工作进行全过程现场监督，开标过程没有发生异议。2月25—27日，按规定对评标结果进行公示。公示期没有发生异议。

2月28日，沧州局向沧州市沧盛水利工程有限公司发出了中标通知书。3月1日，沧州局所属各单位与中标单位签订维修养护施工合同，标志着沧州局维修养护招投标工作顺利完成。

4. 东光局海委示范管理单位复核

相关人员多次召开东光局海委示范单位复核准备工作专题会议，部署阶段性工作和任务。

3月，对照工程考核标准，对东光局组织、安全、运行和经济的各项工作逐条梳理，汇总东光局在内部管理、堤防绿化、堤顶路面维修、边界埂修复、草皮养护等方面存在的问题，研究谋划补短板的措施和方法，制定切实可行的整改方案和计划，明确时间，挂图作战，推进各项准备工作有序、有效开展。

8月20日，组织开展东光局海委级水管单位堤防工程管理考核，形成水利工程管理单位考核报告和堤防工程管理考核自检报告（沧工〔2019〕63号），上报漳卫南局。

12月22—23日，海委组织复核专家组查看了东光河务局堤防和机关建设，听取了工作汇报，查阅了工程管理等资料，就有关问题进行了询问。最终，东光河务局以906.8分的成绩顺利通过海委工程管理示范单位复核验收。

（柴广慧）

【防汛工作】

1. 检查备汛

3月中旬至4月上旬，沧州局对所辖堤防、河道等工程设施以及非工程措施进行检查，梳理、分析、统计堤防工程存在的可能影响安全行洪的河口淤积、阻水障碍等关键问题，提出处理意见和建议，建档备案。4月8日，根据检查情况编写完成《汛前检查报告》，上报漳卫南局和沧州市防指。

2. 预案编制

结合漳卫新河实际情况，征求沧州市防指意见，修订形成2019年防洪预案。6月10日，沧州市防汛抗旱指挥部发布《关于印发漳卫新河防洪预案的通知》（沧汛办字〔2019〕1号）。

3. 落实责任

6月1日至9月15日，严格落实领导带班和24小时防汛值班制度。汛期无脱岗现象。6月11日，调整水旱灾害防御组织机构，成立水旱灾害防御工作领导小组，落实局领导分工负责制，明确机关各部门职责任务及水情工情组、后勤保障组、宣传报道组、物资保障组的职能。

4. 防汛会议和培训

6 月 13 日，召开 2019 年水旱灾害防御工作会议，传达水利部、海委、漳卫南局水旱灾害防御工作会议精神和要求，分析 2019 年海河流域汛期防汛抗旱形势，对全局 2019 年水旱灾害防御工作进行部署。局属各单位就前阶段水旱灾害防御工作准备情况、存在问题和下一阶段的工作安排进行汇报。

6 月 13 日，组织开展抢险技术知识培训，学习堤防险情抢护、险工护岸险情抢护等内容，认识各种险情的特点，掌握相应的抢护方法，提高指挥抢险决策水平和堤防险情应急处置能力。

5. 加强与地方防指的联系沟通

汛前，督促落实地方各项防汛责任制，签订地方行政领导包险工险段、涵闸（管）责任书，督促地方政府落实群企号料工作。

3 月，各基层单位联合地方防指开展汛前检查。7—8 月，按照沧州市防汛抗旱指挥部统一安排，参加对盐山县、海兴县防汛工作的督导，编写完成防汛督查情况报告，将督查中发现的问题及督导防汛措施落实情况上报沧州市防汛抗旱指挥部。

6. 积极应对“利奇马”台风

8 月 10—13 日，受第 9 号台风“利奇马”持续影响，沧州局所属范围出现大到暴雨，局部大暴雨。

8 月 10 日 17 时 30 分，沧州局启动Ⅲ级应急响应应对台风“利奇马”，制发明传电报《关于做好防汛工作的紧急通知》（沧汛字〔2019〕1 号），要求严格落实汛期防汛值班和领导带班制度，单位主要负责人坚守岗位，相关责任人 24 小时联络畅通；密切关注流域内水情、雨情，实时掌握汛情动态；加强堤防工程巡查，严密监控险工险段、穿堤涵闸、在建工程等各安全隐患点，掌控工程状况，及时统计上报雨毁灾情。8 月 12—13 日，开展防汛会商，研判汛情，探讨应对措施；主要负责人深入基层督导防汛，做好迎接台风“利奇马”的准备工作。

7. 雨毁修复工程

9 月，组织汛期雨毁情况现场调查，编制完成雨毁工程报告，上报漳卫南局。11 月，编制《漳卫南运河 2019 年特大防汛补助费项目实施方案》。11 月 28 日，雨毁修复工程全线开工。12 月 20 日，历时 50 天，雨毁修复工程全部完工。本项目共投资 66 万元，完成堤防水沟、浪窝土方 1338m^3，堤顶土路面整修土方 4633m^3；泥结石路面整修 700m^3，折合 4667m^2；沥青混凝土路面浆砌砖修补 3528.6m^2；围墙翻修 87m。12 月 20 日，进行单位工程验收，验收结果合格。

8. 市级应急度汛项目

防汛检查中发现漳卫新河堤防存在多处獾洞，对安全防汛造成巨大的威胁。4 月 28 日，沧州局以《沧州河务局关于应急度汛经费的请示》（沧工〔2019〕27 号），向沧州市水务局申请应急度汛经费 43.97 万元。5 月 24 日，沧州市财政局、水务局《关于下达 2019 年度市级应急度汛补助资金的通知》（沧市财农字〔2019〕66 号）对应急度汛项目经费进行批复。6 月 11 日，沧州局以《沧州局关于 2019 年度市级应急度汛项目实施方案的请示》（沧工〔2019〕35 号），将《2019 年度市级应急度汛项目实施方案》报送沧州市水务局审批。6 月 24 日，沧州市水务局《关于 2019 年度市级应急度汛项目实施方案的批复》（沧水防字〔2019〕7 号）对本项目施工方案进行批复。9 月 18 日，通过招投标确定施工单位。10 月 3 日工程开工。11 月 2 日，历时 31 天，完成吴桥、南皮、盐山、海兴堤段 4 处獾洞隐患的开挖回填处理。

（柴广慧）

【水政水资源管理】

1. 水法宣传

3 月 6 日，印发《沧州局关于组织开展 2019 年“世界水日”“中国水周”宣传活动的通知》（沧水政〔2019〕14 号），部署 2019 年“世界水日”“中国水周”宣传活动。

3 月 22—28 日，围绕宣传主题开展宣传活动。在办公楼前设立宣传点，通过悬挂横幅、向广大市民发放宣传资料，开展水法律法规知识咨询，宣传节约用水的相关知识；制作“水是生命之源”“坚持节水优先”“强化水资源管理”三块宣传展板；组织机关人员学习张永明局长在漳卫南运河信息网、漳卫南运河微信公众号登载纪念“世界水日”“中国水周”署名文章；组织青年职工积极参加漳卫南局组织的“践行新思路、落实新要求”青年论坛；在沿河重要路口和人口集中的集镇散发沧州河务局致沿河村民的一封信。

8 月 5 日，制定印发《沧州局 2019 年水利普法依法治理工作计划》（沧水政〔2019〕55 号），安排部署年度普法依法治理工作。8 月 30 日，制定印发《沧州局实行“谁执法谁普法”普法责任制工作计划》（沧水政〔2019〕64 号），推进普法工作融入到依法治水管水工作的各环节和全过程，切实做到“谁执法谁普法”。

12 月 4 日，组织“宪法宣传周”系列宣传活动，悬挂宪法宣传活动条幅 8 条，发放宣传手册 1000 余册，组织职工参加海委举办的“宪法宣传周”法律知识竞赛活动，制作纪念“12·4”宪法日活动展牌。

2. 水政执法

6 月，落实法律顾问，聘请河北省铭鉴律师事务所的律师担任漳卫南局法律顾问。

3. 水政队伍建设

5 月 23—24 日，在海兴举办 2019 年水行政培训班，沧州局及所属单位全体水政执法人员共计 20 余人参加培训，系统学习防洪法、河道管理条例、行政许可事项监管和河长制文件解读等内容，参观海兴县砂场虾池拆除现场，对水资源、河道清障等典型案例进行讨论，交流执法办案经验。

7 月 1 日，组织水政人员参加沧州市政府法制办举办的执法证换证年检网络培训和考试，完成了新增水政人员的统计上报工作。

4. 规范执法行为

6 月 12 日，修订印发《沧州河务局预防和处置突发水事案件应急预案》（沧水政〔2019〕36 号）、《沧州河务局应对突发水污染事件应急预案》（沧水政〔2019〕37 号）、《沧州河务局协调、处置和消除突发水事纠纷现场处置方案》（沧水政〔2019〕38 号）。

8 月 6 日，整理印发《水行政执法工作手册》《全面推行河长制文件汇编及工作手册》

《七五普法法律汇编》三本实用性手册。

5. 河长制工作

依托河长制积极开展“清四乱”工作，全年共清理违建房屋、蔬菜大棚 15694m^2，船厂 4 处，虾池 100 余公顷，线杆 13 根，堆放的碍洪渣土 18400m^2。同时，对多处堤防生活垃圾进行了清理。

4 月 15 日，召开沧州局“清四乱”推进会，加强与各级政府、河长的沟通联系，深化流域管理和属地管理的对接，依托河长制积极开展“清四乱”工作。

8 月 1—2 日，深入基层开展“清四乱”专项督导，现场查看“清四乱”工作开展情况，梳理未销号“四乱”，形成问题清单。

9 月 11 日，召开水政工作年中总结暨“清四乱”工作推进座谈会，分析当前水政工作面临的新形势、新问题，明确当前和今后一段时期“清四乱”工作的基本思路，各单位对存在的“清四乱”问题分类与河长办沟通，对“清四乱”问题清单中未销号问题再沟通确认，利用两个多月的时间全面完成“清四乱”工作。防止已清除的“四乱”死灰复燃，出现反弹。

11 月 14 日，沧州市水务局，海兴县政府、水务局，沧州局联合召开拆除漳卫新河海兴段河道内违建船厂座谈会，就漳卫新河海兴段河道内违建船厂拆除工作相关事宜达成共识，海兴县政府作为“清四乱”拆除违建船厂的责任主体，严格按照“清四乱”专项行动的销号标准，加快漳卫新河海兴段河道内 4 处违建船厂的拆除工作，沧州局积极配合相关工作，确保在 11 月 20 日前顺利完成拆除和销号工作。沧州局向市水务局提交漳卫新河“清四乱”问题整治情况表，请市水务局关注漳卫新河“清四乱”工作进展，督促沿河河长办推进“清四乱”工作。

12 月 1—3 日，组织沧州局及各基层单位 20 名水政人员开展河长制现场推进工作，现场查看 5 个基层局的河道堤防，交流河长制工作经验，针对各基层局“清四乱”遗留问题研究讨论下一步措施。

6. 漳卫新河河口管理

11 月 29 日，在沧州市海兴县主持召开由漳卫南局水政处、河湖处、综合事业处，漳卫新河两岸海兴、无棣县政府、水务局及沿河乡镇，沧州河务局、水闸管理局相关领导及水政人员 20 余人参加的第四次漳卫新河河口联席会议，介绍了漳卫新河河口治理进展情况，对河口管理工作达成共识，一是加大宣传，营造河口管理法制意识；二是加强河长制后期管理维护工作，防止“四乱”死灰复燃；三是规范河口开发利用，向有序开发转变；四是加强流域机构与地方政府及相关单位沟通联系，形成合力，共建幸福漳卫新河。

7. 视频监控系统建设

沧州局水行政执法视频监控系统建设项目为漳卫南运河管理局水政监察基础设施建设（二期）项目，主要建设内容包括沧州局 1 个区域中心（沧州局）、5 个用户端（吴桥、东光、南皮、盐山、海兴局），49 个前端固定信息采集点以及相应传输系统。

沧州局积极配合做好漳卫新河（河北段）水政执法视频监控安装基础工作。11 月 19—21 日，参加了由建设单位、施工单位、运行管理单位、监理单位对 49 个前端固定信息采集点的调试测量。12 月 14 日，参加了沧州局水政执法视频监控系统建设单位工程验收会。

8. 涉河建设项目管理

2019 年，加大在建涉河建设项目的监督管理力度，做好黄大铁路的监督管理工作，汛期加密检查监督。6 月，督促黄大铁路项目做好防汛预案工作；7 月，要求黄大铁路项目拆除了河槽内围堰。11 月 7—8 日，沧州局组成验收组对京沪高速跨漳卫新河特大桥防护工程进行验收，验收结果为优秀。

9. 水资源管理

加强取水口工程改、扩建等问题的日常监督管理，每月对各取水口取水量进行统计上报，加强取水口巡查，建立重点取水口计量设施巡查维护台账。

（柴广慧）

【经济工作】

1. 财经制度

1 月 2 日，制定印发《沧州河务局合同管理制度》（沧财〔2019〕1 号）。10 月 12 日，制定出台《沧州局经济创收考核暂行办法》（沧财〔2019〕80 号）。

2. 预算工作

5 月 21 日，漳卫南局印发《漳卫南局关于批复 2019 年预算的通知》（漳财务〔2019〕20 号），批复沧州局 2019 年预算，核定沧州局 2019 年总收入 2569.35 万元，总支出 2569.35 万元，其中基本支出 1723.24 万元，项目支出 846.11 万元。核定沧州局 2019 年一般公共预算拨款收入 1856.64 万元，支出 1856.64 万元，其中基本支出 1010.53 万元（含人员经费 905.1 万元，公用经费 105.43 万元），项目支出 846.11 万元。核定沧州局 2019 年一般公共预算安排的“三公”经费预算 23.08 万元。

12 月 9 日，漳卫南局印发《漳卫南局关于调整 2019 年预算的通知》（漳财务〔2019〕38 号），根据《海委关于调整 2019 年预算的通知》，追加沧州局 2019 年项目支出预算 66 万元，防洪工程雨毁修复 66 万元。

3. 决算工作

8 月 27 日，漳卫南局印发《漳卫南局关于批复 2018 年部门决算的通知》（漳财务〔2019〕29 号），批复漳卫南局 2018 年决算数据：收入 29669595.82 元（财政拨款收入 21885500 元，上级补助收入 1400000 元，事业收入 4452495 元，其他收入 1931600.82 元），支出 29669595.82 元（基本支出 15034287.22 元，项目支出 14635308.6 元）。

4. 资产清查工作

1 月 25 日，印发《沧州局关于资产处置的请示》（沧财〔2019〕10 号），提交漳卫南局。7 月 9 日，漳卫南局印发《漳卫南局关于局属单位固定资产报废的批复》（漳财务〔2019〕22 号），批复沧州局处置报废资产 86328 元。

10 月 28 日，漳卫南局印发《漳卫南局关于局属单位固定资产报废的批复》（漳财务〔2019〕32 号），对 2018 年 11 月 16 日《沧州局关于固定资产报废的请示》（沧财〔2018〕87 号）进行批复，批复漳卫南局处置报废资产约 33802.88 元。

5. 经济创收

春冬两季共完成树木更新 12.5km，收益达 20 万元。12 月，重新签定 16 份绿化承包合同，提高分成比例，整合土地资源，实行规模化承包。闲置资产实行统一管理，全年共签订资产租赁合同 8 份，出租收入达到 10 万元。

（柴广慧）

【人事管理】

1. 机构设置与调整

（1）4 月 9 日，成立 2019 年廉政教育领导小组（沧党〔2019〕5 号）。

组　长：陈俊祥

成　员：刘维艳　齐　军　张　勇　林立新　刘艳海　张广霞　王　刚　乔庆明　崔金峰

领导小组下设办公室，办公室设在人事（监察审计）科，主要负责廉政教育活动的协调和推进。此领导小组为临时机构，活动结束自行撤销。

（2）6 月 11 日，调整 2019 年水旱灾害防御组织机构（沧工〔2019〕34 号）。

1）局水旱灾害防御工作领导小组。

组　长：饶先进

副组长：刘铁民　陈俊祥　刘　洋

成　员：刘艳海　齐　军　刘维艳　张　勇　林立新　张广霞　王　刚　乔庆明

2）职能组。

①水情工情组。

组　长：刘艳海

副组长：张　勇

成　员：工管科和水政科人员

②后勤保障组。

组　长：乔庆明

副组长：王　刚

成　员：后勤服务中心和综合事业科人员

③宣传报道组。

组　长：齐　军

副组长：刘维艳

成　员：办公室和人事科人员

④物资保障组。

组　长：林立新

副组长：张广霞

成　员：财务科和工会人员

（3）6 月 12 日，成立沧州局预防和处置突发水事案件工作领导小组（沧水政〔2019〕36 号）。

组　长：饶先进

副组长：陈俊祥

成　员：齐　军　刘维艳　林立新　刘艳海　张　勇　张广霞　王　刚　乔庆明
王　健　姜天钊　王丙会　孙世军　王　德

(4) 6月12日，成立沧州局应对突发水污染事件工作领导小组（沧水政〔2019〕37号）。

组　长：饶先进

副组长：陈俊祥

成　员：齐　军　刘维艳　林立新　刘艳海　张　勇　张广霞　王　刚　乔庆明
王　健　姜天钊　王丙会　孙世军　王　德

(5) 6月12日，成立沧州局水事纠纷调处领导小组（沧水政〔2019〕38号）。

组　长：饶先进

副组长：陈俊祥

成　员：齐　军　刘维艳　林立新　刘艳海　张　勇　张广霞　王　刚　乔庆明
王　健　姜天钊　王丙会　孙世军　王　德

(6) 11月28日，成立2019年特大防汛补助经费项目办公室（沧工〔2019〕89号）。

特大防汛补助经费项目办公室主任由陈俊祥担任，下设综合、技术质检、财务3个小组，组成及职责如下。

1) 综合组。

成　员：王　健　王宝军　王丙会　孙世军　王　德

负责本单位项目质量的管理、综合协调等工作。

2) 技术质检组。

成　员：刘艳海　张轶天　王　莹

负责项目质量监督检查、资料的汇编等工作。

3) 财务组。

成　员：林立新　崔金峰

负责项目资金管理及审计。

(7) 12月20日，《漳卫南局办公室关于印发〈德州水电集团公司管理体制调整工作方案〉的通知》（办综〔2019〕6号），沧盛水利工程有限公司与德州水电集团公司剥离，归属为沧州局下属单位。

2. 人事任免

(1) 7月10日，任命范福林为东光河务局一级科员（沧人〔2019〕51号），任命董传奇为盐山河务局一级科员（沧人〔2019〕52号）。

(2) 自11月起，经局党委研究决定，王宝军主持东光局工作。

(3) 11月26日，漳卫南局下发《漳卫南局关于张同信、饶先进职务任免的通知》（漳人事〔2019〕62号），漳卫南局党委2019年10月30日研究决定，任命张同信为沧州河务局局长、一级调研员，免去饶先进的沧州河务局局长职务。

3. 职级并行

(1) 6月底，完成科级及以下26名非领导职务人员职级套转（沧任〔2019〕57号、沧任〔2019〕58号、沧任〔2019〕59号、沧任〔2019〕60号、沧任〔2019〕61号、沧任

〔2019〕62号），2名享受原职级并行人员套转为四级调研员（漳任〔2019〕12号）。

（2）8月，职级首次晋升。完成33名一至四级主任科员职级晋升（沧任〔2019〕65号、沧任〔2019〕66号、沧任〔2019〕67号、沧任〔2019〕68号、沧任〔2019〕69号、沧任〔2019〕70号）。3名副处级干部晋升三级调研员，2名享受原职级并行人员晋升三级调研员（漳任〔2019〕34号）。

（3）12月，职级二次晋升。完成2人晋升二级调研员（漳任〔2019〕10号）、3人晋升三级调研员（漳任〔2019〕65号）、2人晋升二级主任科员（沧任〔2020〕8号、沧任〔2020〕9号）。

4. 人员变动

（1）6月底，吴桥局参公人员闫立娟到达法定退休年龄退休（沧人〔2019〕47号）。

（2）7月，在职人员新增3人，新招录参公人员吴桥局曹吉霖、南皮局刘莹莹，新聘用事业人员海兴局王虹锦。

（3）9月，南皮局陈哲调往漳卫南局。

（4）10月底，东光局事业人员董良才到达法定退休年龄退休（沧人〔2019〕78号）。

（5）12月底，参公人员刘铁民到达法定退休年龄退休（漳任〔2020〕11号），沧州局党委研究决定，退休后继续驻村扶贫。

截至2019年12月底，沧州局在职职工62人，其中：参公人员45人，事业人员17人。离退休人员50人，其中：离休人员1人，退休人员49人。

5. 职称评定

（1）7月，南皮局事业人员李超取得助理工程师任职资格，经研究决定聘为专业技术类十二级（沧人〔2019〕54号）。盐山局事业人员郭庆凯取得技术员任职资格，经研究决定聘为专业技术类十三级（沧人〔2019〕53号）。

（2）12月，根据漳卫南局人事处岗位设置情况和沧州局职工职称情况，聘任霍伟为专业技术类九级；高洁取得经济师资格，聘任为专业技术类十级（沧人〔2019〕109号）。

6. 干部交流

（1）参公人员海兴局邹立微借调到人事科，东光局赵明借调到财务科，南皮局王宝军借调到东光局。

（2）事业人员综合事业中心李鹏飞、海兴局张海波借调到无棣局，后勤中心王培借调到办公室，综合事业中心高洁借调到工管科。

（3）11月起，东光局姜天钊借调到海委河湖管理处水域岸线科挂职交流一年（办人事〔2019〕27号）。

7. 表彰奖励

（1）1月18日，印发《沧州局关于表彰2018年度优秀职工和先进个人的决定》（沧人〔2019〕9号），表彰如下：齐军、杜晓娜、崔金峰、纪化珍、姜天钊、吕双强、纪情情、王刚、乔庆明2018年度考核确定为优秀等次，予以嘉奖；张勇、林立新、田文秀、张广霞、王健、王丙会、齐勇、魏浩等授予2018年度“先进个人”荣誉称号。

（2）5月22日，漳卫南局印发《漳卫南局关于公布局属单位、德州水电集团公司2018年度处级考核优秀结果的通知》（漳人事〔2019〕15号），饶先进年度考核确定为优秀等次，根据《公务员奖励规定（试行）》，嘉奖一次。

8. 社会保险工作

（1）12月，沧州局机关养老保险核心业务启动。退休职工在河北省社会保险事业管理局办理首发待遇，2020年1月起退休人员的退休金将由社保发放统筹内工资。合同制退休职工6人暂在山东省社保参保。

（2）截至12月，沧州局参加医疗保险人数110人，其中在职62人、退休50人。

（3）每月按时足额缴纳沧州局在职职工工伤保险。

9. 职工培训

全年举办廉政警示教育、新河职工讲堂——弘扬新时代水利精神、水政执法、防汛抢险、安全生产知识、职工健康辅导、公文材料相关知识、消防知识等各类专题业务培训班13个，培训400余人次。

10. 地方财政补助

（1）7月，向沧州市财政局申请沧州局2018年度精神文明创建奖经费补助105.2万元（沧人〔2019〕48号），沧州市财政局拨付2018年度精神文明奖和一次性生活补助105.2万元。

（2）10月，向漳卫南局申请参照驻地政策执行精神文明创建奖和目标绩效考核奖（沧人〔2019〕81号）。

（3）11月，向沧州市直机关目标绩效管理领导小组申请目标绩效管理奖164.1万元（沧人〔2019〕93号）；12月，沧州市财政局拨付目标绩效管理奖和一次性生活补助82.05万元（沧市财预〔2019〕157号）。

（柴广慧）

【安全生产】

1. 表彰先进

1月17日，印发《沧州局关于表彰2018年度安全生产先进单位（部门）和个人的决定》（沧工〔2019〕8号），授予东光河务局、盐山河务局“2018年度安全生产先进单位”荣誉称号；授予办公室、后勤服务中心“2018年度安全生产先进部门”荣誉称号；授予田文秀、霍伟、纪情情、范福林“2018年度安全生产先进个人”荣誉称号。

2. 安全生产会议

3月8日，组织召开2019年安全生产工作会议，传达漳卫南局2019年安全生产工作会议精神，总结2018年安全生产工作，安排部署2019年安全生产工作目标任务，对全年安全生产工作提出具体要求。

3. 安全生产检查

认真开展安全生产检查和隐患排查，对安全生产重点和隐患建立台账，实现整改措施、资金、期限、责任人和应急预案的“五落实”。采取有效措施加强安全隐患和风险管控，筹措资金安装护栏对沧州局机关办公楼玻璃幕墙进行防护，通过雨毁修复项目的实施对海兴局倾斜围墙进行翻修。

4. 安全生产月活动

6月，组织观看安全事故案例警示教育片；在办公区张贴宣传画册；组织开展安全知识培训及安全保卫演练；组织参加全国水利安全知识网络答题活动；在全局范围内开展安全大检查。

5. 应急管理工作

6月，完善应急预案体系，修订、补充制定应急预案及现场处置方案4项。11月8日开展消防讲座及火灾疏散演练活动。

6. 安全生产标准化创建工作

2月，完成安全生产标准化自评，向水利部提交安全生产标准化达标评审申请；5月29—30日，水利部安全生产标准化核查组进行现场核查；6月5日，下达《水利安全生产标准化核查整改通知书》。

针对整改要求，沧州局召开专题会议研究探讨，制订整改计划和措施，明确责任部门和责任人，制定一系列安全生产制度，包括《沧州河务局安全风险管理制度》（沧工〔2019〕11号）、《沧州河务局安全生产事故应急预案》（沧工〔2019〕32号）、《沧州河务局消防安全事故现场处置方案》（沧工〔2019〕39号）、《沧州河务局车辆安全事故现场处置方案》（沧工〔2019〕40号）、《沧州河务局机关用电安全事故现场处置方案》（沧工〔2019〕41号）、《沧州河务局安全生产目标管理制度》（沧工〔2019〕42号）、《沧州河务局班组安全活动制度》（沧工〔2019〕43号）、《沧州河务局水利工程维修养护安全事故应急预案》（沧工〔2019〕44号）、《沧州河务局安全生产预警预报制度》（沧工〔2019〕45号）、《沧州河务局危险源管理制度》（沧工〔2019〕46号）等制度。6月18日，完成全部整改工作，向水利协会评审专家组提交整改报告。

经水利协会评审专家组核查，水利部于9月16日发布《水利部关于公布第六批水利安全生产标准化达标单位的公告》（水利部公告〔2019〕11号），沧州局晋升为水利安全生产标准化三级达标单位，并颁发证书和牌匾。

（柴广慧）

【综合管理】

1月14日，印发《沧州局关于表彰2018年度先进单位、先进集体的决定》（沧办〔2019〕5号），授予东光河务局、海兴河务局“沧州河务局2018年度先进单位”荣誉称号，授予人事科、办公室“沧州河务局2018年度先进集体”荣誉称号。

2月27日，沧州局组织召开2019年工作会议，总结2018年各项工作，部署安排2019年重点任务。年内，制定并印发多项规章制度，2月14日，制定印发《沧州局工作调研制度》（沧办〔2019〕13号）；10月18日，印发《沧州局督办工作实施办法》（沧办〔2019〕81号），不断提高规范化管理水平；10月15日，修订印发《沧州局2019年目标管理指标体系》（沧办〔2019〕80号）。

宣传驻村帮扶的《走到哪里，哪里就是我们的家》和“清四乱”工作的《跨省联合行动，破解管理难题——漳卫新河河口“清四乱”工作实现新突破》分别于9月17日和12

月3日在《中国水利报》上刊发。

（柴广慧）

【党建工作】

1. “不忘初心、牢记使命”主题教育

9—12月，在全局深入开展“不忘初心、牢记使命”主题教育活动。制定实施方案；聚焦政治建设、担当作为、理想信念等专题，开展了14次集中学习研讨；班子成员深入基层调研，形成调研报告，召开调研成果交流会；党委班子成员讲党课、与分管部门和联系单位进行廉政约谈，引导党员和干部深刻检视反思，查摆自身问题，抓好整改落实。

9月24日，印发《中共沧州局党委关于印发〈沧州局党委“不忘初心、牢记使命”主题教育实施方案〉的通知》（沧党〔2019〕12号），召开“不忘初心、牢记使命”主题教育动员会。9月26日，组织观看红色教育影片《焦裕禄》。10月10日，邀请退休老干部举办局情局史专题讲座。10月14日，沧州局党委书记、局长饶先进讲授题为“守初心，担使命，在干事创业中实现人的全面发展”的主题教育专题党课。10月23日，组织全局党员干部参观马本斋纪念馆接受爱国主义教育。

2. 党员教育培训

制订理论中心组学习计划，按照计划完成党委中心组集中学习15期。落实领导班子成员讲党课，6月、8月、10月，沧州局领导班子成员分别主讲“守初心，担使命，在干事创业中实现人的全面发展”“不忘初心、牢记使命”“弘扬‘梁家河精神’”“党的建设”等主题党课。

组织党员干部参加上级单位调训的同时，开展集中培训、职工自学和网络培训。

3月起，组织党员干部参加“学习强国”平台内容的学习。6月27日，中共沧州市直工委印发《中共沧州市委市直机关工作委员会关于表彰“学习强国”平台推广使用工作先进单位和先进个人的决定》（沧直字〔2019〕30号），沧州局被授予市直机关“学习强国”平台推广使用工作先进单位；王培被授予市直机关“学习强国”平台推广使用工作先进个人。

3. 党内政治生活

3月14—19日，各党支部召开2018年度组织生活会和开展民主评议党员。各党支部对党员进行评议，全局34名在职党员均评议为合格及以上等次。

6月上旬，根据《中共沧州市委直属机关工作委员会关于做好2019年“一先两优”评选推荐工作的通知》（沧直字〔2019〕27号）要求，开展“一先两优”评选推荐活动。6月28日，中共沧州市直工委印发《中共沧州市委市直机关工作委员会关于表彰2019年度先进基层党组织、优秀共产党员、优秀党务工作者的决定》（沧直发〔2019〕4号），闫清华、齐军分别被授予优秀共产党员、优秀党务工作者的荣誉称号。

7月1日，举办党纪党规知识测试，庆“七一”讲党课，观看红色电影《建党伟业》，赴帮扶村海兴县张会亭乡小徐家村慰问生活困难党员。

12月20日，组织召开2019年度“不忘初心、牢记使命”主题教育民主生活会。

4. 百强党支部建设

4月起，开展沧州市直工委组织的“百强党支部”创建活动。对照百强支部申报条件查漏补缺，修订完善《沧州局党委工作规则（试行）》（沧党〔2019〕3号）、《沧州河务局“三重一大”议事规则实施办法（试行）》（沧党〔2019〕8号）多项规章制度；落实“三会一课”制度，设立党建资料室，与海兴局党支部建立结对帮扶机制。11月7日，沧州局机关党支部被沧州市直工委授予“百强党支部”称号（沧直发〔2019〕5号）。

（柴广慧）

【纪检监察和党风廉政建设工作】

1. 党风廉政建设工作部署

2月27日，召开党风廉政建设工作会议，对全年党风廉政建设和反腐败工作进行了安排部署。会后签订各层级的党风廉政责任书、承诺书。

4月，制定年度党风廉政建设责任“两个清单”；5月9日，制定印发《2019年沧州局党风廉政建设工作要点》（沧党〔2019〕6号）。

2. 廉政教育学习

4月，研究制定《2019年沧州局党风廉政建设教育培训计划》（沧党〔2019〕5号），继续推行“每月一学习、季度一考试、全年一报告”反腐倡廉教育常态化机制。2019年共开展4次警示教育，7次廉政学习培训。

8月，制定《沧州局集中开展廉政警示教育活动方案》（沧党〔2019〕9号），集中开展一系列廉政警示教育活动。8月，开展各单位（部门）自选命题、公开论述、共同讨论的“廉政大家谈”座谈会。8—9月，组织职工收看《时代楷模发布厅——余元君》《在警醒中奋进》《致命的决口——黄柏青违纪违法案件警示录》等教育片，通报近期水利系统被查处的违纪事件。10月，开展“青春有为、廉洁有我”青年演讲活动，沧州局全局12名青年职工参加。

3. 监督执纪工作

开展多层级廉政约谈6次42人次。“五一”、中秋节、“十一”和春节等重要时间节点做出廉政提醒，对车辆封存、食堂封闭及值班情况开展“四不两直”式检查，发现苗头及时提醒。11—12月，开展廉政风险防控专项检查。

（柴广慧）

【精神文明建设】

1. 和谐社会共创活动

3—4月，组织机关干部职工30余人参加为期两个月的文明交通志愿服务活动。4月，组织开展“捐出你一天的收入，奉献你的一份真情”为主题的“博爱一日捐”活动，全局干部职工共捐款2800元，及时送交沧州市红十字会；8月，组织8名适龄、身体健康的干部职工开展无偿献血活动，其中刘洋、崔金峰、刘艳海3名同志成功捐献。

2. 文明创建工作

开展文明创建。每周二下午定期开展女子合唱队歌唱红歌活动。4月25日，举办“青春心向党，建功新时代”纪念“五四”青年节主题朗诵活动，13名青年职工参加。“五一”“十一”等重要时间节点，组织职工开展插花、拔河比赛等形式多样的文体活动。参加了漳卫南局羽毛球比赛和第二届职工艺术节。12月，向沧州市精神文明建设委员会进行2018—2019年度沧州市级文明单位申报工作（沧办〔2019〕98号）。

3. 驻村扶贫工作

以处级干部刘铁民为队长的驻海兴县小徐村工作队在充分了解村情村貌的基础上，多措并举，精准扶贫。清理村外排水沟800m、田间排涝沟1860m，修路120m，同时协调民营企业家等有关人士为贫困户和70岁以上老人奉献爱心。3月18日，漳卫南运河沧州河务局驻海兴县小徐村工作队被沧州市精准扶贫驻村干部管理办公室评为优秀等次。刘铁民同志考核为优秀等次。

（柴广慧）

岳城水库管理局

【工程建设与管理】

对主体工程、启闭机、机电设备、附属设施、自动控制设施等工程进行维修维护。自筹经费对漳河桥桥墩保护、漳河测流断面整修、主坝坝脚排水系统疏通、防汛会商室电子屏等进行维护或更新改造。

加强科技创新及应用，将无人机低空航摄技术应用于岳城水库工程管理等领域。配合大坝安全鉴定项目实施单位开展工作，完成大坝现场安全检查报告、洪水标准及防洪安全评价报告、大坝渗流安全评价报告、工程质量评价报告、大坝结构安全评价报告和大坝抗震安全评价报告等。

（徐永彬）

【防汛抗旱】

3月、5月，组织开展汛前检查，对检查中发现的问题及时整改。重点对大坝、供配电设施、闸门及启闭设施、水雨情测报设施、防汛通信、工程安全监测设施及防汛物料、抢险物料、安全度汛措施等进行检查，对有关设施设备进行运行调试，发现问题及时处理，并上报汛前检查报告。5月，配合海委开展2019年漳卫河系防洪调度演练，完成岳城水库泄洪调度操作。6月1日，开始上汛，重点岗位实行24小时值班。严格执行领导带班值班制度，定期查岗，严肃汛期劳动纪律。协调联系邯郸、安阳两市分管岳城水库防汛工作的市级领导及有关单位，落实以行政首长负责制为核心的各项责任制，落实防洪预案、防汛物料、防汛抢险队伍，增加邯郸市应急局、邯郸市气象局、邯郸水文局为岳城水库防指成员。召开水旱灾害防御工作会议，修订完善《岳城水库防洪预案》。7月，进行2号小副坝非常措施应急演练。

（徐永彬）

【水政水资源管理】

在“世界水日”和“中国水周”期间，悬挂宣传条幅2条、张贴标语50余张、散发宣传材料500余份，并组织水政监察人员在水库库区开展入库排污口排查、岸线管理和水资源水量水质调研等专项巡查活动。

4 月 21 日，磁县发生 3.6 级地震后，当即督促库区周边采煤企业开展安全检查，及时掌握对水库工程的影响程度。同时，配合中国地质大学有关专家开展库区采煤监测系统的复测检验工作。

组织参加水法规培训；配合地方法制主管部门，搞好水政执法人员的年审等工作。规范水政资料管理，实行专人负责。认真开展水政监察人员考核，落实责任追究制度。

加大库区巡查频次，加强与磁县政府、磁县河长办的沟通协调，督促履行河长制属地管理主体责任。配合地方政府采取加强巡河、现场看管、阻断道路、断电等措施，综合治理库区非法采砂、取石等活动，公布举报联系方式，畅通社会监督渠道。2019 年共巡查 50 余次，联合地方政府执法检查 20 余次，现场查扣违法采砂机械 4 台，乱采滥挖现象得到基本控制。

组织开展岳城水库取水口调查，对取水许可每月至少检查一次。加强取水许可日常监督管理，督促邯郸、安阳两市办理取水许可延续和增加许可水量的论证审批工作。督促取水单位完善取水台账，严格核算水库水量，加强取水计量，准确填写统计报表上报漳卫南局。

完善水质化验室管理制度，强化技术业务培训。定期开展库区周边排污口调查、监督管理和监测，初步分析对水库水质的影响，翔实记录有关巡查信息，定期整理归档。

每月配合漳卫南局水保处开展水质日常监测一次，配合完成入库排污口水质水量监测工作，及时上报水质水量及水污染信息。协助漳卫南局水文处开展岳城水库水源地监测、入库排污监测、藻类监测、富营养化监测等。配合漳卫南局水文处、生态环保部海河流域环保监督站及龙网公司等管理运行单位，开展坝上和观台水质自动化监测站运行管理和维护工作。强化与邯郸市自来水公司、安阳市幸福渠管理处建立水质监测数据共享机制，加强各方数据的分析比对。

1 月 25 日，漳卫南局以《漳卫南局关于下达 2019 年部门预算控制数的通知》（漳财务〔2019〕5 号）对岳城局的 2019 年度中央直属水利工程确权划界项目（以下简称“确权划界项目”）进行了批复，建设资金为中央预算内投资，项目总投资 188.43 万元。项目的内容为：测量库区管理范围库水位 149.00m 以下、保护范围 149.00～159.18m、爬坡 100m 处；测量水库大坝工程管理范围和保护范围；标志牌制作安装 55 块，其中：岳城水库管理范围划界标示牌制作安装 25 块，保护范围划界标示牌制作安装 30 块；岳城水库管理范围划界界桩制作安装 510 根。

（徐永彬）

【供水工作】

由于降水偏少，自 2018 年 9 月 21 日，观台入库断流，2019 年 7 月 23 日水库处于死水位以下运行。2019 年共向邯郸、安阳两市供水 14659 万 m^3，收取水费 1457 万元。

（徐永彬）

【水文工作】

完成降水蒸发观测工作。制订“2019 年度岳城水库水文遥测系统运行管理和维护工作计划”。采用先进的流量测验仪器 ADCP 开展调水测验工作，及时提供流量、水量等监测数据。完成邯郸、安阳两市生态水网供水、小跃峰引水流量测验任务。完成水文资料的在站整编工作，全年资料质量达到整编规范要求，成果通过海委水文局的复审，符合国家刊印水文年鉴标准和要求。

（徐永彬）

【人事管理】

4 月 28 日，印发《职工考勤和请休假管理办法》；7 月 29 日，印发《事业单位专业技术岗位职务聘任管理办法（试行）》；8 月 20 日，印发《职务与职级并行制度实施办法》。

2 月，免去华明丽办公室副主任科员职务、杨岳萍人事科副主任科员职务，并退休。

5 月，免去王允先的高级工职务、陈爱玲的工程师职务，并退休。

6 月，免去田胜群高级工职务，并退休。

7 月，根据《漳卫南局职务与职级并行制度实施方案》规定，经漳卫南局党委研究决定，确定张义鑫、冯希斌、郭恒茂为二级主任科员，李竹花、徐永彬、赵改娣、刘虎、邢红芳、肖云平、秦何聪、张晶楠、杨云霄、于江怀、左晓楠、蔡秀峰、朱秀美为一级科员。经试用期满考核合格，任命邓雅慧任人事科（监察审计科）一级科员。经试用期满考核合格，聘任杨照美、于杨卓艺为专业技术十二级岗位。

8 月，根据《漳卫南局职务与职级并行制度实施方案》规定，按照《岳城局职务与职级并行制度实施办法》，经漳卫南局党委研究决定，晋升谢吉亭为办公室（党委办公室）三级主任科员，王亚伟为水政科三级主任科员，祁宇涛为财务科三级主任科员，朱庆芳为人事科（监察审计科）三级主任科员，李竹花、张晶楠为人事科（监察审计科）四级主任科员，徐永彬、赵改娣为办公室（党委办公室）四级主任科员，肖云平、左晓楠、朱秀美为财务科四级主任科员，刘虎、邢红芳为工会四级主任科员，秦何聪、杨云霄、于江怀、蔡秀峰为工管科（防办）四级主任科员。免去张华平助理工程师职务并退休。

9 月，根据《漳卫南局职务与职级并行制度实施方案》规定，经漳卫南局党委研究决定，晋升庄仲蒙、冯希斌任办公室（党委办公室）一级主任科员，李修勤、郭恒茂任水政科一级主任科员，宋连臻任财务科一级主任科员，李军、张义鑫任工管科（防办）一级主任科员，司兆泉任工会一级主任科员。

10 月，免去钱文敏助理工程师职务并退休。

12 月，经试用期满考核合格，任命王小川为工管科（防办）科长，聘任董兴斌为工程运行监测中心主任（正科级），左滨为信息中心副主任（副科级）。根据《漳卫南局职务与职级并行制度实施方案》规定，经漳卫南局党委研究决定，晋升谢吉亭为办公室（党委办公室）二级主任科员，王亚伟为水政科二级主任科员，祁宇涛为财务科二级主任科员，朱庆芳为人事科（监察审计科）二级主任科员。

（徐永彬）

【综合管理】

将安全生产工作纳入年终目标考核，实行一票否决制。签订年度安全生产责任书，配备安全监督管理的专职人员 1 名、兼职人员 12 名，建立健全安全生产监督管理网络。逐步建立完善符合工作实际的安全监督规章制度和应急管理体系。开展安全生产知识培训。

举办新闻与公文写作培训班，全局 20 余名干部职工参加培训。5 月 30 日，对档案安全隐患开展自查自纠工作。8 月 22 日，海委海河档案馆一行检查漳卫南局档案管理工作。制订 2019 年内部审计工作计划，完善廉政风险防控措施和各项工作流程。及时规范编制部门预算，在实际工作中严格执行预算。财务管理、资产管理制度健全，财务开支计划签报和报销审批层层把关，会计信息资料真实、准确、完整。

（徐永彬）

【党建工作】

不断加强党委班子建设，推进各项工作科学发展。2 月 25 日，印发《关于推进开展集中整治形式主义、官僚主义的通知》。3 月 25 日，局机关支部召开 2018 年度支部组织生活会暨民主评议党员会议。4 月 17 日，印发党委理论学习中心组 2019 年理论学习计划。

4 月 26 日，组织党员代表观看法治教育电影《特别追踪》；4 月 26 日，组织青年干部职工召开纪念“五四”运动 100 周年座谈会；5 月 9 日，组织全局党员开展“不忘初心、牢记使命”主题党日活动。组织全体党员开展党建知识测试，并观看红色影片《建党伟业》。6 月 27 日，邀请邯郸市委党校李保平教授为全体党员干部讲授以“习近平新时代中国特色社会主义思想”为主题的党课。7 月 1 日，举办主题党日活动，庆祝党的 98 周岁生日。8 月 15 日，组织全体党员开展国旗国歌国徽学习活动。8 月 16 日，组织党员干部参加邯郸市直机关工委举办的“红色电影周”主题观影活动。8 月 20 日，组织开展学习全国优秀共产党员张富清事迹、湖南省水利厅原副总工余元君事迹、河钢塞钢管理团队事迹系列宣讲活动。

扎实开展“不忘初心、牢记使命”主题教育，以处级以上领导干部为重点，全体党员参加，从 2019 年 9 月开始，11 月底基本结束，总体安排 3 个月时间。

（徐永彬）

【党风廉政建设】

召开党风廉政建设工作会议和集中整治形式主义、官僚主义工作推进会。印发《2019 年党风廉政建设工作计划》，组织全体党员干部观看教育片《小会计的惊天秘密》《“杨彦明贪污案”纪实》等。召开深入贯彻落实中央八项规定精神专题会议和廉政文化示范单位部署会议，对落实中央八项规定精神进行再提醒、再要求、再部署。邀请邯郸市纪委常委路旗为全体党员干部讲授廉政党课。举办反腐倡廉培训班，印发《党风廉政建设考核指标体系》，开展系列廉政警示教育活动。严格按要求选拔使用干部，对新任干部开展任前廉政谈话，班子成员对分管单位主要负责人进行廉政约谈。

（徐永彬）

【精神文明建设】

系统谋划和强力推进道德讲堂、“我们的节日”、党员志愿服务等活动，下发文明单位创建动态标准任务责任分解通知，组织开展“博爱一日捐”“我们的节日——清明”系列主题活动，参观成安毛主席视察纪念馆，观看电影《中国蓝盔》。举办道德讲堂活动，将志愿服务活动与驻村扶贫工作结合起来，坚持不定期到扶贫村开展志愿服务。组织党员到河北涉县129师旧址和河南林州红旗渠参观学习，接受红色文化教育。组织党员干部赴涉县太行山干部学院参加干部行政综合能力培训。

（徐永彬）

四女寺枢纽工程管理局

【工程管理】

1. 日常维修养护

2019年，四女寺枢纽工程维修养护项目投入经费160.97万元。主要对水工建筑物、闸门、启闭机、机电设备及附属设施进行经常化、日常化清洁和维护保养，定期检查、检测。

主要工程量包括养护土方750m^3、护坡勾缝修补1900m^2、反滤排水设施维修养护133m、混凝土修补340m^2、裂缝处理386m^2、闸门维修养护975m^2、启闭机防腐535m^2、启闭机房维修养护2055m^2、护栏维修养护450m、绿化4900m^2。

2. 南闸海漫翻修养护

四女寺枢纽南进洪闸海漫水毁主要由2016年大洪水及近两年过水逐步形成。2018年初，检查发现南闸闸下20m斜坡浆砌石海漫（坡比1∶6.67，上接10m水平混凝土海漫及17.4m消力池，下接12m防冲槽）损毁较为严重，浆砌石大面积毁坏，块石被冲走，并形成较大冲坑。浆砌石毁坏面积约400m^2，形成5个较大冲坑，其中一处毁坏面顺水流长约5m、宽约26m。海漫冲坑的存在，既影响水闸的安全行洪，又影响大堤坡脚的安全，因此对南闸闸下海漫进行整体翻修。

主要工程量包括：原浆砌石海漫拆除585.5m^3，碎石土回填夯实220m^3，围堰搭设、拆除各3780m^3，碎石垫层274.18m^3，石料倒运1097m^3，浆砌石砌筑1097m^3，勾缝2741.18m^2。

3. 倒虹吸工程应急维修

引黄济津潘庄线路漳卫新河倒虹吸工程（以下简称“倒虹吸工程”）起于六五河牛角峪闸上游200m左堤，止于南运河节制闸下游773m，全长近1800m，由倒虹吸和明渠组成，设计流量80m^3/s。为保证南水北调东线一期北延应急供水的顺利开展，对倒虹吸工程进行应急维修。工程项目主要内容包括水工建筑物、闸门、启闭机、机房、机电设备维修养护及闸区环境清理等。

主要工程量包括机架桥及翼墙刷漆782m^2、浇筑混凝土地面120m^2、闸门除锈防腐840m^2、启闭机防腐处理120m^2、钢丝绳更换500m、机房维修804m^2、闸区环境清理4000m^2、护栏防腐维修457m^2。

（张振）

【四女寺枢纽北进洪闸除险加固工程】

4 月 1 日，四女寺枢纽北进洪闸除险加固工程招标工作圆满完成。根据评标结果和中标候选人公示情况，经四女寺北闸建管局局长办公会研究，确定天津润泰工程监理有限公司为施工监理标中标人、华北水利水电工程集团有限公司为工程施工Ⅰ标中标人、水利部漳卫南局德州水利水电工程集团有限公司为工程施工Ⅱ标中标人。

8 月 26 日，四女寺枢纽北进洪闸除险加固主体工程正式开工。工程总投资 9940 万元，工期 14 个月。主要建设内容包括：原中 8 孔一联反拱底板闸室拆除重建；左右各两边孔闸室改造加固；全闸机架桥、排架柱、检修桥、交通桥等上部结构拆除重建；闸上铺盖、护底和闸下消力池、海漫和防冲槽加固；两岸护坡加固；下游河道清淤；混凝土防腐、防碳化处理；安全监测设施修复；闸门及启闭设备更换、检修门增设；供电线路更新改造等。2020 年 6 月底前新闸具备启闭条件，2020 年 9 月底全面完工。

（李洪德　杨泳鹏）

【防汛抗旱】

汛前，调整防汛抗旱组织机构，成立防汛抢险队。重新修订《四女寺枢纽工程防洪抢险预案》，制定四女寺枢纽度汛方案及应急管理方案，加强防汛物资管理，做好防汛物资保障。全面做好工程汛前检查。对两台 120kW 备用发电机组进行专项维护，清洗油路及转动部位，更换油箱及油表，校正油泵，更换机油、机滤、空滤和其他配件。组织专业技术人员对 35kV 防汛专线进行检查维护，清除树障 17 棵，清除线杆上的鸟窝，对松动的线杆固定拉线进行了维修。

汛期，召开防汛工作会议，举办防汛抢险知识培训班，组织开展防汛演习。严格落实防汛责任制，密切关注雨情、水情及工程运行情况。按照要求，做好第 9 号台风“利奇马”防御工作。

汛后，工程检查小组对所辖枢纽工程（水工建筑物、闸门启闭机、机电设备、附属设施等）、通信设施、供电专用线路、防汛物料等进行全面检查，并将汛后检查情况上报漳卫南局。

（孟跃晨）

【输水工作】

1. 南水北调东线一期北延应急试通水

南水北调东线一期北延应急试通水，自 4 月 24 日 22：05 长江水水头到达倒虹吸工程进口闸始，至 6 月 21 日 16：00 结束，共历时 59 天。四女寺枢纽工程管理局完成了耿李杨及第三店两个断面流量测验工作。两监测断面测流施测共 148 测次，水位观测 739 次，向漳卫南局水文处发送报文共 158 次。耿李杨监测断面累计过水 6440 万 m^3，最大流量 $22.7m^3/s$，最高水位 18.25m；第三店监测断面累计过水 5710 万 m^3，最大流量 $19.0m^3/s$，最高水位 14.75m。

2. 引黄济冀潘庄线路应急输水

引黄济冀潘庄线路应急输水自 2019 年 12 月 4 日始，至 2020 年 1 月 16 日结束，共历时 44 天。四女寺枢纽工程管理局对倒虹吸工程出口及第三店两监测断面进行流量测验，向漳卫南局水文处发送报文共 118 次。其中，倒虹吸工程出口断面测流施测 58 测次，水位观测 406 次，泥沙测验 39 次；第三店断面测流施测 56 测次，水位观测 376 次，泥沙测验 40 次；倒虹吸工程进口闸泥沙测验 5 次。倒虹吸出口闸监测断面累计过水 1.06 亿 m^3，最大流量 44.2m^3/s，最高水位 18.57m，最大含沙量 0.193kg/m^3；第三店监测断面累计过水 9459 万 m^3，最大流量 39.7m^3/s，最高水位 15.72m，最大含沙量 0.314kg/m^3。

3. 水样采集

每月对四女寺、第三店、王营盘、玉泉庄、田龙庄、袁桥闸 6 个区域进行水样采集，全年共完成水样采集 72 次。

（孙磊）

【水政水资源管理】

1. 普法宣传

围绕“坚持节水优先，强化水资源管理”宣传主题，开展纪念第二十七届“世界水日”第三十二届“中国水周”宣传活动。在办公楼大厅流动字幕播放宣传内容，在枢纽工程管理范围内张贴标语 50 余幅，组织水法规宣传队在四女寺集市发放宣传画 50 余张、宣传材料 100 余份。

“4·15”全民国家安全教育日，组织印发《中华人民共和国国家安全法》《中华人民共和国反恐怖主义法》《中华人民共和国网络安全法》等法律宣传册，在微信工作群开辟宣传专栏，共同收看国家安全宣传专题片，组织职工参加“2019 年全民国家安全教育有奖知识竞赛”等宣传活动。

“12·4”国家宪法日，围绕“弘扬宪法精神，推进国家治理体系和治理能力现代化”活动主题，以习近平总书记全面依法治国新理念、新思想、新战略为宣传重点，出动宣传车辆，设立宣传站，发放宣传材料 200 余份，张贴标语 50 余条，摆放宣传展板 6 块，利用微信、网络平台推送宪法宣传内容。

2. 水政执法

结合“清河行动回头看”专项活动，4 月底，在武城县河长制办公室的配合下，对四女寺局管辖区域内的河湖违建问题整改情况进行逐一检查验收。截至 4 月底，原排查的 4 处乱占问题已经全部整改完毕。

3. 河长制

根据管辖范围及周边区域的复杂情况，明确河长制工作开展的目标及主要任务，继续加强管辖范围内巡查力度，及时排查河道管理范围内的违法建筑物和其他危害河道行洪安全的物体，与地方河长办沟通，及时处理发现的问题隐患，做好监管。加强协调联动，与地方河长办密切协作，与各兄弟单位沟通交流河湖长制工作推进情况，有计划地完成各项工作任务。做好河长制的宣传教育工作。

（翟淑全）

【人事管理】

1. 领导班子分工调整

3 月 22 日，四女寺局印发《中共四女寺局党委关于调整领导班子成员分工的通知》

（四党〔2019〕4号），对领导班子成员分工调整如下。

王　斌：主持全面工作，分管人事科、财务科工作。

何传恩：负责全局行政、纪检、工程技术和精神文明工作，分管办公室（党委办公室）、水政科、工管科、倒虹吸工程管理所。

刘培珍：负责工会及机关后勤工作，分管工会、综合事业中心、后勤服务中心。

9月2日，四女寺局印发《中共四女寺局党委关于调整领导班子成员分工的通知》（四党〔2019〕9号），对领导班子成员分工调整如下。

李才德：主持全面工作，分管办公室（党委办公室）、人事科、财务科、综合事业中心。

何传恩：负责全局纪检、工程技术、工会及后勤工作，分管水政科、工管科、工会、倒虹吸工程管理所、后勤服务中心。

2. 干部任免

2月21日，四女寺局印发《四女寺局关于张志军、谢磊职务任免的通知》（四人事〔2019〕4号），经任职试用期满考核，四女寺局党委2019年2月21日研究决定：任命张志军为四女寺局财务科科长；任命谢磊为四女寺局人事（监察审计）科科长。

8月20日，漳卫南局印发《漳卫南局党委关于李才德、王斌同志职务任免的通知》（漳党〔2019〕54号），漳卫南局党委2019年7月17日研究决定：任命李才德同志为四女寺枢纽工程管理局党委书记；免去王斌同志的四女寺枢纽工程管理局党委书记职务。

8月20日，漳卫南局印发《漳卫南局关于李才德、王斌职务任免的通知》（漳任〔2019〕30号），漳卫南局党委2019年7月17日研究决定：任命李才德为四女寺枢纽工程管理局局长（试用期一年）；免去王斌的四女寺枢纽工程管理局局长职务。

3. 参公人员职级晋升

本着“注重实绩，兼顾资历”的原则，根据工作需要、德才表现、职责轻重、工作实绩和资历等因素综合考虑，完成了参照《中华人民共和国公务员法》管理人员职级套转入轨、首次晋升及二次晋升工作。职级套转入轨8人，首次晋升16人，二次晋升5人。

7月12日，四女寺局印发《四女寺局关于确定杨丽芳等人职级的通知》（四人事〔2019〕6号），经四女寺局领导批准，确定杨丽芳等人套转后职级如下：杨丽芳为二级主任科员；胡平、翟淑金为四级主任科员；刘玉兵、吴志文、吴强、张俊美、陈冉冉为一级科员。上述人员职级任职时间自2019年6月1日起算，职级任职年限按照有关规定执行，职级套转前原任非领导职务自行免去。

8月29日，漳卫南局印发《漳卫南局关于上官利等人职级晋升的批复》（漳人事〔2019〕33号），对《中共四女寺局党委关于上官利、杨泳鹏等同志职级任免的请示》（四党〔2019〕6号）文件进行批复。经研究，同意上官利等人职级晋升如下：上官利为四女寺局办公室（党委办公室）一级主任科员；杨丽芳为四女寺局办公室（党委办公室）一级主任科员；杨泳鹏为四女寺局水政水资源科（水政监察支队）一级主任科员；李洪德为四女寺局工程管理科（防汛抗旱办公室）一级主任科员；席英为四女寺局工会一级主任科员。

8月30日，四女寺局印发《四女寺局关于上官利等人职级任免的通知》（四人事〔2019〕7号），中共四女寺局党委2019年8月20日研究决定：任命上官利为四女寺局办公室（党委办公室）一级主任科员；任命杨丽芳为四女寺局办公室（党委办公室）一级主任科员；任命杨泳鹏为四女寺局水政水资源科（水政监察支队）一级主任科员；任命李洪德为四女寺局工程管理科（防汛抗旱办公室）一级主任科员；任命席英为四女寺局工会一级主任科员：任命王丽苹为四女寺局办公室（党委办公室）三级主任科员；任命翟淑金为四女寺局水政水资源科（水政监察支队）三级主任科员；任命胡平为四女寺局财务科三级主任科员；任命孟跃晨为四女寺局工程管理科（防汛抗旱办公室）三级主任科员；任命张俊美为四女寺局办公室（党委办公室）四级主任科员；任命陈冉冉为四女寺局财务科四级主任科员；任命吴志文为四女寺局工程管理科（防汛抗旱办公室）四级主任科员；任命吴强为四女寺局工程管理科（防汛抗旱办公室）四级主任科员；任命刘玉兵为四女寺局工会四级主任科员。

8月31日，漳卫南局印发《漳卫南局关于师家科等人职级晋升的通知》（漳人事〔2019〕31号），经会议推荐和民主测评，经漳卫南局党委2019年8月24日研究决定，晋升师家科等人职级如下：师家科任四女寺枢纽工程管理局三级调研员；何传恩任四女寺枢纽工程管理局三级调研员。

12月27日，漳卫南局印发《漳卫南局关于上官利职级晋升的通知》（漳人事〔2019〕64号），经民主推荐和考察，经漳卫南局党委2019年12月18日研究决定，晋升上官利为四女寺枢纽工程管理局四级调研员。

12月30日，漳卫南局印发《漳卫南局关于王丽苹等人职级晋升的批复》（漳人事〔2019〕85号），对《中共四女寺局党委关于王丽苹等同志职级晋升的请示》（四党〔2019〕25号）文件进行批复。经研究，同意王丽苹等人职级晋升如下：王丽苹任四女寺局办公室（党委办公室）二级主任科员；翟淑金任四女寺局水政水资源科（水政监察支队）二级主任科员；胡平任四女寺局财务科二级主任科员；孟跃晨任四女寺局工程管理科（防汛抗旱办公室）二级主任科员。

12月31日，四女寺局印发《四女寺局关于王丽苹等人职级晋升的通知》（四人事〔2019〕12号），中共四女寺局党委2019年12月17日研究决定：任命王丽苹为四女寺局办公室（党委办公室）二级主任科员；任命翟淑金为四女寺局水政水资源科（水政监察支队）二级主任科员；任命胡平为四女寺局财务科二级主任科员；任命孟跃晨为四女寺局工程管理科（防汛抗旱办公室）二级主任科员。

4. 事业人员职称评定与岗位聘用

7月17日，漳卫南局印发《漳卫南局关于公布、认定专业技术职务任职资格的通知》（漳人事〔2019〕27号），经海委《海委关于批准2018年度高级工程师、工程师任职资格的通知》（海人事〔2019〕39号）批准，徐泽勇具备工程师任职资格，任职资格取得时间为2019年6月17日。

12月12日，四女寺局印发《四女寺局关于徐泽勇聘用的通知》（四人事〔2019〕11号），现聘任徐泽勇岗位专业技术十级岗位（2019年6月取得工程师资格），自2019年12

月 31 日至 2022 年 12 月 31 日，聘期 3 年。

5. 机构设置与调整

2 月 22 日，四女寺局印发《中共四女寺局党委关于成立集中整治形式主义、官僚主义领导小组的通知》（四党〔2019〕1 号），成立四女寺局集中整治形式主义、官僚主义领导小组。

组　长：王　斌

副组长：何传恩　师家科

成　员：上官利　席　英　翟淑金

3 月 6 日，四女寺局印发《四女寺局关于成立 2019 年防汛工程设施修复项目管理小组的通知》（四工管〔2019〕1 号），成立四女寺局 2019 年防汛工程设施修复项目管理小组。

组　长：何传恩

成　员：孟跃晨　张志军　吴志文　王丽苹　王　玲　吴　强　李思聪

3 月 6 日，四女寺局印发《四女寺局关于成立 2019 年水利工程确权划界项目管理小组的通知》（四工管〔2019〕2 号），成立四女寺局 2019 年水利工程确权划界项目管理小组。

组　长：何传恩

成　员：孟跃晨　张志军　吴志文　王丽苹　王　玲　吴　强　李思聪

3 月 22 日，四女寺局印发《四女寺局关于调整安全生产领导小组的通知》（四工管〔2019〕5 号），调整四女寺局安全生产领导小组。

组　长：王　斌

副组长：何传恩　刘培珍

成　员：孟跃晨　上官利　翟淑金　张志军　谢　磊　席　英　武　军　杨长柱　邱振荣

安全生产领导小组下设办公室，承担安全生产日常管理工作。安全生产办公室主任由孟跃晨兼任。

3 月 22 日，四女寺局印发《四女寺局关于调整工程日常维修养护月度考核小组的通知》（四工管〔2019〕6 号），调整四女寺局工程日常维修养护月度考核小组。

组　长：何传恩

成　员：孟跃晨　吴志文　王　玲　李思聪

3 月 22 日，四女寺局印发《四女寺局关于调整工程维修养护质量管理小组的通知》（四工管〔2019〕7 号），调整四女寺局工程维修养护质量管理小组。

组　长：孟跃晨

成　员：吴志文　王　玲　李思聪

3 月 22 日，四女寺局印发《四女寺局关于调整工程管理领导小组的通知》（四工管〔2019〕9 号），调整四女寺局工程管理领导小组。

组　长：王　斌

副组长：何传恩

成　员：孟跃晨　上官利　翟淑金　张志军　谢　磊　席　英　王丽苹　武　军　杨长柱　邱振荣

8 月 27 日，四女寺局印发《四女寺局关于成立北闸报废资产处置领导小组的通知》（四财〔2019〕6 号），成立四女寺局北闸报废资产处置领导小组。

组　长：何传恩

成　员：张志军　上官利　孟跃晨　杨长柱　王丽苹

8 月 30 日，四女寺局印发《四女寺局关于调整安全生产领导小组的通知》（四工管〔2019〕15 号），调整四女寺局安全生产领导小组。

组　长：李才德

副组长：何传恩

成　员：孟跃晨　上官利　翟淑金　张志军　谢　磊　席　英　武　军　杨长柱　邱振荣

安全生产领导小组下设办公室，承担安全生产日常管理工作。安全生产办公室主任由孟跃晨兼任。

8 月 30 日，四女寺局印发《四女寺局关于成立节能领导小组及下设节能减排办公室的通知》（四办综〔2019〕5 号），调整四女寺局节能领导小组及下设节能减排办公室。

组　长：何传恩

副组长：杨长柱

成　员：韩洪光　陈冉冉　刘青华　杨明月

四女寺局节能领导小组下设节能减排办公室，设在后勤服务中心，承办相关具体工作，主任由杨长柱兼任。

9 月 4 日，四女寺局印发《中共四女寺局党委关于调整党建工作领导小组的通知》（四党〔2019〕11 号），调整四女寺局党建工作领导小组。

组　长：李才德

副组长：何传恩

成　员：上官利　谢　磊　王丽苹　席　英　翟淑金

9 月 4 日，四女寺局印发《四女寺局关于调整精神文明建设领导小组的通知》（四办〔2019〕2 号），调整四女寺局精神文明建设领导小组。

组　长：李才德

副组长：何传恩

成　员：上官利　杨泳鹏　张志军　谢　磊　孟跃晨　席　英　王丽苹　武　军　杨长柱　邱振荣　杨明月

四女寺局精神文明建设领导小组下设办公室，设在局办公室（党委办公室），作为其工作机构，负责全局精神文明建设的日常工作。

10 月 8 日，四女寺局印发《四女寺局关于成立软件正版化领导小组的通知》（四办〔2019〕5 号），成立四女寺局软件正版化领导小组。

组　长：李才德

副组长：何传恩

成　员：武　军　上官利　翟淑金　张志军　谢　磊　孟跃晨　席　英　杨长柱　邱振荣

四女寺局软件正版化工作领导小组下设办公室，设在综合事业中心，承办相关具体工作，主任由武军兼任。

10月15日，四女寺局印发《四女寺局关于调整贯彻落实“一个中心，四个保障”工作思路领导小组的通知》（四办〔2019〕7号），调整四女寺局贯彻落实“一个中心，四个保障”工作思路领导小组。

组　长：李才德

副组长：何传恩

成　员：上官利　翟淑金　张志军　谢　磊　孟跃晨　席　英　杨长柱　武　军　邱振荣

领导小组下设办公室，设在局办公室（党委办公室），作为其工作机构，负责全局贯彻落实“一个中心，四个保障”工作思路的日常工作。

10月17日，四女寺局印发《四女寺局关于调整保密领导小组的通知》（四办〔2019〕8号），调整四女寺局保密领导小组。

组　长：李才德

副组长：何传恩

成　员：上官利　张志军　谢　磊　王丽苹

四女寺局保密工作领导小组下设办公室（以下简称“保密办”），负责日常工作的组织开展，主任由上官利兼任。

10月17日，四女寺局印发《四女寺局关于调整信访工作领导小组的通知》（四办〔2019〕9号），调整四女寺局信访工作领导小组。

组　长：李才德

副组长：何传恩

成　员：上官利　张志军　谢　磊　王丽苹

信访工作领导小组设在办公室，负责日常信访工作的组织开展，主任由上官利兼任。

10月25日，四女寺局印发《中共四女寺局党委关于调整四女寺局党风廉政建设领导小组的通知》（四党〔2019〕19号），调整四女寺局党风廉政建设领导小组。

主　任：李才德

副主任：何传恩

成　员：上官利　谢　磊　王丽苹　席　英　翟淑金

12月31日，四女寺局印发《四女寺局关于调整内部控制建设领导小组的通知》（四人事〔2019〕13号），调整四女寺局内部控制建设领导小组。

组　长：李才德

副组长：何传恩

成　员：张志军　上官利　翟淑金　谢　磊　王丽苹　孟跃晨

领导小组下设办公室，承担领导小组的日常工作。办公室设在财务科，主任由张志军兼任。

6. 人员变动

2019 年，四女寺局新招录 1 名参公人员（刘青华），招聘 2 名事业人员（杨明月、张奇）。

截至 2019 年 12 月 31 日，四女寺局在职职工 47 人，包括参照《中华人民共和国公务员法》管理人员 23 人，事业人员 24 人。退休人员 39 人。

12 月 23 日，漳卫南局召开公司体制调整工作会议，对推进体制调整工作进行安排部署。会后启动各养护分公司人员划转工作，四女寺维修养护分公司人员划归四女寺枢纽工程管理局管理。四女寺维修养护分公司在职职工 12 人，退休人员 4 人。

7. 职工教育培训

制订《四女寺局 2019 年培训计划》，全年举办安全生产知识培训、水文测验培训、普法执法培训等各类培训班共计 6 个，受训 200 人次，培训计划完成率 100%。组织职工去西郑庄分洪闸及恩县洼滞洪区实地参观学习。组织职工参加水利网络教育培训，选送 30 余人参加海委、漳卫南局及地方举办的各类培训班。3 名处级干部均参加海委、漳卫南局及地方举办的各类培训班，1 名科级干部参加了漳卫南局党校科级干部培训班学习，两名在职党支部书记参加了德州市直工委组织的全市机关党支部书记主题教育专项培训。

（谢磊）

【党建工作】

1 月 31 日，召开四女寺局 2018 年度党员领导干部民主生活会。调整四女寺局党建工作领导小组，对两个在职党支部进行换届选举，选强配齐各支部委员。规范做好党员发展培养工作，2019 年新发展两名党员（孙磊、张俊美）。制定印发《四女寺局党委关于加强党的建设的意见》（四党〔2019〕8 号）、《四女寺局党委贯彻落实中央八项规定精神实施办法》（四党〔2019〕20 号）、《四女寺局党委中心组 2019 年学习计划》、支部理论学习计划，利用“不忘初心、牢记使命”主题教育官网、“学习强国”“灯塔—党建在线”“清风德州”等学习平台，开展党的理论知识学习。严格落实“三会一课”制度，每月 10 日开展形式多样的“党员活动日”活动。

继续开展不作为、不担当专项治理。调整四女寺局专项治理三年行动领导小组，按月上报“查处不作为、不担当问题统计台账”和“不作为、不担当问题重点线索报送表”。

成立集中整治形式主义、官僚主义领导小组，通过调查问卷、谈心谈话、意见征集等形式，在落实上级决策部署、检查稽查考核、学风文风会风、水利项目和资金安排、履职尽责、服务基层和群众 6 个方面共查找出 14 项问题，明确责任领导、责任部门、责任人及整改完成时限。

开展“不忘初心、牢记使命”主题教育活动。召开动员部署会议，制定《四女寺局党委“不忘初心、牢记使命”主题教育实施方案》（四党〔2019〕14 号），成立主题教育活动领导小组及办公室，开展了 13 个专题的学习研讨。党委班子成员分别以《不忘初心、牢记使命，做忠诚干净担当的好干部》《践行主题教育的目标要求，努力做一名合格的水利工作者》为题为党员干部讲授专题党课。召开检视问题分析会和调研成果交流会，制定《中共四女寺局党委“不忘初心、牢记使命”主题教育专项整治工作方案》（四党〔2019〕

22 号）、《四女寺局“不忘初心、牢记使命”主题教育整改落实方案》（四党〔2019〕23号）。12 月 11 日，召开四女寺局 2019 年度党员领导干部“不忘初心、牢记使命”主题教育民主生活会。12 月 13 日，各支部分别召开主题教育组织生活会。

（张俊美）

【党风廉政建设】

2 月 26 日，召开 2019 年党风廉政建设工作会议。多次召开党风廉政建设专题会议，分析研判形势，研究思路举措。调整领导班子成员党风廉政建设责任分解及党风廉政建设领导小组办公室。先后印发《四女寺局 2019 年党风廉政建设工作要点》（四党〔2019〕5号）、《中共四女寺局党委关于印发 2019 年党风廉政建设考核指标体系的通知》（四党〔2019〕15 号）。按要求签订了党风廉政建设责任书和党风廉政建设承诺书。制定和落实党风廉政建设主任责任清单和监督责任清单，党委负责人对领导班子成员及各部门负责人开展集体廉政约谈，领导班子成员对分管部门开展廉政约谈。

开展廉政警示教育活动。制定《四女寺局 2019 年廉政警示教育活动方案》（四党〔2019〕7 号），召开廉政警示教育大会，传达贯彻漳卫南局会议精神，部署集中开展廉政警示教育活动安排。组织党员干部观看《时代楷模发布厅——“六老汉”三代人治沙造林》和警示教育片《致命的决口——黄柏青违纪违法案件警示录》，通报了近期水利系统、海委系统、漳卫南系统被查处的违纪问题。围绕“如何做好党风廉政建设”，在全局范围内广泛征集职工意见建议，共征集到意见建议 20 条。围绕关键岗位、重点环节、重要节点，认真梳理廉政风险防控制度，制定有效的监督防范措施，形成了水行政执法、财务管理、人事管理、防汛抗旱等七大领域廉政风险防控措施。

落实中央八项规定精神，坚决纠正“四风”问题。加强公务接待审批和开支管理，来人接待一律实行公函制度，来人统一在四女寺局职工食堂安排工作餐，严格控制陪餐人数。认真做好公车管理，明确公务用车范围及程序。严格公车审批手续，用车必须填写派车单，加强驾驶员日常教育和管理，严格公车燃油、维修审批和报销手续，做到公车专人负责、车辆定点停放、定点维修，坚持节假日封车，没有违规驾驶公车和公车私用现象。

设立廉政文化室，利用楼道文化、庭院文化、电子屏、公开栏等弘扬廉洁精神，培育廉洁理念，倡导廉洁风尚，构建不想腐的政治生态和人文环境。紧抓重要节点，紧盯关键少数人，利用节假日，通过微信、QQ 工作群及时发送廉政提醒，做到警钟长鸣，防患于未然。按规定每月如实向漳卫南局报送纪检报表。每月组织党员干部参加德州市“清风德州”德廉知识测试。

（王丽苹）

【综合管理】

2 月 26 日，召开四女寺局 2019 年工作会。四女寺局负责人作题为“践行新思路、贯彻总基调，实现四女寺局水利事业新发展”的工作报告。2019 年四女寺局重点工作：准确把握“水利工程补短板、水利行业强监管”总基调，牢记使命；全力以赴做好北闸除险加固工程配套服务工作；明确思路，推动四女寺水利风景区建设工作；精心组织，保障枢纽工程安全度汛；扎实推进，全面提升工程管理水平；联合执法，维护枢纽水事秩序；强化措施，做好经营创收；抢抓机遇，推进单位整体规划；团结协作，建设和谐单位；加强政治建设，推进全面从严治党。

印发《四女寺局宣传信息工作管理办法》（四办〔2019〕1号），全力推进枢纽工程整体规划设计，完成四女寺枢纽宣传片和枢纽工程介绍光盘制作，配合实施北闸除险加固附属用房及配套设施建设。

（王丽苹）

【财务管理】

4月9日，漳卫南局印发《漳卫南局关于四女寺北进洪闸部分资产报废的批复》（漳财务〔2019〕17号），根据《海委关于漳卫南局四女寺北进洪闸部分资产报废的批复》（海财务〔2014〕43号）精神，经研究，同意四女寺枢纽工程管理局将四女寺北进洪闸部分资产（账面价值5650535.29元）作报废处置。

6月11日，漳卫南局印发《漳卫南局关于2019年预算的批复》（漳财务〔2019〕20号），对四女寺局2019年预算进行批复。

6月27日，漳卫南局印发《漳卫南局关于四女寺局固定资产报废的批复》（漳财务〔2019〕21号），通过海委审核并以《海委关于漳卫南局固定资产报废的批复》（海财务〔2019〕13号）批复，经研究，同意四女寺枢纽工程管理局将职工浴室、职工宿舍等固定资产（账面价值39445.00元）报废。

7月9日，漳卫南局印发《漳卫南局关于固定资产报废的批复》（漳财务〔2019〕22号），通过海委审核并以《海委关于漳卫南局固定资产报废的批复》（海财务〔2019〕15号）批复，经研究，同意四女寺枢纽工程管理局将船闸启闭机等固定资产报废。

8月27日，漳卫南局印发《漳卫南局关于批复2018年部门决算的通知》（漳财务〔2019〕29号），对四女寺局上报的2018年度决算报告进行批复。

12月17日，德州拍卖行有限公司对四女寺枢纽北进洪闸除险加固部分报废资产进行拍卖，包括：11个10m×9.7m弧形钢闸门，11套卷扬式启闭机组，共约500t重；1985年12月制造的变电室备用发电机一台。

（张志军）

【精神文明建设】

调整精神文明建设领导小组，先后印发《四女寺局2019年平安创建方案》（四办综〔2019〕1号）、《四女寺局2019年学雷锋活动总体方案》（四办综〔2019〕2号）、《四女寺局培育和践行社会主义核心价值观行动方案》（四办综〔2019〕3号）、《四女寺局创城网格化帮扶工作实施方案》（四办综〔2019〕4号）。8月12日，召开文明单位创建推进会，通报了各部门文明单位考核指标完成情况及四女寺枢纽工程管理局在德州文明网文明单位综合管理系统中得分及排名情况，认真分析形势，全面总结经验，并对如何做好下一步文明单位创建工作进行具体安排。组织干部职工学习《德州市文明单位动态管理办法（试行）》（德文明委〔2019〕5号）文件精神。8月30日，组织干部职工在四女寺枢纽开展文明交通志愿服务活动，做文明交通示范者，传递文明正能量。9月3日，组织青年志愿者在倒虹吸工程出口闸开展“捡拾垃圾，美化环境”志愿服务活动，美化四女寺枢纽周边环境，营造“保护环境从我做起、从点滴小事做起”的良好社会氛围。

按照《四女寺局职工健身工作实施方案》，开展职工日常健身工作。2019 年，组织开展“三八”妇女节联谊、“传承英烈精神 立志报效祖国”清明网上祭英烈、“赓续五四精神 贡献水利事业”“五四”青年座谈会、端午传统文化节、“八一”座谈会等活动。组织职工参加漳卫南局第二届职工艺术节及漳卫南局系统羽毛球比赛，取得团体第一名，男子单打、女子单打、女子双打、混合双打第一名和男子双打第二名的优异成绩。节日期间，开展送温暖活动，走访慰问离退休老干部及困难职工。帮扶困难职工，关心职工生活，做到职工婚丧嫁娶到场慰问、职工生病住院及时探望。

2011—2019 年，四女寺枢纽工程管理局连续 9 年保持“省级文明单位”荣誉称号。

（王丽苹）

【安全生产】

制定《四女寺局 2019 年安全生产工作要点》（四工管〔2019〕10 号），明确安全生产工作重点。调整安全生产领导小组和各部门安全监督员，明确安全生产领导小组和安全监督员的工作职责。签订 2019 年安全生产管理目标责任书、安全生产责任书。修订完善安全生产工作制度，包括《安全目标管理制度》《安全生产事故应急救援预案》《四女寺局安全生产综合应急预案》等各项规章制度。6 月，围绕“防风险、除隐患、遏事故”的主题开展“安全生产月”活动。举办安全生产知识培训班，学习《漳卫南局关于印发开展水利安全风险分级管控工作实施方案的通知》，组织职工观看《地方党政领导干部安全生产责任制规定》《安全生产事故案例警示教育片》，开展安全生产征文活动。8 月 1 日，组织职工开展消防演练，现场模拟了灭火器的使用。严格执行定期安全巡查制度，组织专业人员对水工建筑物、机电设备、仓库、35kV 防汛专线、变电室、备用发电机、车辆等进行专项检查，及时发现隐患并登记备案。认真落实隐患监督检查，加大整治力度，采取日常检查、重点时段和部位检查及专项检查相结合的检查形式，对工程设施、交通车辆、消防设施、电气设备、输变电设备等容易发生安全隐患的部位进行重点检查。对检查中发现的问题及时进行整改和治理，及时更新灭火器。

针对四女寺枢纽三闸均为三类闸的现状，严格落实《四女寺枢纽安全管理应急方案》，加强警示限载限行等措施，强化了枢纽工程安全管理工作。严格执行《四女寺节制闸检修（交通）桥突发事故应急预案》，针对节制闸交通桥桥梁存在裂缝的情况，结合北闸除险加固施工，加强各项管控措施：在交通桥两端设置限载标志、减速带、车辆匀速通行标志牌；设置震动标线，禁止重载车辆在桥面上急刹车；设置夜间警示灯，在桥端设置限高杆及反光膜，加强节制闸公路桥安全管理工作。

（孟跃晨）

【表彰奖励】

1 月 10 日，四女寺局印发《四女寺局关于机关公务员及直属事业单位职工 2018 年度考核结果的通知》（四人事〔2019〕1 号），机关公务员 2018 年度考核结果为：优秀等次人员有谢磊、张俊美；直属事业单位职工 2018 年度考核结果为：优秀等次人员有武军、孙磊、王永鑫。

1月10日，四女寺局印发《四女寺局关于给机关工作人员谢磊记三等功的通知》（四人事〔2019〕2号），经研究决定，给2016—2018年连续三年考核被评定为优秀等次的机关工作人员谢磊记三等功一次。

1月28日，漳卫南局印发《漳卫南局关于表彰2018年度安全生产工作先进单位的通报》（漳建管〔2019〕5号），授予四女寺枢纽工程管理局“2018年度漳卫南局安全生产工作先进单位”称号。

5月23日，漳卫南局印发《漳卫南局关于公布局属各单位、德州水电集团公司2018年度处级考核优秀结果的通知》（漳人事〔2019〕15号）。按照2018年度考核情况，经漳卫南局党委研究决定：王斌、刘培珍年度考核评定为优秀等次。

6月28日，漳卫南局直属机关党委印发《关于表彰先进基层党组织、优秀共产党员和优秀党务工作者的通报》，四女寺局第二党支部被授予漳卫南局直属机关“先进基层党组织”荣誉称号。孟跃晨、韩洪光两名党员被授予漳卫南局直属机关“优秀共产党员”荣誉称号。翟淑金被授予漳卫南局直属机关“优秀党务工作者”荣誉称号。

7月30日，海委办公室印发《海委办公室海河工会关于“图说海河水利故事”摄影作品展评奖结果的通报》（办综函〔2019〕7号），翟淑金《古运河船闸》摄影作品获得工程风貌类优秀奖；上官利《视察四女寺》摄影作品获得人物风采类二等奖。

（王丽苹）

【领导视察】

1月10日，中共中央政治局委员、国务院副总理胡春华到四女寺枢纽，实地考察南水北调东线一期北延应急供水设施情况。

3月27日，水利部南水北调工程管理司副司长袁其田到四女寺局调研南水北调东线一期北延应急供水线路工作，漳卫南局局长张永明、副局长李瑞江陪同调研。

4月11日，水利部南水北调工程管理司司长李鹏程到四女寺局调研南水北调东线一期北延应急试通水线路工作，漳卫南局副局长李瑞江、山东省水利厅南水北调局局长马承新陪同调研。

4月25日，水利部南水北调工程管理司副司长袁其田到四女寺枢纽检查指导南水北调东线一期北延应急试通水工作，漳卫南局局长张永明陪同检查。

6月17日，中国农林水利气象工会副主席原成刚率调研组赴四女寺局，就“人水和谐·美丽津京冀”河道修防工技能竞赛筹备情况进行调研。漳卫南局副局长张永顺陪同调研。

7月26日，水利部预算执行中心主任赫崇成一行到四女寺局调研预算执行工作。海委副主任徐士忠、财务处处长姚绍兰，漳卫南局副局长李瑞江、财务处负责人及四女寺局负责人陪同调研。

9月3日，由波兰格但斯克理工大学、波兰科学院地理研究所、华沙生命科学大学组成的波兰水利专家代表团一行到漳卫南局进行考察访问，并到四女寺局实地考察。海委国际合作与科技处领导，漳卫南局总工徐林波、建管处，四女寺局负责人陪同考察。

（上官利　孙磊　孟跃晨　张俊美　张志军　杨明月）

水闸管理局

【工程管理】

1. 水利工程维修养护

2019 年，完成水利工程维修养护项目投资 545.35 万元。其中，祝官屯 69.69 万元；袁桥 51.86 万元；吴桥 61.78 万元；王营盘 63.35 万元；罗寨 65.17 万元；庆云 63.05 万元；辛集 66.54 万元；堤防 102.28 万元；控导 1.63 万元。

推行日常维修养护物业化管理，在祝官屯、吴桥、罗寨闸所开展物业化管理工作。

持续推进“美丽水闸”建设，2019 年重点建设吴桥闸管理所，进行了院内绿化，重新种植草坪 1000 余平方米。

强化工程考核，严格落实水管单位月度考核、水闸管理局（以下简称“水闸局”）季度考核。

2. 无棣段 2019 年防汛工程设施修复项目

11 月 25 日，漳卫南局以漳防御〔2019〕2 号文批复无棣段 2019 年防汛工程设施修复项目实施方案，12 月底完成此项目，工程总投资 70.48 万元。

（李兴旺　劳道远）

【水旱灾害防御】

落实各项防汛责任制，优化调整水旱灾害防御组织机构，召开水旱灾害防御工作会议。加强汛前、汛期及汛后工程检查，向漳卫南局及时报送汛前检查报告和防汛工作总结。汛前重新修订完善《漳卫新河无棣县防洪预案》，并上报滨州市防指，其他水闸也分别制定防洪预案。严格落实 24 小时值班带班制度。防范应对台风“利奇马”，召开防汛会商会；于 8 月 10 日 13 时启动Ⅲ级应急响应；派出两个指导组督导并协助开展防御工作。

完成各测站基本水尺断面低水位水尺改造；严格按照海委水文局下发的测站报汛任务书要求，认真做好汛期报汛工作；2019 年海委水文测验质量、汛前准备暨安全生产检查评定中，祝官屯站得分 72.90 分，位列海委所有水文测站第二名，辛集站 66.10 分，王营盘站 68.00 分。2019 年报送水文基础信息 644 份，完成水文测验 3600 余次（其中水位观测 3650 次、水文巡测 15 次）。每月完成一次辛集省界断面水质采样，全年共计采样 12 次。

（贾晓洁　魏序）

【水政水资源管理】

1. 水法规宣传

“世界水日”“中国水周”宣传活动期间，共设立水法规咨询站（台）7 个，悬挂条幅 11 条，张贴宣传标语、宣传画 22 处，设立宣传展板 12 个，发放倡议书、宣传单、宣传手册共计 6400 余份。全民国家安全教育日宣传活动期间，共悬挂条幅 9 条，张贴宣传画

6处，发放宣传单3000余份。“12·4”宣传活动期间，共设立宣传台3个，悬挂横幅7条，编印宣传单6200余份。组织职工参加全国节约用水知识大赛活动。

2. 水行政执法

开展河湖违法陈年旧案清零行动，依法拆除两处违建房屋140m²、五处违建泵站256.91m²。2019年辖区内无现场处理水事违法案件。

3. 漳卫新河河口管理

以“河长制”为抓手，加强漳卫新河河口管理。开展河口执法，加强河口地区水政巡查，与沧州局定期开展联合执法巡查活动。编制完成《2019年度河口管理实施方案》。11月29日，漳卫新河河口管理第四次联席会议在河北省海兴县召开。

4. 河长制工作

制定印发了《水闸局河长巡河制度》（闸政资〔2019〕28号）。全年完成河长巡河任务共计10次。

7月12日，参加无棣县人民政府组织召开漳卫新河河口管理专题会议，就加强漳卫新河河口区域管理、提升河口区域管理面貌，以及河口行洪安全、河口治理问题进行专题研究；7月26日，无棣县将会议纪要报漳卫南局；8月5日，漳卫南局复函赞同会议对河口问题的处置。

针对漳卫新河无棣段“插花地”“四乱”，及时将详情以公函形式向海兴县河长办通报。对照“清四乱”台账，联合埕口镇、小泊头镇政府依法对鱼塘、虾池、垃圾、树障、房屋等违法事项进行清理整治，累计清理虾池约249.60万m²、违章建筑11834.91m²、树障约8850m²、垃圾270m²。

5. 水资源管理与保护

定期开展取水许可监督检查，全年共开展12次检查。加强引水口管理，配合漳卫南局完成所辖18个取水口的取用水监督检查，完成18个取水口取水工作总结和取水计划编报工作，开展管辖范围内未办理取水许可证取水口和未批先建取水工程核查。落实水资源保护巡查要求，每月开展水功能区和入海排污口监督检查，开展漳卫新河无棣河段（右岸）排污情况调查，2019年未发现排污口，未发生重大水污染事件。

（耿书迪）

【人事管理】

1. 人事任免

（1）科级干部任免。

中共水闸局党委2019年1月7日决定，免去李本安漳卫南运河无棣河务局副局长职务，自2019年1月31日起退休（闸人事〔2019〕3号）。

中共水闸局党委2019年2月12日决定，免去徐春云漳卫南运河水闸管理局后勤服务中心主任职务，自2019年2月28日起退休（闸人事〔2019〕9号）。

中共水闸局党委2019年2月12日决定，聘任刘廷志副主任主持水闸局后勤服务中心工作（闸人事〔2019〕21号）。

根据漳卫南局（漳人事〔2017〕67号）文件批复和漳卫南工会关于水闸局第三届工

会委员会第二次会议选举结果的批复，经研究，决定自2019年7月19日任命王海燕同志为水闸局工会副主席（闸人事〔2019〕58号）。

中共水闸管理局党委2019年8月26日研究决定，任命：王静为办公室（党委办公室）主任（试用期一年）；李磊为水政水资源科科长（试用期一年）（闸人事〔2019〕61号）。

中共水闸管理局党委2019年8月26日研究决定，任命刘建为吴桥闸管理所所长（试用期一年）（闸人事〔2019〕62号）。

中共水闸管理局党委2019年8月26日研究决定，任命杨海春为无棣河务局局长，免去其袁桥闸管理所副所长职务；免去杨金贵无棣河务局局长职务（闸人事〔2019〕63号）。

中共水闸管理局党委2019年8月26日研究决定，聘任刘廷志为后勤服务中心主任（试用期一年，聘期三年）（闸人事〔2019〕64号）。

中共水闸局党委2019年9月19日决定，免去周世华漳卫南运河庆云闸管理所所长职务，自2019年10月31日起退休（闸人事〔2019〕79号）。

中共水闸管理局党委2019年10月26日研究决定，任命刘春华为漳卫南运河庆云闸管理所所长，免去其漳卫南运河王营盘闸管理所所长职务；由马连祯主持漳卫南运河王营盘闸管理所工作（闸人事〔2019〕81号）。

（2）其他人员。

7月，新招录一名参公人员（潘璐瑶），新招聘一名事业人员（陈智勇）。9月10日，一名参公人员（韩滨）调出。

2. 公务员职务与职级并行

7月23日，水利部人事司副司长郭海华带队到水闸局调研，询问了解了水闸管理局基本情况、干部队伍现状、面临的突出问题和职务与职级并行制度实施情况。

7月23日，水闸局印发《水闸局职务与职级并行制度实施细则》（闸人事〔2019〕43号）。

12月31日前完成套转及两次职级晋升工作。

（1）7月15日，水闸局印发《水闸局关于确定王静等人职级的通知》（闸人事〔2019〕38号），根据《漳卫南局职务与职级并行制度实施方案》规定，经2019年7月11日党委会研究批准，确定王静等人套转后职级如下。

1）二级主任科员1人（周云波）。

2）四级主任科员16人（王静、蔡丽霞、贾晓洁、王永兵、韩滨、刘建、王雪松、柳书勇、马连祯、房荣昌、李磊、王圣涛、劳道远、李洪云、张鹏、孙会权）。

3）一级科员9人（耿书迪、苗迎秋、范书春、朱卫亮、苏桂梅、张元军、刘燕萍、李博、杨端霞）。

上述人员职级任职时间自2019年6月1日起算，职级任职年限按照有关规定执行，职级套转前原任非领导职务或副科级职级自行免去。

（2）7月17日，漳卫南局印发《漳卫南局关于确定段俊秀等人职级的通知》（漳任〔2019〕16号），根据《漳卫南局职务与职级并行制度实施方案》规定，经局领导批准，确定段俊秀、杨金贵、霍光、杨海春、刘春华、周世华等6人为四级调研员。

上述人员职级任职时间自2019年6月1日起算，职级任职年限按照有关规定执行，职级套转前原任非领导职务或副处级职级自行免去。

(3) 8月31日，漳卫南局印发《漳卫南局关于贾卫等人职级晋升的通知》(漳任〔2019〕32号)，根据《漳卫南局职务与职级并行制度实施方案》规定，经会议推荐和民主测评，经局党委2019年8月24日研究决定，晋升：贾卫任水闸管理局三级调研员；石屹任水闸管理局三级调研员；于清春任水闸管理局三级调研员；段俊秀任水闸管理局三级调研员；杨金贵任水闸管理局三级调研员；杨海春任袁桥闸管理所三级调研员；周世华任庆云闸管理所三级调研员。

(4) 8月31日，水闸局印发《水闸局关于王静等职级晋升的通知》(闸人事〔2019〕53号)，水闸局党委2019年8月21日研究决定，晋升：王静任办公室(党委办公室)三级主任科员；周云波任办公室(党委办公室)一级主任科员；耿书迪任水政水资源科四级主任科员；翟秀平任财务科一级主任科员；王长振任财务科三级主任科员；翟永英任人事科(监察审计科)一级主任科员；蔡丽霞任人事科(监察审计科)三级主任科员；李兴旺任工程管理科(防汛抗旱办公室)一级主任科员；贾晓洁任工程管理科(防汛抗旱办公室)三级主任科员；苗迎秋任工程管理科(防汛抗旱办公室)四级主任科员；范书春任工程管理科(防汛抗旱办公室)四级主任科员；王海燕任工会一级主任科员；刘学峰任祝官屯枢纽管理所一级主任科员；王永兵任祝官屯枢纽管理所三级主任科员；韩滨任袁桥闸管理所三级主任科员；朱卫亮任袁桥闸管理所四级主任科员；刘建任吴桥闸管理所三级主任科员；王雪松任吴桥闸管理所三级主任科员；柳书勇任吴桥闸管理所三级主任科员；苏桂梅任吴桥闸管理所四级主任科员；马连祯任王营盘闸管理所三级主任科员；房荣昌任王营盘闸管理所三级主任科员；姜东峰任罗寨闸管理所一级主任科员；李磊任罗寨闸管理所三级主任科员；王圣涛任罗寨闸管理所三级主任科员；张元军任罗寨闸管理所四级主任科员；劳道远任庆云闸管理所三级主任科员；李洪云任庆云闸管理所三级主任科员；刘燕萍任庆云闸管理所四级主任科员；张鹏任无棣河务局三级主任科员；孙会权任无棣河务局三级主任科员；李博任无棣河务局四级主任科员；杨瑞霞任无棣河务局四级主任科员。

(5) 9月11日，漳卫南局印发《漳卫南局关于薛德训职级晋升的通知》(漳任〔2019〕47号)，根据《漳卫南局职务与职级并行制度实施方案》规定，经会议推荐和民主测评，局党委2019年8月24日研究决定，薛德训任水闸局一级调研员。

(6) 9月16日，水闸局印发《水闸局关于李磊免职级的通知》(闸人事〔2019〕65号)，由于人事变动，根据工作需要，免去李磊罗寨闸管理所三级主任科员职级。

(7) 9月19日，水闸局印发《水闸局关于张鹏、张元军职级任免的通知》(闸人事〔2019〕66号)，中共水闸管理局党委2019年9月19日研究决定，任命：张鹏为办公室(党委办公室)三级主任科员，免去其无棣河务局三级主任科员职级；张元军为无棣河务局四级主任科员，免去其罗寨闸管理所四级主任科员职级。

(8) 9月25日，漳卫南局印发《漳卫南局关于杨海春任职的通知》(漳任〔2019〕51号)，根据工作需要，经研究决定，杨海春任无棣河务局三级调研员，免去其袁桥闸管理所三级调研员职级。

（9）10 月 30 日，漳卫南局印发《漳卫南局关于周世华免职的通知》（漳任〔2019〕55 号），周世华已达到法定退休年龄，漳卫南局党委 10 月 22 日研究决定，免去周世华庆云闸管理所三级调研员职级。

（10）12 月 2 日，漳卫南局印发《漳卫南局关于刘春华职级任免的通知》（漳任〔2019〕58 号），因刘春华职务调整，漳卫南局党委 2019 年 11 月 25 日研究决定，任命刘春华为庆云闸管理所四级调研员，免去其王营盘闸管理所四级调研员职级。

（11）12 月 27 日，漳卫南局印发《漳卫南局关于周云波等人职级晋升的通知》（漳任〔2019〕71 号），根据《漳卫南局职务与职级并行制度实施方案》规定，经民主推荐和考察，局党委 2019 年 12 月 18 日研究决定，晋升周云波、翟永英、李兴旺为水闸局四级调研员。

（12）12 月 31 日，水闸局印发《水闸局关于张鹏等人职级晋升的通知》（闸人事〔2019〕93 号），根据《漳卫南局职务与职级并行制度实施方案》规定，经民主推荐和考察，水闸局党委 2019 年 12 月 18 日研究决定，晋升以下人员职级：张鹏任办公室（党委办公室）二级主任科员；王长振任财务科二级主任科员；蔡丽霞任人事科（监察审计科）二级主任科员；贾晓洁任工程管理科（防汛抗旱办公室）二级主任科员；王永兵任祝官屯枢纽管理所二级主任科员；劳道远任庆云闸管理所二级主任科员。

（13）2020 年 1 月 9 日，漳卫南局印发《漳卫南局关于贾卫、于清春职级晋升的通知》（漳任〔2020〕7 号），根据《漳卫南局职务与职级并行制度实施方案》规定，经民主推荐和考察，漳卫南局党委 2019 年 12 月 6 日研究决定，贾卫、于清春任水闸局二级调研员，职级任职时间自 2019 年 12 月起算。

3. 机构设置与调整

（1）2 月 27 日，印发《水闸局关于调整安全生产领导小组的通知》（闸工管〔2019〕8 号），将水闸局安全生产领导小组成员调整如下。

组　长：刘敬玉

副组长：石　屹

成　员：李兴旺　王　静　李　磊　翟秀平　翟永英　王海燕　范连东　刘廷志　金松森

安全领导小组下设办公室，日常工作由工管科负责，由李兴旺兼任办公室主任，具体工作由孙会权负责。

（2）4 月 4 日，印发《水闸局关于成立基层单位生产用房及仓库维修项目管理机构的通知》（闸工管〔2019〕25 号），成立水闸局基层单位生产用房及仓库维修项目管理小组，成员如下。

组　长：石　屹（项目负责人）

副组长：李兴旺（负责项目日常管理）

成　员：王长振（负责财务管理）

王永兵（负责项目监督审计工作）

孙会权（负责项目质量安全监督）

小组仅对 2019 年度单位生产用房及仓库维修项目的实施进行管理监督，项目完成后自行解散。

（3）6 月 13 日，印发《水闸局关于调整 2019 年水旱灾害防御组织机构的通知》（闸工管〔2019〕33 号），对水闸局 2019 年水旱灾害组织机构进行调整。

1）水闸局水旱灾害防御工作领导小组。

组　长：刘敬玉

副组长：薛德训　贾　卫　石　屹　于清春　段俊秀

成　员：李兴旺　王　静　李　磊　翟秀平　翟永英　王海燕　刘廷志　金松森　范连东

2）职能组。

a. 综合调度组。

组　长：李兴旺

成　员：主要由工管科人员组成

b. 水情预报组。

组　长：金松森

成　员：主要由水文中心人员组成

c. 清障组。

组　长：李　磊

成　员：主要由水政科人员组成

d. 物资保障组。

组　长：翟秀平

副组长：王长振

成　员：主要由财务科人员组成

e. 宣传报道组。

组　长：王　静

成　员：主要由办公室人员组成

f. 水旱灾害防御动员组。

组　长：王海燕

成　员：主要由工会人员组成

g. 检查督导组。

组　长：翟永英

成　员：主要由人事科人员组成

h. 通信信息及后勤保障组。

组　长：刘廷志

副组长：范连东

成　员：主要由后勤服务中心、综合事业管理中心人员组成

3）顾问组。

组　长：杨志信

成　员：主要由退休有防汛经验的专家、领导组成

4）水旱灾害防御办公室。

主　任：石　屹

副主任：李兴旺

成　员：贾晓洁　劳道远　苗迎秋　范书春　孙会权

（4）11 月 22 日，水闸局印发《水闸局关于成立防汛工程设施修复项目管理机构的通知》（闸工管〔2019〕84 号），成立水闸管理局无棣堤段防汛工程设施修复项目管理小组，成员如下。

组　长：石　屹（项目负责人）

副组长：李兴旺（负责项目日常管理）

杨海春（负责项目日常管理）

成　员：贾晓洁（负责项目技术管理）

张元军（负责项目现场监督）

王长振（负责项目财务管理）

王永兵（负责项目审计工作）

小组仅对防汛工程设施修复项目的实施进行管理监督，项目完成后自行解散。

4. 职工培训

2019 年，水闸局共举办水旱灾害防御、水资源管理、办公室工作等培训班 10 个；组织参加了“2019 年全国节约用水知识大赛”等网络培训。参加水闸局举办的培训班人数 380 余人次；参加上级举办的各类培训 70 余人次。

组织全体职工参加水利培训教育网络学习，均达到教育培训学时。

5. 干部交流

8 月，李磊由罗寨闸管理所交流到水闸局水政水资源科，杨海春由袁桥闸管理所交流到无棣河务局；9 月，张鹏由无棣河务局交流到水闸局办公室，张元军由罗寨闸管理所交流到无棣河务局；10 月，刘春华由王营盘闸管理所交流到庆云闸管理所。

6 月，无棣河务局李博借调到海委办公室；8 月，吴桥闸所李泽光借调到水闸局水政水资源科，无棣河务局杨瑞霞借调到水闸局办公室；10 月，无棣河务局高新宪借调到庆云闸管理所。

6. 人员变动

截至 2019 年 12 月底，水闸局在职职工 93 人，其中：参照公务员法管理人员 43 人，事业人员 50 人。退休人员 49 人。

12 月 23 日，漳卫南局召开公司体制调整工作会议后，于当天接收水闸分公司 19 卷人事档案（15 卷在职人员人事档案、1 卷退休人员人事档案、3 卷死亡人事档案）。

7. 职称评定与事业编制人员岗位聘用

（1）7 月 17 日，漳卫南局印发《漳卫南局关于公布、认定专业技术职务任职资格的通知》（漳人事〔2019〕27 号），经海委海人事〔2019〕39 号批准，李国兴具备高级工程师任职资格，专业技术资格取得时间为 2019 年 6 月 17 日；经漳卫南局认定，李昊具备助理工程师任职资格，霍子龙、贾金涛具备技术员任职资格，专业技术资格取得时间为 2019 年 7 月 15 日。

（2）7月23日，水闸局印发《水闸局关于事业编制人员专业技术岗位聘用的通知》（闸人事〔2019〕42号），聘用：李国兴为专业技术岗位七级；李娜为专业技术岗位八级；李昊为专业技术岗位十二级；霍子龙、贾金涛为专业技术岗位十三级。聘期自2019年7月至2022年12月。

（3）12月19日，水闸局印发《水闸局关于事业编制人员专业技术岗位聘用的通知》（闸人事〔2019〕90号），聘用：魏序为专业技术岗位九级，聘期自2019年12月至2022年12月；臧庆虎为专业技术岗位十二级，聘期自2019年9月至2022年12月。

8. 表彰奖励

（1）1月17日，漳卫南局印发《漳卫南局关于表彰2018年度先进单位、先进集体的通报》（漳办〔2019〕2号），授予水闸局"漳卫南局2018年度先进单位"荣誉称号。

（2）1月22日，漳卫南局印发《漳卫南局关于表彰2018年度工程管理先进单位的通报》（漳建管〔2019〕1号），授予祝官屯枢纽管理所、吴桥闸管理所"2018年度工程管理先进水管单位"荣誉称号。

（3）5月30日，漳卫南局印发《漳卫南局关于确定刘敬玉2018年度考核结果的通知》（漳人事〔2019〕16号），刘敬玉年度考核确定为优秀等次。

（4）1月10日，水闸局印发《水闸局关于公布2018年度参照公务员法管理人员和事业人员考核结果的通知》（闸人事〔2019〕2号）。2018年度考核结果如下。

1）参照公务员法管理人员2018年度考核结果。

优秀等次人员：刘学峰　霍　光　姜东峰　翟秀平　翟永英　王　静

其他参加考核的人员均为称职。

对优秀等次人员嘉奖一次，翟秀平、翟永英于2016—2018年连续三年考核被确定优秀等次，记三等功一次。

2）事业人员2018年度考核结果。

优秀等次人员：徐春燕　张云松　刘超（男）　李国兴　曹同才　刘超（女）　魏　序

其他参加考核的人员均为合格，臧庆虎、霍子龙、李　昊、贾金涛见习期不定考核等次。

（5）2月21日，水闸局印发《水闸局关于表彰2018年度先进单位的决定》（闸办〔2019〕5号），授予工管科、财务科"2018年度先进集体"荣誉称号；授予祝官屯枢纽管理所、吴桥闸管理所"2018年度先进单位"荣誉称号；授予王营盘闸管理所、罗寨闸管理所"2018年度水资源管理先进单位"荣誉称号；授予无棣河务局"2018年度水行政执法先进单位"荣誉称号；授予庆云闸管理所"2018年度职工小家建设先进单位"荣誉称号；授予袁桥闸管理所"2018年度文明建设先进单位"荣誉称号。

（6）2月21日，水闸局印发《水闸局关于2018年工作创新获奖项目的通报》（闸工会〔2018〕8号），通报创新工作获奖项目。

1）工程技术创新项目。

一等奖：祝官屯枢纽管理所《钢丝绳除污、上油保养专用工具》项目；

二等奖：袁桥闸管理所《可调式闸门大轮专用维修工具》项目；

三等奖：吴桥闸管理所《闸门启闭挂钩改造》项目。

2）工作管理创新项目。

三等奖：王营盘闸管理所《防碳化处理》项目；

优秀奖：罗寨闸管理所《启闭机绳孔封堵》项目，无棣河务局《桥梁维修加固新工艺》项目。

（翟永英　王静）

【综合管理】

财务工作规范有序。完善内控制度，制定印发《水闸局差旅伙食费和市内交通费收交管理暂行办法》《水闸局资产管理办法》等内部管理办法。合同管理进一步规范。按计划完成预算资金支付进度，加强预算收支日常监督管理。完成固定资产全面清查工作。完成基层单位（河北部分）基本银行账户申请开户工作。

调整安全生产领导小组，制订年度安全生产工作要点、安全生产月活动实施方案，层层落实安全生产责任制，开展安全生产月活动。健全安全生产管理制度，制定印发《水闸局生产安全事故报告和调查处理办法》《水闸局危险源管理制度》等安全生产规章制度。开展安全生产标准化建设工作，袁桥闸管理所、吴桥闸管理所获得水利安全标准化三级单位称号；开展特殊工种持证上岗、水利工程安全风险管控工作等。2019 年，实现全年安全生产无事故。

（翟秀平　孙会权）

【经济创收】

抓住黄大铁路跨漳卫新河大桥涉河项目建设机遇，依法收取水利工程设施占用补偿费。

加强辛集收费站日常管理，开展“四严”“三净”“一遵守”承诺等活动，深化辛集收费站作风纪律整顿活动成果。注重桥梁安全监控，每天定时定人对交通桥进行安全检查，上报隐患观测记录。2019 年，辛集闸桥收费 2299.35 万元。

（翟秀平　张鹏）

【全面从严治党】

1.“不忘初心、牢记使命”主题教育

深入开展“不忘初心、牢记使命”主题教育。9 月，召开水闸局“不忘初心、牢记使命”主题教育动员部署会，制定印发《水闸局党委“不忘初心、牢记使命”主题教育实施方案》。将学习教育、调查研究、检视问题、整改落实四项重点措施贯穿主题教育全过程。水闸局党委共进行 13 次集中学习研讨，班子成员带头深入开展调查研究，讲授专题党课。12 月，召开主题教育专题民主生活会，深入检视问题并提出整改措施。

2. 党建工作

制定印发《水闸局党委关于加强党的建设的意见》《水闸局党委党建工作三年规划（2019—2021 年）》，推进基层党支部规范化、标准化建设，严格落实“三会一课”、党员活动日等组织生活制度，2019 年共发展 4 名预备党员（刘建、王圣涛、朱卫亮、李娜）。开展党建检查工作。

1 月，以闸党〔2019〕1 号文件批复同意第四党支部委员分工调整结果。

6月28日，中共漳卫南局直属机关党委印发《关于表彰先进基层党组织、优秀共产党员和优秀党务工作者的通报》，水闸局第一党支部被评为2018—2019年度先进基层党组织；刘超、刘学峰、姜东峰、李国兴、杨海春被评为2018—2019年度优秀共产党员；王静被评为2018—2019年度优秀党务工作者。

7月，积极配合漳卫南局党委第三轮巡察第二巡察组开展巡察，并做好巡察问题整改落实工作。

3. 党风廉政建设

落实党委党风廉政建设主体责任，印发《水闸局党委全面从严治党主体责任清单》，召开党风廉政建设工作会议，签订党风廉政建设责任书、承诺书。开展集体廉政约谈，局党委成员与分管部门和联系单位的负责人进行廉政约谈，对新提拔的科级干部进行任前廉政谈话。班子成员对分管领域党风廉政建设工作进行研究部署，开展专项督导检查，督促落实“一岗双责”。

集中开展廉政警示教育“十个一”活动，制作廉政文化展板、宣传栏，购置廉政书籍和光盘，举办迎国庆廉政文化书画展等。

修订《水闸局党委贯彻落实中央八项规定精神实施办法》，开展落实中央八项规定、劳动纪律、工作纪律等检查。

深化廉政风险防控，修订完善防汛抗旱、维修养护领域《廉政风险防控手册》，优化完善《水闸局资金资产管理廉政风险防控手册》《水闸局干部人事管理廉政风险防控手册》。

（王静　翟永英）

【工会工作】

7月11日，召开水闸局第三届工会委员会第二次会议，补选委员、副主席。7月19日，中国农林水利工会海委漳卫南运河管理局委员会批复，同意王海燕、刘超、郭全亮、刘燕萍为水闸局第三届工会委员会委员，王海燕为水闸局第三届工会委员会副主席。

（王海燕）

【脱贫攻坚】

7月，杨金贵结束为期两年的援助贵州水利扶贫工作。

2017年7月起，杨金贵作为水利部、国家林业局滇桂黔石漠化片区扶贫工作联系贵州工作组成员，挂职贵州省六盘水市六枝特区政府副区长，助推六枝特区实现“减贫摘帽、全面同步小康”。2019年4月24日，贵州省政府正式批准六枝特区退出贫困县。2019年6月，中共贵州省委员会授予杨金贵同志“全省脱贫攻坚优秀共产党员”称号。

（王静）

【精神文明建设】

组织开展迎春节、庆“五一”等文体活动。5月，组队参加漳卫南局系统2019年羽毛球比赛，获得团体第四名。9月，组队参加漳卫南局“不忘初心、牢记使命，庆祝新中国成立70周年演唱会”。助力德州市创城，开展环境清理、交通劝导等志愿帮扶活动，筹措资金为包保小区制作门岗岗亭、创城宣传栏等。

水闸局机关、祝官屯枢纽管理所、袁桥闸管理所复查合格，被山东省精神文明建设委员会授予“2019 年度省级文明单位”称号；吴桥、王营盘、庆云闸管理所保持“沧州市文明单位”称号；无棣河务局保持“滨州市文明单位”称号。

（王静　周云波）

防汛机动抢险队

【防汛工作】

3 月，上报 2019 年汛前检查的报告；同时及时调整防汛抢险组织机构，明确工作职责。

4 月，漳卫南局防办主任张晓杰率队到抢险队设备基地进行防汛检查，检查组一行到三十里铺基地实地查看了抢险队汛前准备情况，认真听取了汛前工作汇报，并针对抢险设备运行保养、汛前应急准备、防汛预案编制等工作提出要求。

5 月 28—29 日，抢险队在三十里铺参加漳卫河系洪水调度演练，海委安监处原振业副处长现场观摩。此次演练模拟 8 月 7 日四女寺南闸下泄流量 $1680m^3/s$，老减河强迫行洪，以四女寺闸下 5.6km 处三十里铺段堤防出现险情为背景。在接到漳卫南局防御处电话通知后，立即启动抢险预案，组织机械操作手、现场医生、抢险人员赶赴险情现场，出动各类抢险设备按照既定方案抢险。

7 月，抢险队召开 2019 年水旱灾害防御工作会议；同时加强汛期值班带班纪律，实行 24 小时带班值班制度。举办防汛抢险技术、设备操作技能培训班。

9 月，结束防汛值班，做好防汛工作总结上报工作。

（田晶）

【防汛物资管理】

制定了安全设施管理制度、设备管理制度、特种设备安全管理制度、物资仓库安全管理制度、防汛物资管理办法等规章制度。定期检查物资设备仓库消防器材设施、电气电路、监控系统的完好情况和工作状况；定期检查物资设备存放情况，做到无损坏、无丢失、无隐患、无霉烂变质、无杂物积尘；做好防火、防爆、防盗、防腐、防蛀、防潮工作。设备日常保卫看管工作实行 24 小时值班制度，认真填写值班记录，严格执行交、接班手续。定期对防汛抢险物资设备进行检查、运行、维护和保养。

（田晶）

【人事劳动管理】

1. 人事任免

10 月 16 日，经抢险队党委研究决定，免去齐建新的财务科科长职务，自 2019 年 10 月 31 日起退休（抢险人〔2019〕10 号）。

2. 机构调整

(1) 2月11日，根据工作需要，现对抢险队领导分工调整如下。

段百祥：主持党政全面工作，负责单位党务、财务、精神文明等工作，分管办公室、财务科。

刘恩杰：借调到漳卫南局建管局工作。

宫学坤：负责防汛抢险、安全生产、工会等工作，分管技术科、工会、抢险二分队、抢险三分队。

李永波：主持全面技术工作。负责后勤工作，分管后勤服务中心。

郑萌：负责党风廉政、人事（监察审计）、物资管理工作，分管人事（监察审计）科、抢险一分队、物资供应中心。

(2) 3月19日，根据防汛抢险工作的需要，现对防汛抢险组织机构调整如下。

1) 领导小组。

组　长：段百祥

副组长：宫学坤　李永波　郑　萌

成　员：黄风光　彭闽东　齐建新　代志瑞　刘恒双　赵清祥　薛善林　王吉祥　张雁北

领导小组办公室设在技术科，负责日常工作的组织开展，人员组成如下。

主　任：宫学坤

副主任：代志瑞　黄风光

成　员：魏　杰　宋雅美　王　青　刘秀明　李志平　吕晓霞　梁新伟　董　燕　万乐天　田　晶

职　责：制订防汛抢险应急响应行动预案；做好水情、雨情、工情以及有关险情信息汇总，及时通知有关领导和相关单位，为防汛抢险决策提供有力依据。

2) 职能组。

a. 设备抢险组。

组　长：郑　萌

副组长：刘恒双　张雁北　赵清祥　薛善林

成　员：贾廷学　刘书奇　赵建利　刘明忠　刘风昌　范怡海　张玉胜　宋爱华　王建平　俎文斌　李春静　于晓青　付丙贵　马书臣　于其忠　崔磊磊　张森林　贺卫国　王泽祥　魏玉涛　崔雁卿　范　洪　张石华　马德祥　李国栋　付延刚　王　建　刘培成　张志坚　孙希泉　唐心宝　苑冀冬　陈世勇　汪　彪

职　责：承担抢险队防洪工程紧急抢险任务，组织好救援物资、设备、车辆的进场施救；抢险救援结束后，针对抢险过程中进行总结评估，形成应急响应行动评估报告；负责抢险队防汛物资和抢险设备的日常管理、养护和维修工作。

b. 技术组。

组　长：李永波

副组长：代志瑞　刘恒双（兼）　赵清祥（兼）　薛善林（兼）

成　员：魏　杰　宋雅美　王　青　刘秀明　李志平　田冬梅　国贞新

职　责：指导设备抢险组实施应急预案；完善应急预案中存在的缺陷；及时向外部救援机构提供准确的抢险救援信息；收集、整理雨情、水情、灾情等信息，及时传达指挥中心的命令、通令，提供上报下传的资料。

c. 后勤保障组。

组　长：王吉祥

副组长：李延国

成　员：王立明　方继榕　史文利　马　勇　辛　勇　王　勇　刘俊青　刘来峰
陈　燕　汤　咏　刘　刚

职　责：保障救援人员必需的防护、救护用品及生活物质的供给；维持抢险现场秩序；保持抢险救援通道的畅通。

d. 宣传组。

组　长：黄风光

副组长：组国泉　吕晓霞

成　员：梁新伟　董　燕　万乐天　田　晶　刘　洁

职　责：负责抢险队防汛信息的宣传报道工作；保障防汛通信、系统网络安全可靠；确保异地会商系统正常运行。

e. 劳资组。

组　长：齐建新　彭闽东

副组长：王雅伟

成　员：马莉莉　刘滋军　侯贻芹　崔冰冰　张志新　于　勇　宋爱莲

职　责：筹集防汛抢险经费，保证资金能满足救援抢险的需要。

（3）6月3日，根据抢险队领导班子分工调整情况，现对党风廉政建设责任制领导小组成员及责任分解调整如下。

组　长：段百祥

成　员：宫学坤　李永波　郑　萌

党风廉政建设责任制领导小组办公室（以下简称廉政办）设在队办公室（党委办公室），办公室主任由黄风光兼任，办公室成员分别为彭闽东、吕晓霞、田晶、于勇。

（4）7月8日，根据工作需要，现对抢险队精神文明建设领导小组成员调整如下。

组　长：段百祥

副组长：刘恩杰　宫学坤　李永波　郑　萌

成　员：组国泉　黄风光　彭闽东　齐建新　代志瑞　刘恒双　赵清祥　薛善林
张雁北　王吉祥

精神文明建设领导小组设办公室（简称“文明办”），组成如下。

主　任：郑　萌

副主任：黄风光　吕晓霞

成　员：宋雅美　魏　杰　王泽祥　张森林　田　晶　万乐天　于　勇　崔冰冰
刘　洁　王　建　张玉胜　刘俊青

具体负责日常工作的组织开展。

(5) 11 月 25 日，根据工作需要，调整防汛抢险队党建工作领导小组及办公室成员，其组成如下。

组　长：段百祥

副组长：郑　萌

成　员：黄风光　彭闽东　张森林　吕晓霞　田　晶　刘　洁

党建工作领导小组下设办公室，负责日常工作，办公室设在队办公室（党委办公室），主任由黄风光兼任。

(6) 11 月 26 日，根据工作需要，现对抢险队党风廉政建设领导小组办公室（以下简称抢险队廉政办）调整如下。

主　任：黄风光

副主任：彭闽东

成　员：王雅伟　田　晶　刘　洁　张志新

3. 人员变动

截至 2019 年年底，防汛机动抢险队有在职职工 80 人，退休职工 54 人。

4. 职工培训

2019 年举办各类培训班 13 期，内培人员 476 人次，外培 135 人次，网络答题参加人员 252 人次，开通水利教育培训网学习 49 名。全年干部职工培训率达到 100%，达标率达 100%。

5. 职称评定

8 月 7 日，根据《漳卫南局关于印发事业单位岗位设置后续管理工作有关问题处理意见的通知》（漳人事〔2017〕60 号）文件精神，经 2019 年 7 月 29 日抢险队党委会研究同意，并公示合格，决定聘任赵清祥专业技术岗八级，聘期三年（2019 年 7 月 1 日至 2022 年 6 月 30 日）（抢险人〔2019〕5 号）。

12 月 31 日，根据《漳卫南局关于印发事业单位岗位设置后续管理工作有关问题处理意见的通知》（漳人事〔2017〕60 号）文件精神，经 2019 年 12 月 24 日抢险队党委会研究同意，并公示合格，决定聘任：魏玉涛专业技术岗十级；宋爱华工勤岗二级。以上人员聘期三年（2019 年 12 月 31 日至 2022 年 12 月 30 日）（抢险人〔2019〕15 号）。

6. 表彰奖励

2 月 21 日，决定授予办公室、抢险一分队“水利部海委漳卫南运河管理局防汛机动抢险队 2018 年度先进集体”荣誉称号；授予物资供应中心“水利部海委漳卫南运河管理局防汛机动抢险队 2018 年度安全生产先进集体”荣誉称号；授予段百祥、刘恩杰、李永波、黄风光、彭闽东、齐建新、刘恒双、田晶、魏杰、马莉莉、于晓青、贾廷学、王泽祥、王勇、王建、刘俊青、刘书奇、陈世勇、宋爱莲、刘刚等 20 名同志“水利部海委漳卫南运河管理局防汛机动抢险队 2018 年度先进工作者”荣誉称号（抢险人〔2019〕3 号）。

5 月 22 日，经漳卫南局党委研究决定，防汛抢险队 2018 年度处级考核优秀人员为段百祥、刘恩杰、李永波（漳人事〔2019〕15 号）。

6月28日，防汛机动抢险队第二党支部被漳卫南局机关党委评为“2018—2019年度先进基层党组织”，彭闽东、刘恒双、张森林被评为“2018—2019年度优秀共产党员”，吕晓霞被评为“2018—2019年度优秀党务工作者”。

（田晶）

【综合管理】

1. 制度建设

整理完善有关政务管理、财经与审计管理、人事与教育管理、安全管理等方面规章制度60余项，并编印成册。结合抢险队的实际情况制定了《防汛抢险队绩效工资分配办法》和《防汛抢险队绩效考核办法》，顺利完成了绩效工资改革。

2. 综合政务

2月22日，抢险队召开2018年工作会，贯彻落实漳卫南局工作会议部署，全面总结抢险队2018年工作，安排部署2019年重点工作任务。段百祥书记作题为“适应新要求，把握新机遇，开创抢险队今后发展新局面”的工作报告，并对2018年度先进单位和个人进行通报表彰。

制定《防汛抢险队目标管理体系》（抢险〔2019〕10号），细化工作任务，强化责任管理。12月10日，抢险队进行2018年目标考核汇报，全面总结了2019年以来的重点工作，指导组肯定了抢险队一年以来的工作，对一些不足之处提出了建设性意见。会后漳卫南局检查组检查相关资料，进行个别谈话。

（田晶）

【安全生产管理】

1. 安全生产制度

年初编写2019年抢险队安全生产工作要点，组织相关科室编制修订2019年安全生产管理制度，开展安全生产标准化工作。

2. 安全生产会议

6月13日，召开安全生产会议，传达漳卫南局安全生产会议精神，同时启动安全生产月活动。

3. 安全生产检查

组织有关部门、人员开展了重大节假日、汛期前等重点时间节点的安全生产大检查工作，积极查找隐患，全年无安全事故发生。每月按时上报网络水利安全生产信息。

4. 安全生产月活动

制订《防汛抢险队2019年安全生产月宣传活动实施方案》，大力开展安全生产宣传教育活动，利用张贴宣传画、分发宣传册、播放警示教育片等形式全方位、多角度、立体化进行安全生产教育宣传，召开安全生产会议1次，组织和参加安全生产培训2次，开展安全生产大检查1次。

5. 安全生产培训

开展安全生产培训班，提交海委组织的水利安全征文3篇，参加水利部组织的安全生产网络竞赛和“水安将军”答题活动共51人次。在水利部组织的安全生产网络竞赛活动中，抢险队职工参与度高、成绩突出，受到海委监督处电话表扬。

（田晶）

【党建工作】

1. 开展学习教育

2019年根据“党员活动日”规定工作和“不忘初心、牢记使命”主题教育工作共进行党员集中学习30余次，领导班子讲专题党课10次。

2. 进行制度建设

召开党建工作领导小组会议，研究讨论2019年党建工作要点并安排部署2019年党建工作，制订并印发《防汛抢险队党委理论学习中心组2019年理论学习计划》《防汛抢险队2019年党建工作要点》。根据工作需要，调整抢险队党建工作领导小组。

3. 加强支部建设

全面落实“三会一课”制度，每月10号以支部组织开展“党员活动日”，认真完成规定工作，结合单位实际开展好自选工作。2019年共发展党员2名，预备党员按期转正1名。

4. 成立“党建书屋”

完善党员活动室，成立党建书屋，购买《毛泽东选集》《邓小平文选》《江泽民文选》《胡锦涛文选》《习近平谈治国理政》《资本论》等书籍，订阅《半月谈》。

5. 丰富党员活动

组织开展“迎七一”党日教育活动，组织全体党员参观红色教育基地中国人民抗日战争纪念馆、山东聊城孔繁森纪念馆，组织党员观看爱国教育片《建军大业》《我和我的祖国》。参加德州市和漳卫南局党校党务知识培训班。开展和看望慰问退休老党员，根据德州市2019年度党员关怀帮扶活动对符合条件的2名困难党员实行救助，救助金额为15000元。

（田晶）

【党风廉政建设】

2月27日，抢险队召开2019年党风廉政建设工作会议。签订《廉政建设承诺书》《党风廉政建设责任书》。

6月，根据工作需要，调整党风廉政建设责任制领导小组成员及责任分解，印发《2019年防汛抢险队党风廉政建设工作要点》。漳卫南局副局长付贵增率局督导调研组对抢险队党风廉政建设责任制“一岗双责”履行情况及整治形式主义、官僚主义工作情况进行督导调研。同月召开党风廉政建设专题学习会，会议传达学习了《漳卫南局关于发挥违纪案例警示教育作用进一步严肃财经纪律的通知》（漳监〔2019〕3号）文件和德州市《市纪委通报3起违反中央八项规定精神典型问题》案例通报。

8—9月，开展廉政警示教育月活动。召开廉政警示教育月动员大会，制定了《防汛抢险队关于集中开展廉政警示教育活动的方案》（抢险党〔2019〕6号）。举办廉政警示教育培训班，重点学习了《漳卫南局关于学习中纪委通报案例加强“端午”期间作风建设的通知》（漳监〔2019〕5号）和《市纪委通报2起损害营商环境典型问题》，党员干部结合本职工作展开座谈讨论。举办题为“知规知纪存戒惧，清正廉洁做表率”廉政专题党课，学习了《中华人民共和国监察法》《中国共产党处分条例》《中国共产党问责条例》《事业单位工作人员处分暂行规定》党纪国法等内容概要以及“中央八项规定”“中央八项规定精神”的意义和不同。修订及编印《廉政风险防控手册》，发放到各单位（部门），发放《党员干部“禁令”手册书》人手一本，组织党员干部到红色教育基地——中华民族抗日战争纪念馆参观学习。

12月，报送抢险队履行主体责任和落实党风廉政建设工作情况报告，总结2019年度党风廉政建设情况。

（田晶）

【“不忘初心、牢记使命”专题】

9月，成立主题教育领导小组，召开动员部署会，制定学习清单，按要求开展18个专题的集中学习，及时跟进学习习近平总书记重要讲话精神，在每次集中学习时进行重点发言和交流发言，领导班子结合自身学习体会到支部讲党课5次，其中党委书记讲专题党课1次。领导班子开展调研课题4个，形成调研报告4份，制度成果17份。组织全体党员赴西柏坡、抗日战争纪念馆、孔繁森纪念馆等红色教育基地开展教育实践活动，领悟初心使命。

10月，广泛征求意见，召开座谈会两次，发放征求意见函表10份，按照上级要求认真开展专题民主生活会和组织生活会，领导班子检视问题12条，从易到难逐条梳理进行整改，明确责任人和责任部门，已整改6条。

11月，召开检视问题专题会，领导班子成员对照六方面逐条查找问题。制定并印发《中共防汛抢险队党委关于在“不忘初心、牢记使命”主题教育中开展专项整治的工作方案》（抢险党〔2019〕10号），明确责任主体，制定阶段目标，做好评估评价工作。

12月，抢险队召开“不忘初心、牢记使命”专题民主生活会，上报《防汛抢险队2019年度“不忘初心、牢记使命”专题民主生活会情况报告》。全面总结主题教育活动，撰写主题教育总结报告，并结合实际研究制定长效机制，将主题教育活动变为党员干部学习工作的常态化、规范化、制度化，使主题教育学习效果落地生根。

（田晶）

【精神文明建设】

2019年继续保持“市级文明单位”称号。3月，开展了“世界水日”“中国水周”宣传活动，组织义务植树活动。5月，举办庆“五一”健步走活动。参加漳卫南系统2019年羽毛球比赛，并取得女双第二、女单第三、男双混双第六、团体第五名的好成绩。

组织青年职工开展志愿服务活动、文体健身活动，开展“五四”室内素质拓展训练活动。立足建国70周年活动，抢险队团委组织党员干部和在职职工录制防汛抢险队《我和我的祖国》快闪视频，参加漳卫南局红歌汇演，共同歌唱《祖国不会忘记》。

（田晶）

德州水电集团公司

【经营创收】

2019 年，共签订合同额约 1.33 亿元，其中养护工程合同额约 5900 万元，基建工程合同额约 7400 万元；完成收入约 9140 万元，其中养护工程收入约 5790 万元，基建收入约 3350 万元。

主要来源包括：①提升所承担的四女寺北闸除险加固工程第二标段的施工管理水平，力争做到降成本、增效益；②与局系统各管理单位加强沟通，确保系统内界桩界碑项目、雨毁修复项目等小基建项目不流失；③进一步规范汽车租赁业务和印刷业务，目前承担了集团公司内部、漳卫南局部分部门、部分单位以及少量市场业务；④开拓外部市场，2019 年主要是参与平原县农村生活用水节水试点项目，平原县、禹城、庆云县等地高标准农田建设项目，以及郑济铁路跨越卫河防护工程项目的投标，中标 6 个项目，合同额总计约 4600 余万元。

（王海英）

【综合管理】

加强制度建设，先后制定并印发《工程项目施工采购管理制度（试行）》《职工异地交流有关待遇的规定》《办公用品管理办法》《专业技术证书管理办法》《工作请示汇报制度》等。

（王海英）

【职工队伍建设】

制定并印发《水电集团公司人才中长期规划》《水电集团公司 2019 年度人才培养计划》，修订《专业技术证书管理办法》。加大相关业务教育培训力度，全年共组织开展 7 期培训，参加人数达 210 余人次。培训安全三类人员 10 人，延期 15 人，特殊工种 3 人，五大员延期 30 人。另外，2019 年新增一级建造师 2 人、二级建造师 8 人、高级工程师 2 人和工程师 5 人。

（王海英）

【安全生产】

调整安全生产领导小组，制定和实施安全生产月实施方案。加强安全生产自检自查及对下属单位抽查工作力度，完成安全生产许可证和安全标准化的复审延期。组织相关人员参加“水利安全生产信息上报系统培训班”，做好迎接质量管理体系、职业健康安全管理体系、环境管理体系三证复审的准备工作。

（王海英）

【企业文化建设】

开展美丽巾帼健步行、“五一”慰问四女寺项目部职工、主题教育知识竞赛、参观红色教育基地、观影《我和我的祖国》等形式多样的文体活动。参与漳卫南局第一届羽毛球比赛、漳卫南局职工艺术节等活动。主动践行社会责任，组织参加驻村帮扶、社区帮扶、义务献血、交通引导等活动。

（王海英）

【党建和党风廉政建设工作】

召开“不忘初心、牢记使命”主题教育动员部署会议，研究制定主题教育方案，组建主题教育领导小组、督导小组。以多种方式开展学习，强化书记讲党课的标准和内容，参观“吕玉兰”纪念馆、冀鲁边区革命纪念馆。抓好新形势下党员发展与管理工作，机关支部有 3 人转为预备党员。

召开纪检监察专题会议，层层签订《落实全面治党主体责任书》《党风廉政建设承诺书》，班子成员与分管部门及联系单位进行廉政约谈，与中层领导干部履职谈话。严格落实中央八项规定精神和上级有关规定，深入开展不作为、不担当专项治理及集中整治形式主义和官僚主义。

（王海英）

附　　录

附录1 漳卫南局机关公务租车管理办法（试行）

（办财务〔2019〕2号）

第一章 总 则

第一条 为贯彻落实《党政机关厉行节约反对浪费条例》，有效降低行政运行成本，切实保障公务出行，根据中央部门预算管理和公务用车制度改革有关要求，制定本办法。

第二条 本办法为《漳卫南局机关公务用车管理办法》的配套制度，目的是规范机关各部门为开展公务活动所发生的租车行为。

第三条 各部门应遵循保障、节俭、效率、安全的原则，开展公务租车活动。

第二章 公务租车的范围和标准

第四条 各部门在公务用车无法保障公务活动开展，有以下情形之一的，可进行公务租车：

（一）单位组织或承办大型会议或集体活动。

（二）接待上级部门考察调研、应对紧急公务出差和处理突发性事件等情况的。

（三）前往单位驻地以外开展公务活动，工作地点无公共交通或公共交通不便的。

（四）运送大宗物资、设备等确需租车的。

第五条 在单位驻地范围内的公务租车，原则上在当地公务租车平台租用车辆。地方公务租车平台车辆无法满足时，可向社会租用车辆。

各部门公务租车不得租用私人车辆。

第六条 跨行政区域出差的公务租车，可参照当地公务租车标准执行。当地没有出台公务租车标准的，在厉行节约的前提下，按市场价格租用。

租赁期间发生的停车费、过桥费、过路费等费用，由双方在租赁合同中协商确定。租赁期间发生的交通罚款、事故赔偿等费用由租车公司承担。

第三章 公务租车的管理及审批

第七条 局后勤服务中心负责机关公务租车的管理，后勤服务中心应从车辆条件、保障能力、保障水平等方面，采用市场调研、询价等方法按年度确定汽车租赁公司，签订租赁协议。

第八条 建立健全公务租车审批制度，按程序从严审批。公务租车要填写《漳卫南局机关公务租车内部审批表》（详见附件）。

第九条 各部门应根据工作需要租用车辆，不得采用月租、年租等形式长期租赁车辆。

单次公务租车时间原则上不得超过10天。

第十条 各部门根据乘坐人数、经费预算、出行地点等因素，合理确定租用车辆的类型。原则上不允许超过公务用车配备的标准租用车辆，特殊情况需要超标准租用的，应从严审批，并在《漳卫南局机关公务租车内部审批表》中作出说明。不准租用进口或豪华车。

第四章　公务租车预算安排及执行

第十一条　公务租车经费预算在年度部门预算公用经费中统筹解决。各部门年度预算中安排的会议费、培训费中已包含租车费用的，相关支出按照现行的会议费、培训费管理办法执行。

第十二条　由多个部门联合开展的督查、调研等工作，由牵头部门按规定统筹租车事宜。

第十三条　公务租车费用结算应使用公务卡或银行转账结算，原则上不得使用现金结算。各部门进行公务租车费用账务处理时，必须附《漳卫南局机关公务租车内部审批表》和发票作为原始凭证。各单位要严格公务租车经费的预算安排和执行，并按照部门预算有关规定执行。

第五章　监　督　问　责

第十四条　各单位应当根据本办法，结合本单位实际情况制定具体操作规定。各单位应建立公务租车台账，加强对本单位公务租车活动和经费报销的管理，单位主要负责人作为单位公务租车第一责任人，对本单位公务租车审批、费用预算及规模控制负责，相关领导、财务人员等对公务租车费用支出进行审核把关，杜绝公务租车的随意性。各单位要将公务租车列入贯彻落实中央八项规定精神监督检查范围，并自觉接受审计、监察部门的监督。

第十五条　局财务处会同有关部门对各部门（单位）公务租车预算管理和资金使用情况进行监督检查。

第六章　附　　则

第十六条　使用项目经费和直属事业单位租用车辆参照本办法执行。

第十七条　本办法由局财务处负责解释。

第十八条　本办法自印发之日起实施。

附件

漳卫南局机关公务租车内部审批表

填报单位（部门）：　　　　　　　　　　　填报时间：

租车事由	
乘坐人员姓名	
租车使用地点	
租车时间	20　年　月　日—20　年　月　日（共　天）
租用车辆类型及数量	
租车费用（标准/总额）	
单位领导审批意见	
出租车辆单位	
备注	

附录2 漳卫南局机关差旅费管理办法（摘录）

（办财务〔2019〕3号）

第一章 总 则

第一条 为进一步加强局机关差旅费管理，根据财政部《中央和国家机关差旅费管理办法》（财行〔2013〕531号）及水利部、海委相关规定，结合局机关工作实际，制定本办法。

第二条 本办法适用于局领导、局机关各部门工作人员。

第三条 因公出差人员应当根据《漳卫南局局机关公务出差审批管理办法》履行出差审批程序，填写“漳卫南局机关公务出差审批单”，审批单作为差旅费报销附件。

第二章 城市间交通费

第四条 城市间交通费是指工作人员因公到常驻地以外地区出差乘坐火车、轮船、飞机等交通工具所发生的费用。

第五条 出差人员应当按规定等级乘坐交通工具。未按规定等级乘坐交通工具的，超支部分由个人自理。

乘坐交通工具的等级见下表：

交通工具级别	火车 （含高铁、动车、全列软席列车）	轮船 （不包括旅游船）	飞机	其他交通工具 （不包括出租小汽车）
司局级及相当职务人员	火车软席（软座、软卧），高铁/动车一等座，全列软席列车一等软座	二等舱	经济舱	凭据报销
其余人员	火车硬席（硬座、硬卧），高铁/动车二等座、全列软席列车二等软座	三等舱	经济舱	凭据报销

第六条 出差人员乘坐全列软席列车软座，在晚8时至次日晨7时期间乘车时间6小时以上或连续乘车超过12小时的，经单位领导批准，可以乘坐软卧，按照软卧车票报销。

第七条 乘坐飞机的，需要填写乘坐飞机审批单，在政府采购网（https://www.gpticket.org/login.action）上购买机票，民航发展基金、燃油附加费可以凭据报销。

第八条 乘坐飞机、火车、轮船等交通工具的，每人次可以购买交通意外保险一份。所在单位统一购买交通意外保险的，不再重复购买。

第三章 住 宿 费

第九条 住宿费是指工作人员因公出差期间入住宾馆（包括饭店、招待所，下同）发生的房租费用。

第十条 工作人员出差，应按财政部统一发布的各地区住宿费限额标准执行，选择安全、经济、便捷的宾馆住宿。

第十一条 出差人员实际发生住宿而无住宿费发票的，如果是住在自己家里，或到边远地区出差，或在防汛抗旱、抢险救灾等应急现场食宿，无法取得住宿费发票的，由出差人员说明情况并经分管局领导批准后，可以报销城市间交通费、伙食补助费和市内交通费，其他情况不予报销差旅费。

第四章 伙食补助费

第十二条 伙食补助费按出差目的地的标准报销，在途期间的伙食补助费按当天最后到达目的地的标准报销。

第十三条 伙食补助费按出差自然（日历）天数计算，按中央和国家机关差旅伙食补助费标准包干使用。

第五章 市内交通费

第十四条 市内交通费是指工作人员因公出差期间发生的市内交通费用。

第十五条 市内交通费按出差自然（日历）天数计算，每人每天 80 元包干使用。往返驻地和机场的交通费在按规定发放的市内交通费内统筹解决，不再另外报销。

因工作需要带车随行的，不再报销市内交通费。

第六章 参加会议、培训等的差旅费

第十六条 到常驻地以外参加会议、培训的，会议、培训期间执行会议和培训的相关制度。往返会议、培训地点发生的城市间交通费、伙食补助费和市内交通费按照差旅费管理办法的规定报销。其中，伙食补助费和市内交通费按往返各 1 天计发，当天往返的按 1 天计发。

第十七条 到常驻地以外参加会议、培训，举办单位统一安排开支食宿的，会议、培训期间的食宿费和市内交通费由举办单位按规定统一开支，参加人员不再报销差旅费。

举办单位不统一开支食宿费而由参加人员自行承担的，参加人员在取得举办单位出具的相关书面证明后，在规定的限额标准内凭票据报销。

第十八条 工作人员出差到外单位工作交流（挂职交流或借调），每人每天伙食补助 80 元，往返期间的差旅费按照《漳卫南运河管理局干部异地交流任职挂职有关待遇的规定（试行）》文件标准报销。

第七章 报销管理

第十九条 出差人员应当严格按规定开支差旅费，费用由所在单位承担，不得向下级单位、企业或其他单位转嫁。

第二十条 差旅费管理办法规定的交通工具等级是出差人员可以乘坐交通工具的上限。出差人员应严格按照差旅费管理办法规定的等级乘坐相应交通工具，低于等级乘坐交通工具的，差额部分不给予补助。

第二十一条 工作人员因调动工作发生的城市间交通费、住宿费、伙食补助费和市内交通费，由调入单位按照差旅费管理办法的规定予以一次性报销。随迁家属和搬迁家具发生的费用由调动人员自理。

第二十二条 工作人员出差期间回家省亲办事的，城市间交通费按不高于从出差目的地返回单位按规定乘坐相应交通工具的票价予以报销，超出部分由个人自理；伙食补助费和市内交通费按从出差目的地返回单位的天数（扣除回家省亲办事的天数）和规定标准予以报销。

第二十三条 城市间交通费按乘坐交通工具的等级凭据报销，订票费、经批准发生的签转或退票费、交通意外保险费凭据报销。

住宿费在标准限额之内凭发票据实报销。

伙食补助费按出差目的地的标准报销，在途期间的伙食补助费按当天最后到达目的地的标准报销。

市内交通费按规定标准报销。未按规定开支差旅费的，超支部分由个人自理。

第二十四条 工作人员出差结束后应当及时办理报销手续。差旅费报销时应当填写差旅费报销单，列明出差事由。报销时需提供出差审批单、公务用车审批单、业务用车审批单或租车审批单、公共交通票据、住宿费发票等凭证。外出参加会议或培训人员应提交主办单位通知等书面资料，作为财务报销依据。

住宿费、火车票、机票支出等按规定用公务卡结算。

第二十五条 工作人员到德州市内四区以外的郊区（县）办理公务，按照出差对待。

第二十六条 财务部门应当严格按规定审核差旅费开支，对未经批准出差以及超范围、超标准开支的费用不予报销。

第二十七条 差旅费支出标准执行国家政策标准，当国家政策标准调整时，相应调整局机关差旅费支出标准。

第二十八条 本办法自印发之日起实施，由局财务处负责解释。2014 年印发的《漳卫南局机关差旅费管理办法》（漳财务〔2014〕8 号）同时废止。

附件：中央和国家机关工作人员差旅住宿费标准明细表（略）

附录3　漳卫南局督办工作管理办法（试行）（摘录）

（漳办〔2019〕11号）

第一章　总　　则

第一条　按照党中央、国务院、水利部以及海委关于加强督促检查工作的有关要求，为建立健全督办工作体系，提升漳卫南局督办工作规范化、高效化水平，确保高效有序贯彻落实党中央、国务院、水利部、海委重大决策部署，以及漳卫南局党委重要工作安排，根据《水利部督办工作管理办法（试行）》（水办〔2018〕317号）、《水利部办公厅关于加强督办工作体系建设的通知》（办督函〔2019〕463号）、《海委关于印发海委督办工作管理办法（试行）》（海办〔2019〕4号），制定本办法。

第二条　本办法中的督办是指政务督办，督办对象是局机关各部门和局直属各单位；督办事项是指纳入督办管理的工作事项，分为考核事项和非考核事项。

第三条　漳卫南局督办工作坚持"围绕中心、强化保障，明确重点、应督尽督，高效务实、奖罚分明"的原则，做到实事求是、责任明确、程序规范、务实管用。

第二章　责任与分工

第四条　办公室组织协调漳卫南局督办工作。各部门（单位）应积极配合办公室做好督办相关工作。

第五条　监督处负责考核事项的办理过程检查、办理结果初核等工作。具体办法由监督处另行制定。

第六条　机关各部门、局直属各单位主要负责人是本部门（单位）督办事项抓落实的第一责任人。

各部门（单位）明确一名工作人员作为督办联络员，承担督办事项的有关具体衔接工作。

第七条　督办事项涉及两个及以上部门（单位）的，牵头部门（单位）为主办部门（单位），其他为协办部门（单位）。

主办部门（单位）对督办事项的落实负总责，分解工作任务，明确各级承办人，主动协商协办部门（单位）共同办理督办事项，并对进展情况及时进行汇总反馈。

协办部门（单位）应严格按照分工要求和时限完成所承担的工作任务。

第三章　立　　项

第八条　坚持"统筹兼顾、结合实际、一事一项、责任明确"的原则开展督办事项立项工作，根据实际，采取集中立项和分散立项两种方式，适时增减调整，实行动态统一管理。

第九条 办公室负责督办事项立项工作，经过履行相关审批流程后，将下列事项确定为督办事项：

1. 海委督办漳卫南局事项；
2. 海委领导同志批示交办的事项；
3. 海委部署我局落实的工作；
4. 漳卫南局年度工作会议、党委会议、局长办公会议、局长专题办公会议等会议议定事项和安排部署的工作；
5. 局领导重要批示和要求督办的事项；
6. 各部门、单位年度工作计划中的重要事项；
7. 新闻媒体对我局的批评、建议等；
8. 重要来信来访；
9. 其他应予督办的事项。

督办立项要求全面覆盖业务工作，突出重点工作，把握关键环节，特别要选取关系漳卫南运河水利改革发展的大事。

第十条 督办事项中，下列事项列为考核事项：

1. 海委督办漳卫南局事项；
2. 海委领导同志批示需我局办理并反馈结果的；
3. 海委明确需我局落实并反馈结果的；
4. 漳卫南局年度工作会议、党委会议、局长办公会议、局长专题办公会议等会议议定事项和安排部署的工作；
5. 局领导确定需考核的其他督办事项。

考核事项在全部督办事项中的比例原则上不低于20%。

第十一条 督办立项工作由办公室统筹负责，应明确任务内容、事项来源、承办单位、评价指标、办结时限、是否纳入考核等。督办事项是一件件具体任务，不是概括性工作，要尽量做到可量化、可考核。

集中立项：海委工作会议明确我局办理的工作、漳卫南局年度工作会议的安排部署、各部门（单位）年度重点工作等，由办公室提交局长办公会议集中审定立项。

分散立项：办公室通过阅批文件、参加会议等方式获知有关事项或主办部门（单位）根据工作需要主动提请予以督办的事项，属于本办法第九条所列范围的，办公室要主动与主办部门（单位）沟通明确相关督办要素，并以《漳卫南局督办事项立项审签单》（附件1）形式呈报有关局领导［具体指办公室分管局领导、事项主办部门（单位）分管局领导、局长］审定后立项。

督办事项经审定立项后，办公室将考核事项与非考核事项分类编号，建立工作台账，并及时通知各有关承办部门（单位）和监督处。考核事项的主办部门（单位）应在接到立项通知后5个工作日内编制工作计划（附件2）分别报送办公室、监督处备案。

第十二条 督办事项有明确时限要求的，按要求时限督办；其他事项按有关规定或由办公室商主办部门（单位）根据局领导要求，确定完成时限。

第十三条 海委督办漳卫南局事项是漳卫南局督办事项中的重中之重。有关承办部门（单位）务必加强协调配合，高效推进工作，确保海委督办事项按时保质保量完成。

海委督办漳卫南局事项主办部门（单位）应积极配合办公室做好考核材料准备工作，办公室按规定程序定期向海委报送有关材料。如因各方面因素导致海委督办事项工作进展滞后于原计划的，主办部门（单位）应提前向分管局领导请示汇报并告知办公室，由办公室按规定程序向海委提交延期申请或相关情况说明。

第四章 催 办 与 检 查

第十四条 办公室负责非考核事项的催办提醒，监督处负责考核事项的催办提醒。

催办对象为主办部门（单位）主要负责人和督办联络员。

催办方式以上门沟通、电话、即时通信工具留言催办。

主办部门（单位）每月月底前主动向办公室报送督办事项（包括考核事项和非考核事项）工作进展情况（附件3）。

催办频次视督办事项办理时间及距督办事项办结时限的时间而定，临近办结时限催办频次逐渐加密。催办提醒应有相关记录备查（附件4），催办记录应明确时间、方式、被催办人、催办反馈等。

第十五条 监督处负责对考核事项的办理情况进行不定期监督检查。

考核事项的主办部门（单位）应于事项办结后5个工作日内将办理结果及相关支撑材料书面报告监督处。

监督处收到办理结果书面报告后，原则上在5个工作日内核实办理结果，结合不定期检查情况提出初核意见报办公室。

对于办理进度和质量严重不满足计划要求的考核事项，监督处应及时向有关局领导[具体指事项主办部门（单位）分管局领导]报告，并报办公室。

第五章 考 核 与 评 价

第十六条 监督处组织对考核事项进行考核。考核分为事项办理情况考核和年度综合考核。

第十七条 事项办理情况考核。程序如下。

考核事项由监督处负责考核。各部门（单位）提供办理结果报告和相关支撑材料，监督处在收到部门（单位）提交相关材料后5个工作日内进行初核（附件5），提出初核意见，报分管局领导审批，报局长核定，等次为“优秀”“办结”“未办结”。监督处将考核意见报办公室备案。

海委督办漳卫南局事项中，海委组织考核并评定等次的事项，漳卫南局不再组织开展考核，以海委考核结果为准；其他事项按正常程序组织开展考核。

第十八条 年度综合考核。年度综合考核是办公室将各部门（单位）年度全部考核事项列入目标管理考核中，每项“优秀”考核事项的主办部门（单位）加2分，协办部门（单位）加1分；每项“未完成”考核事项的主办部门（单位）减5分，协办部门（单位）减3分。

第十九条 非考核事项由主办部门（单位）于事项办结后5个工作日内将办理结果及相关支撑材料（附件6）报办公室，办公室结合日常跟踪督办情况提出初评意见和“办结”或“未办结”的等次建议，并呈报事项主办部门（单位）分管局领导审签同意后，定期公开通报。

第二十条 如因政策调整等外力因素影响，主办部门（单位）认为不能按期完成某项督办事项，应提前提出书面申请（附件7），经分管局领导、局长审批同意后决定停办或确定延期完成时限。停办（延期）书面申请应于办结时限前5个工作日报办公室备案，未按时报备的视为“未办结”。决定停办的事项从主办部门（单位）年度承办事项中核减；确定延期完成时限的事项，按新时限予以考核。

第六章　反馈通报与结果使用

第二十一条 各部门（单位）应高度重视督办事项的沟通、协调与反馈工作，及时汇总督办事项的办理进展，及时向分管局领导汇报，并将有关情况通报办公室、监督处。

第二十二条 办公室定期通报督办事项的办理进展及办理情况考核结果。

第二十三条 全年督办事项办结率达到100%（含非考核事项），且考核事项优秀率不小于20%的部门（单位），办公室印发文件予以通报表扬。

全年考核事项办结率＜80%或非考核事项办结率＜90%的部门（单位），办公室提请局长约谈部门（单位）主要负责人。

因落实重大工作不力，造成恶劣影响或不良后果的，根据相关法规纪律对有关人员进行严肃问责。

第二十四条 督办事项办理结果作为各部门（单位）负责人及相关承办人年度考核的重要参考依据，与干部年度考核挂钩，具体办法由人事处制定。

第七章　附　　则

第二十五条 如督办事项涉密，督办工作要严格遵守保密相关规定。

第二十六条 本办法由漳卫南局办公室负责解释。局直属各单位可参照本办法制定具体规定，建立完善本单位督办工作体系。

第二十七条 本办法自印发之日起实施，《漳卫南局督办实施办法》（漳办〔2018〕8号）同时废止。

附件1　漳卫南局督办事项立项审签单（略）
附件2　漳卫南局督办考核事项工作计划（略）
附件3　漳卫南局督办事项工作进展情况表（略）
附件4　漳卫南局督办事项催办提醒记录表（略）
附件5　漳卫南局督办考核事项评价审签单（略）
附件6　漳卫南局督办非考核事项评价审签单（略）
附件7　漳卫南局督办事项停办（延期）申请单（略）

附录4　漳卫南局关于印发《漳卫南局经济责任考核暂行办法》的通知（摘录）

（漳财务〔2019〕23号）

局直属各单位：

为充分调动各单位创收积极性，增强漳卫南局整体经济实力和持续发展能力，根据海委《关于进一步加强经济工作的指导意见》和漳卫南局“一个中心，四个保障”基本工作思路，漳卫南局制定了《漳卫南局经济责任考核暂行办法》，并核定了各单位2019年经济责任考核指标，现予以印发，请遵照执行。

附件：1. 漳卫南局经济责任考核暂行办法

2. 2019年经济责任考核指标表（略）

水利部海委漳卫南运河管理局

2019年7月29日

漳卫南局经济责任考核暂行办法

第一章　总　　则

第一条　为充分调动各单位创收的积极性，增强漳卫南局整体经济实力和持续发展能力，根据海委《关于进一步加强经济工作的指导意见》和漳卫南局“一个中心，四个保障”基本工作思路，结合工作实际，制定本办法。

第二条　本办法适用于漳卫南局直属各预算单位（以下简称各单位）。

第三条　考核遵循以下基本原则：客观公正、公开透明；突出重点、量化考核；简便易行、注重实效。

第二章　考核内容及考核方法

第四条　考核内容包括各单位创收收入、收入上缴、人员经费来源结构、人员支出保障顺序。

第五条　考核实行百分制，其中：创收收入60分、收入上缴25分（岳城水库管理局、水闸管理局）、人员支出经费来源结构25分（除岳城水库、水闸管理局以外的其他单位）、人员支出保障顺序15分。

第六条　创收收入60分。

根据各单位近三年创收收入情况核定各单位当年创收收入指标，每年核定一次。

根据各单位创收收入指标完成情况，计算各单位创收收入考核得分。该项考核满分60分，基础分51分。各单位完成考核指标，得51分。超额完成考核指标，按比例加分，超额完成50%以上得60分。未完成考核指标，按比例扣分。同时考虑各单位创收收入规模确定修正系数，修正系数基数为1，创收收入在200万～500万元之间的修正系数增加0.03，创收收入在500万～1000万元的修正系数增加0.05，创收收入在1000万元以上的修正系数增加0.1。计算方法如下：

基础分＝51分

加减分系数＝9分/（考核指标×0.5）

加减分＝（实际创收数－考核指标）×加减分系数×修正系数

考核得分＝基础分＋加减分

考核得分超过60分的，按60分计算。

第七条 收入上缴25分。岳城水库管理局、水闸管理局为收入上缴单位，适用于此项考核指标。根据岳城水库管理局、水闸管理局当年预算安排情况，综合考虑相关因素后核定岳城水库管理局、水闸管理局当年收入上缴指标，每年核定一次。

岳城水库管理局、水闸管理局完成当年上缴指标得25分，每低于核定指标一个百分点扣1分，扣完为止。在实际执行中，某一具体年份，岳城水库管理局、水闸管理局能够完成上缴指标，但受资金需求规模等因素的影响不需要上缴，这种情况视同完成上缴指标。

第八条 人员支出经费来源结构25分。除岳城水库管理局、水闸管理局以外的其他单位，适用于此项考核指标。根据上一年（或近三年）人员支出情况和当年度财政资金安排情况核定当年各单位在人员支出中非财政拨款支出占总支出的比重为考核指标，同一类单位适用同一指标，每年核定一次。

各单位当年人员实际支出中非财政拨款支出占总支出的比重低于核定指标得25分，每高于核定指标一个百分点扣2分，扣完为止。

上述单位中，如果当年未申请上级补助，不参与此项考核，此项考核视同得25分。

第九条 人员经费支出顺序15分。各单位创收收入和上级补助收入应首先用于弥补本单位财政经费不足，保障基本人员支出。在基本人员支出全额保障的情况下，统筹使用单位创收和上级补助收入用于其他人员经费支出。

基本人员经费包括工资、津贴、基础绩效、社会保障缴费等应由财政经费保障的各项支出。

其他人员经费是指财政经费不予保障、应由单位创收解决的各项支出，包括精神文明奖等。

在收入不足的情况下，未按照基本人员支出优先保障、其他人员支出次之的原则安排支出的单位，此项考核不得分。

上述单位中，如果当年未申请上级补助，不参与此项考核，此项考核视同得15分。

第三章 考 核 程 序

第十条 漳卫南局财务处（以下简称财务处）在综合分析各单位近年的创收收入、收入上缴、人员经费来源结构等因素后拟定各单位年度创收收入指标、上缴指标、人员经费来源结构等经济指标，报漳卫南局批准后，于考核年度的 6 月底前下发各单位。

第十一条 各单位于考核年度的 12 月 31 日前，向漳卫南局报送考核期经济指标完成情况自评报告。

第十二条 财务处对各单位经济指标完成情况进行初审时应考虑剔除特殊因素影响，并于次年 1 月 15 日前提出初审意见报漳卫南局审定。

第十三条 漳卫南局于 1 月 20 日前完成对各单位上一年度的经济考核。

第四章 考核结果运用

第十四条 实行考核结果通报制度。考核完成后，漳卫南局通报考核结果。

第十五条 经济责任考核得分按照权重折算后计入漳卫南局年度目标管理考核得分。

第五章 附 则

第十六条 漳卫南局直属非末级单位应根据本办法并结合单位实际制定本单位的考核办法，对所属单位进行考核。

第十七条 本办法由财务处负责解释。

第十八条 本办法自印发之日起施行。

附录 5　漳卫南局关于印发《漳卫南局预算管理暂行办法》的通知

（漳财务〔2019〕39 号）

局直属各单位：

为深入贯彻落实水利部“水利工程补短板、水利行业强监管”水利改革发展总基调，积极践行局党委“一个中心，四个保障”基本工作思路，进一步规范漳卫南局水利预算资金管理，强化预算执行监督，提高资金使用效益，根据《中华人民共和国预算法》《中华人民共和国预算法实施条例》以及《水利部中央级预算管理办法（试行）》，结合漳卫南局实际，我局制定了《漳卫南局预算管理暂行办法》，现予以印发，请遵照执行。

附件：漳卫南局预算管理暂行办法

水利部海委漳卫南运河管理局

2019 年 12 月 17 日

漳卫南局预算管理暂行办法

第一章　总　　则

第一条　为规范漳卫南局水利预算资金管理，强化预算执行监督，提高资金使用效益，根据《中华人民共和国预算法》《中华人民共和国预算法实施条例》以及《水利部中央级预算管理办法（试行）》，结合漳卫南局实际，制定本办法。

第二条　漳卫南局本级、局直属各预算单位（以下简称各单位）适用本办法。

第三条　预算管理的基本原则

（一）综合预算、收支平衡。所有收支都要编入预算统一管理，统筹安排，量入为出。

（二）合法真实、公平透明。编制预算要遵守国家法律、法规、财务规章制度，测算方法科学合理、收支数据真实可靠；预算安排要及时、细化，具体落实到预算单位和项目；基本支出逐步实行“定员定额”管理；逐步推进预算公开。

（三）统一管理、分级负责。各单位预算在单位负责人或预算管理领导小组的统一领导下，实行财务部门归口管理，相关部门分工协作，各司其职，各负其责；各单位对本单位预算的真实性、合法性、准确性和完整性负责；漳卫南局对直属各单位的预算管理负监管责任。

（四）严肃纪律、追踪问效。各单位要严格按照批复的预算执行，并实行预算责任追究制度，对预算执行过程和结果追踪问效，不断提高资金使用效益。

第四条 预算管理的基本任务是：贯彻执行国家有关预算法律、法规和规章制度；加强预算管理的各项基础工作，确保预算基础资料及数据合法、真实、完整；依法编制、报送、审核、批复预算；严格执行批复预算，按法定程序调整预算；加强预算资金管理使用的监督检查，追究违反预算法律、法规、制度行为的责任；对预算资金使用追踪问效，提高预算资金使用效益。

第二章 预算管理的职责

第五条 各单位必须按照国家有关法律、法规、规章制度进行预算管理，单位负责人对预算资金的使用管理负全面责任，主管领导负直接领导责任。单位内部有关职能部门各司其职、各负其责。为加强预算管理，建立健全预算资金全过程的管理、监督及协调机制，各单位应当成立预算管理领导小组，指导单位预算管理工作，研究、协调、解决单位预算管理中的重大问题。

第六条 漳卫南局及各单位预算管理主要职责

（一）漳卫南局的职责是贯彻执行国家有关预算法律、法规、规章制度；制定本单位预算管理制度办法；组织、开展预算管理基础工作，负责建立和完善单位基本情况数据资料库和预算项目储备库，收集整理有关预算管理工作信息；编制、审核、汇总、上报、批复各单位预算，审核预算调整方案；监督检查各单位预算执行和项目实施情况，对预算资金追踪问效，发现问题按规定的程序及时处理。

（二）各单位的职责是贯彻执行国家有关预算法律、法规、规章制度；建立健全单位内部预算管理制度；做好单位预算管理基础工作，建立和完善单位基本情况数据资料库和预算项目储备库，收集、整理有关预算管理工作信息；及时编报本单位预算，严格执行批复的预算，具体办理各项预算资金收支业务，提出预算调整事宜；分析、总结预算执行情况。

第七条 各单位内部职能部门预算管理主要职责

（一）财务部门的职责是统筹协调单位预算管理的具体工作，综合平衡单位预算收支。主要包括研究、制定本单位预算管理规章制度；负责预算管理基础资料收集、整理，建立和完善单位预算基本情况数据库、项目库；审核各单位及有关业务部门提出的预算申请；提出年度预算收支总体规模、预算支出重点及预算安排建议；具体组织预算编制、批复、执行、调整，分析、总结预算执行情况，开展项目绩效考评，监督资金使用。

（二）其他业务部门的职责是负责办理预算管理涉及本部门职责范围内的事项。主要包括：审核确定工资、津贴补贴等标准；提供单位职责、机构人员编制、实有人数和结构状况，以及预算管理涉及的实物工作量等基础数据资料，并对提供上述数据资料的真实性、合法性负责；研究提出专项事业发展规划和项目建议，对项目进行可行性研究及效益分析，为预算编制提供项目储备并对项目的真实性、合法性负责；负责办理涉及本部门职责范围内的项目预算编制、绩效考评、预算项目验收等其他事项。

第八条 各单位应当合理设置预算管理岗位，具体应包括：预算编制、预算审核、项目管理、预算执行管理等岗位，明确相关岗位的职责权限，确保预算编制、审批、执行、评价等不相容岗位相互分离。

预算编制岗位职责主要包括：准确、真实、细致地掌握单位人员、资产等方面的基础信息，熟练掌握部门预算编制的原则及方法，根据部门预算编制的具体要求编制本单位部门预算。

预算审核岗位职责主要包括：审核单位编报的部门预算是否合法、合规，是否科学、合理，是否细化；基本支出预算是否遵循了综合预算、优先保障的原则，项目支出预算是否符合规划，是否遵循科学论证、追踪问效原则；“三公经费”及会议费、培训费预算是否符合有关政策要求。

项目管理职责主要包括：根据项目规划提出项目建议，编制项目文本储备入库；根据本部门职能及工作计划编制项目预算；根据预算批复结果和相关规定执行预算，并提供部门决算所需要的信息和资料；根据有关规定开展绩效考评及项目验收工作。

预算执行管理职责主要包括：对单位预算执行情况进行监督检查和分析，对预算执行中发现的问题及时向单位领导汇报，并提出改进措施。

第三章 预 算 组 成

第九条 各单位预算主要由收入预算、支出预算和政府采购预算组成。

第十条 收入包括财政补助收入、其他收入。

财政补助收入是指单位从财政部门或通过主管部门从财政部门取得的各类事业经费，包括基本支出补助收入和项目支出补助收入。

其他收入主要包括事业收入、经营收入、上级补助收入、附属单位上缴收入、其他收入等。

第十一条 支出包括基本支出、项目支出、经营支出、上缴上级支出、对附属单位补助支出等。

第十二条 基本支出预算是指各单位为保障机构正常运转、完成日常工作任务而编制的年度基本支出计划，包括人员经费支出和日常公用经费支出。

第十三条 项目支出预算是指各单位为完成特定的行政工作或事业发展目标，在基本支出预算之外编制的年度或中期项目支出计划，包括行政事业类项目支出、基本建设类支出和其他类项目支出。

第十四条 政府采购预算是指各单位预算中使用财政资金和单位自筹资金，采购政府采购目录内或采购限额标准以上的货物、工程和服务的项目及资金计划。

第四章 预 算 编 制

第十五条 预算编制依据

（一）国家有关法律、法规以及财政、财务规章制度，政府预算收支科目以及各专项经费管理办法。

（二）财政部门和上级单位对预算编制的方针政策和工作部署。

（三）行业技术标准、定额、工作规范。

（四）主管部门核定的机构、职责与人员编制、单位实有人数、占用的资产、资源情况，经批准的行业规划、事业发展计划、单位中心工作任务。

（五）以前年度预算执行情况、本年度预算收支变化因素等。

第十六条 预算编制准备工作

（一）充分收集、准备预算基础资料。包括：单位机构设置和人员编制数、实有数及人员结构，资产、资源的占有与使用情况；单位业务基本情况，发展方向、目标，需要解决的主要问题等。

（二）分析单位财务收支和工作任务情况，根据有关政策、制度规定的开支范围和开支标准，按照基本支出的内容，测算人员经费和日常公用经费。

（三）结合单位职责履行需要，制定本单位事业发展规划，并对项目开展前瞻性研究，提出项目年度或中期计划，进行项目储备。

（四）结合上年预算执行情况，分析财务收支、业务活动及有关变化，找出影响本期预算的有关因素，以及年度工作计划对预算的要求，预测总体收支规模，提出预算安排的重点与安排建议。

（五）根据上级单位预算编制工作部署，按照有关规定与要求，结合本单位的实际情况，组织业务培训，具体布置预算编制工作。

第十七条 收入预算编制。各单位在分析近年收入情况和下一年度增减变动因素基础上，按照收入来源科学、合理编制预算收入。财政拨款要按照上级单位下达的控制数进行编制，未经允许不得改变。

第十八条 基本支出预算编制

（一）各单位编制的支出预算要优先保障国家统一政策规定的在职人员工资、津贴及补贴，离退休人员有关费用以及机构正常运转的支出需要。

（二）人员经费支出应按照国家政策规定的工资、津贴及补贴等标准和使用范围，依据经批准的编制内实有人数及人员结构等情况，按预算支出科目内容规定逐项测算编列。对于国家统一政策规定以外的奖金、津补贴等其他工资性支出不得用财政拨款收入弥补。离退休费用应根据国家统一规定标准，按人员结构、适用范围测算编列。

（三）日常公用经费支出应按预算支出科目逐项测算编列。有支出定额标准的，按定额标准测算编列，没有支出定额标准的，可结合有关规定和实际情况测算编列。各单位要严格控制因公出国（境）费、公务用车购置及运行费、公务招待费（三公经费）及会议费、培训费等支出预算。

（四）除财政部另有规定外，下达各单位的预算控制数额及财政拨款补助数额在各“类、款、项”科目之间不得调整，基本支出的人员经费和日常公用经费数额不得调整。各单位可根据国家有关制度规定的开支范围、标准和本单位的实际情况，在基本支出人员经费和日常公用经费各自的“目”级预算科目之间，自主编制本单位的基本支出预算。

（五）基本支出预算逐步按“定员定额”编制。

第十九条 项目支出预算编制

（一）各单位要认真编制项目建议。编制项目建议是在项目储备之前的环节，项目建议报水利部审核，反馈结论为“同意申报”的项目方可进入项目储备环节。

（二）各单位要加强项目储备工作。项目储备要遵循“超前谋划、统筹协调；规划先行、细化规范；科学论证、确保质量；讲求绩效、透明公开”的原则。项目储备要与项目三年支出规划相一致。项目储备是项目支出预算编制的基础和前置条件，未纳入储备的项目不得申请预算。

（三）各单位编报的项目要符合国家有关法律法规、方针政策和财政资金支持的方向、范围，要充分体现单位职责履行、中心工作任务完成和事业发展需要，要与项目三年支出规划相一致，要有明确的项目目标、组织实施计划和科学合理的项目预算，并经充分的研究和论证。

（四）各单位编报的项目应按财政部统一制定的项目申报书格式和要求分标准化项目和非标准化项目两种不同项目类型编制。标准化项目是指项目活动有明确范围，活动的内容、数量、频率有明确的定性、定量范围，分项支出有明确的定量、定价标准，按照相关规范和标准可直接测算支出需求的项目。非标准化项目是指除标准化项目之外的其他项目。

（五）各单位要加强项目绩效目标及指标的编制，编制项目绩效目标及指标为项目入库的前置条件，编报的项目都要设定绩效目标，明确绩效指标。

（六）加强项目的论证、审核和筛选，对符合规定和要求的项目，按预算收支科目进行归集，分轻重缓急、排列先后顺序申报。

（七）各单位预算年度需要安排的非财政资金项目要按照一般行政事业类项目申报文本格式编报项目文本。自筹资金项目要按照《漳卫南局党委关于严格请示报告工作的意见》上报。其他非财政资金项目在上报局财务部门之前需报有关业务部门进行相关审查，有关业务部门审查通过并出具审查意见后方可纳入预算申报。

第二十条　经营支出预算应根据收入测算情况、收入与支出的配比关系、合同或协议规定的内容和支出需要等情况测算编制。

第二十一条　预计上一年度预算结转资金要纳入预算。要如实、充分预计基本支出和项目支出结转资金，加大结转资金与年度预算的统筹力度。对预计形成结转资金的基本支出或项目支出，应在年中及时申请调减或调剂用于其他亟须资金的计划，并对预算年度支出计划进行调整，合理安排分年度预算支出计划。

第二十二条　各单位应严格按照政府采购有关法律法规规定和支出预算，对纳入政府采购目录内和采购限额标准以上的采购品目或项目编制政府采购预算。

第二十三条　各单位应按规定的内容和格式编报预算报告。预算报告的内容应包括：

（一）预算编制说明。主要说明单位基本情况和年度中心工作任务，预算编制的依据、原则和方法，预算收支的总体情况和各经费项目的具体测算编制说明，预算项目的预期目标、内容及详细的经费测算，项目实施的措施与效果，以及预算管理中存在的问题及建议。

（二）预算报表。

（三）申报项目的文本和按要求应提供的其他材料。

第五章　预算报送、审查与批复

第二十四条　预算编制管理采取“二上二下”的工作程序

（一）预算建议（一上）。各单位根据部门三年支出规划结合单位实际情况，提出项目三年支出预算建议，并按要求填报基础信息数据库及新增资产配置计划，经漳卫南局、海委、水利部逐级审核、汇总后形成水利部年度部门建议预算，报送财政部。

（二）预算控制数下达（一下）。根据财政部核定的预算控制数，水利部下达各单位预算控制数，经海委、漳卫南局逐级分解下达预算控制数到各单位。

（三）预算草案（二上）。各单位根据下达的预算控制数，以及测算的非财政收入与支出数，编制形成本单位预算草案，并在规定的时间内报送漳卫南局、海委、水利部逐级审核、汇总后形成水利部部门预算草案，报送财政部。

（四）预算批复（二下）。根据财政部、水利部、海委逐级批复的预算，漳卫南局在规定的时间内批复各单位预算。

第二十五条 预算的报送

（一）各单位要按规定的格式、时间和方式等要求报送预算和预算草案报告。

（二）预算报告应由预算编制人、财务负责人、单位负责人签章并加盖单位公章后，正式行文报送。按规定必须报送电子文本等其他介质文件的，应同时报送。

（三）预算报告采用专人报送或其他能保证及时送达的方式。对于时间要求紧急并不涉及保密要求的，各单位可按要求先报送电子文本，并在事后及时报送正式文件。

（四）各单位应积极配合财政部驻各地监管局开展部门预算监管工作，按要求及时将相关预算申报资料报监管局审查。

第二十六条 漳卫南局对所属各单位报送预算进行审查。审查的内容主要包括：

（一）是否按规定的格式、时间和方式报送，是否签章齐全、行文规范。

（二）预算表格和相关资料是否齐全，数字钩稽关系是否准确。

（三）各项收入是否符合国家法律法规和政策规定的收入项目，各项支出是否符合国家法律法规和政策规定的开支范围和标准，是否按规定使用预算科目，预算规模是否合理，财政拨款是否与下达的预算控制数一致，政府采购预算是否符合相关规定。

（四）项目申报文本是否符合规定的格式和填报要求，项目的申报依据是否真实可靠，是否有明确的项目目标和组织实施计划，项目预算是否和年度或中期规划一致，项目绩效目标及指标设置是否科学、规范、合理。

（五）非财政资金项目的申报是否必要、可行，经费测算是否合理，是否通过了相关审查。

（六）是否符合其他有关规定和要求。

第二十七条 漳卫南局按规定及时分解预算指标。接到海委预算批复后，在 15 日内批复本级及所属各单位。

第六章 预算执行与调整

第二十八条 各单位预算在单位主要负责人的统一领导下，由财务部门组织执行。

第二十九条 预算年度开始后，预算草案批复前，各单位可结合本年预算草案，参照上一年同期的预算支出情况按要求申报用款计划、安排支出。预算草案批复后，按照批复的预算执行。

第三十条 各单位要按收入来源渠道不同正确区分收入类别，确保各项预算收入及时、足额实现，并按预算批复的经费科目、内容和程序及时入账，不得隐瞒、坐支。财政拨款收入要按批复的预算科目、内容及程序申报用款计划，并按批复的用款计划使用资金；按规定上缴的预算收入要及时上缴漳卫南局，严格按照“收支两条线管理”；其他收入要确保收入实现的进度，及时分析预算收入计划执行动态。

第三十一条 各单位必须严格执行批复的支出预算和规定的开支标准，严格控制预算支出，提高资金使用效益。

第三十二条 基本支出在批复的预算范围内，按规定的开支范围和标准执行。人员经费支出要遵守各项财务制度和费用开支标准，按实际人数、工资结构，以及相应的计提基数与比例办理支出；公用经费结合单位工作计划和事业任务完成情况，保障机构正常运转、职责履行，以合法、真实有效的原始凭证列支，严格控制“三公经费”及会议费、培训费支出。

第三十三条 项目支出要按照批复的项目支出预算及实施方案，在规定的用途和范围内结合项目实施进度，申请和使用资金，并保证项目资金专款专用。

第三十四条 各单位有关预算资金的合同、协议必须履行合同审批程序并经财务部门审核。财务部门依据国家有关法律、法规及合同管理办法对合同条款的合法性、合规性和完整性进行审核，审核的主要内容包括：①合同内容是否符合国家有关财经法律法规；②合同收支是否符合年度预算；③合同的要素是否完整；④合同价款的支付是否合理，是否符合有关规定；⑤合同内容是否有可能对本单位经济利益造成重大不利影响等。

第三十五条 各单位要严格遵守预算资金的使用管理及核算制度、办法规定，按规定的程序、手续办理各项支出，加强资金流转各环节的财务监督。

第三十六条 各单位要加强国库资金支付工作。要根据单位工作计划，认真做好项目预算执行的各项前期准备，采取切实措施，合理安排预算执行进度，确保资金支付序时、均衡、安全、有效。要严格按照国家有关法律法规、规章制度及预算批复办理资金支付并规范填写支付信息。

第三十七条 各单位必须按照政府采购法律法规的规定和批复的政府采购预算，开展政府采购工作。

第三十八条 各单位应加强对预算执行情况的总结与分析，对预算执行中发现的问题及时提出处理意见或改进措施。漳卫南局定期通报各单位预算执行情况，研究解决预算执行中存在的问题，提高预算执行的有效性。

第三十九条 建立预算执行情况报告制度。各单位要按规定的格式、内容和要求，按期向漳卫南局报告预算执行情况。预算执行情况报告包括定期报告和专项报告。

（一）定期报告。定期报告是反映各单位在一定时期内预算执行情况的报告，包括旬报、月报和季报。报告的内容一般应包括：预算批复情况、财务收支情况、预算执行情况、项目实施进度及支出情况、政府采购执行情况、预算执行中反映出的主要问题与采取的措施等。旬报按上级要求的时间上报，月报在月度终了 10 日内上报，季报在季度终了 20 日内上报。

（二）专项报告。专项报告是按部、委及漳卫南局的要求报送的专门或重要事项的报告。专项报告按具体规定的要求报送。

第四十条 各单位要减少和规范预算调整，预算一经批复，一般不予调整。单位预算执行中，遇到特殊情况需要调整预算的按财政部、水利部有关规定报批或报备。

第四十一条 如遇自然灾害、发生事项难以预料的情况等确需申请财政补助的，有关单位应按照财政部《关于印发申请经费报告格式的通知》规定与要求提出申请，逐级上报。对不符合规定的经费申请，漳卫南局不予受理。

第四十二条 财政或主管部门进行的财政性资金预算调整，漳卫南局根据有关文件要求，及时将预算调整指标分解下达，有关单位相应调整单位预算。

第四十三条 各单位要加强结转结余资金管理。编制年度预算时，应充分预计和反映结转资金，并结合结转资金情况统筹安排以后年度支出预算。部门决算批复后，决算中结转资金数与年初预算批复不一致的，应以决算数据作为结转资金执行依据。对于项目支出结余资金，按财政部有关文件规定执行。

第四十四条 各单位要加强决算工作。要严格按照预算管理制度和政府会计制度编制决算，做到账证相符、账账相符、账实相符、账表相符，确保决算数据真实、准确、完整并及时行文上报。

第七章 预算监督检查和项目绩效考评

第四十五条 漳卫南局对各单位预算管理进行监督检查，发现问题及时处理。

第四十六条 预算监督检查的主要内容包括：

（一）对预算编制的监督检查。包括预算的编制是否体现了单位职责履行和中心工作任务完成的需要；是否按照综合预算的原则将各项收入完整纳入部门预算；是否能够严格控制基本支出的开支范围和标准，是否严格控制“三公经费”及会议费等一般性支出；项目预算是否细化，是否存在重复申报或虚报项目内容情况；是否按照政府集中采购目录及标准的要求编制政府采购预算；部门预算的调整是否按照有关规定和要求进行。

（二）对预算执行的监督检查。包括是否能够严格执行按法定程序批复的预算，是否存在无预算、超预算执行情况；是否将单位所有收入均纳入预算管理，是否存在应计不计收入挂往来账、在往来账核算情况；基本支出是否能够按照国家有关规定和政策执行，是否存在擅自扩大开支范围或提高标准情况；项目支出是否能够按照批复的实施方案实施，并做到专款专用，是否存在改变项目内容和资金使用范围情况；是否存在基本支出与项目支出、人员经费与公用经费、项目与项目之间随意调整、相互挤占情况；是否能够严格按照批复的预算、用款计划以及规定的资金支付方式支付资金，资金支付是否能够达到序时进度要求；是否能够按批复预算及相关法律、法规规定执行政府采购预算；国有资产处置收入等是否能够及时足额上缴；是否能够严格公务卡强制结算，是否存在可采取公务卡结算而用现金结算情况。

（三）其他方面的检查。是否建立了单位内部预算管理制度，预算管理文件、资料是否齐全、完整等。

第四十七条 漳卫南局根据监督检查情况，进行研究与分析并形成监督检查总结报告、对发现的问题，区分不同情况、不同性质，分别提出不同的处理意见或改进措施，督促有关单位认真及时整改，并对违反预算管理行为进行处理。

第四十八条 项目绩效考评按“统一组织、分级实施”的管理方式，水利部统一组织，各单位分级实施。各单位应对项目执行情况进行全面总结，追踪问效，不断提高项目资金使用效益。

第四十九条 各单位应加强项目绩效目标管理，规范绩效目标的申报和审核，提高绩效评价工作质量。强化项目支出绩效目标执行监控，对偏离绩效目标的原因进行分析，对全年绩效目标完成情况进行预计。应按照部、委及漳卫南局项目绩效评价工作安排，对本单位的项目开展绩效自评工作，并按要求将自评报告报漳卫南局。按上级要求开展单位整体绩效评价工作。

第八章 附 则

第五十条 本办法由漳卫南局财务处负责解释。

第五十一条 各单位可根据本办法，结合单位实际情况制定本单位预算管理办法，报漳卫南局备案。

第五十二条 本办法自印发之日起施行。

附录6　漳卫南局“孝老爱亲”模范人物评选管理办法

（漳文明〔2019〕3号）

为切实把社会主义核心价值体系建设融入精神文明建设全过程，充分发挥模范人物在公民道德建设中的示范引领作用，广泛动员干部职工关心、支持和参与道德建设，在全局营造“弘扬孝老爱亲、传承家风孝道”的良好风尚，规范职工行为，传播正向能量，有效提升干部职工文明素质和单位文明程度，特制定“孝老爱亲”模范人物评选管理办法。

一、指导思想

深入学习贯彻习近平新时代中国特色社会主义思想，以培育和践行社会主义核心价值体系为根本，以加强社会公德、职业道德、家庭美德和个人品德建设为重点，广泛发动干部职工评榜样、学榜样，在全局形成学习道德模范、弘扬道德新风、自觉提升文明素质的浓厚氛围，为推进全局文明创建、提升全局文明程度提供思想保证。

二、组织领导

在局党委的领导下，由局文明办负责评选活动的组织开展，评审确定“孝老爱亲”模范人物候选人名单。

三、评选范围

全局职工。

四、奖项设立

漳卫南局“孝老爱亲”模范人物评选活动每三年一届，每届评选“孝老爱亲”模范人物3～10名。

五、基本原则

（一）面向职工群众。坚持以人为本，充分调动职工群众的参与热情，着重推选群众身边看得见、摸得着、学得到的感人事迹的感动人物，把学习宣传和道德实践贯穿评选活动全过程，确保评出的道德模范可信、可亲、可敬、可学，引导广大职工群众开展学习实践活动，把模范人物的精神力量转化为自己的价值追求和自觉行动，促进全局职工道德水平不断提升。

（二）重在推动工作。充分发挥道德模范评选的激励推动作用，使评选道德模范的过程成为树立先进典型、弘扬真善美的过程，成为建设社会主义核心价值体系的过程，促进干部职工道德建设水平不断提高。

（三）确保公平公正。评选过程坚持公开、公平、公正的原则，做到严谨、规范、公开、务实、节俭，评选的每个环节都要置于干部职工监督之下，增强评选活动的权威性和公信力，真正把事迹突出、职工认同、影响广泛的道德模范评选出来。对于推荐和评选过程中弄虚作假、徇私舞弊的，一经查实，取消参评资格。

六、评选标准

模范践行家庭美德，孝敬父母，照顾老人，使他们享受人生幸福；关爱子女，夫妻和睦，兄弟姐妹团结友爱，家庭生活温馨和谐；在家人亲属有伤病、残疾等困难情况下，不离不弃，守护相助，患难与共，事迹感人，职工颂扬。

七、评选程序

（一）推荐审核。各部门、各单位及时宣传评选活动的意义和目的，按照评选标准和要求，组织开展本部门、本单位的推荐，并对推荐人选进行认真考察审核，填写推荐表并加盖公章。机关各部门、各直属事业单位推荐 1 名候选人，局属各单位推荐不多于 2 名候选人。

（二）组织初评。局文明办组织有关部门成立评审组，按照评选标准对符合推荐要求的候选人进行综合比较和初评，评选产生事迹最为突出的候选人作为“孝老爱亲”模范人物正式候选人。

（三）公示评定。局文明办将在漳卫南局门户网站和微信公众号展示介绍候选人基本情况及主要事迹，听取职工意见，接受监督。根据公示情况，报局党委审定批准。

（四）表彰奖励。由局党委作出表彰决定，授予“漳卫南局‘孝老爱亲’模范人物”荣誉称号。

八、日常管理

（一）动态管理。按照谁推荐、谁负责的原则，做好模范人物的教育管理工作，引导其自觉维护模范人物的良好形象。若发现有损模范人物形象的现象发生，荣誉称号将被取消。

（二）及时帮扶。关心、关爱模范人物，定期了解模范人物工作、学习、生活等情况，及时进行相应帮扶。

（三）加强宣传。通过网络、微信、展板、宣讲等方式，广泛宣传展示道德模范先进事迹，发挥榜样的示范带动作用，在全局形成崇尚道德、学习模范、争当典型的良好氛围。